国家出版基金项目
NATIONAL PUBLICATION FOUNDATION

中国航天技术进展丛书

吴燕生　总主编

空间核动力的进展

马世俊　唐玉华　朱安文　杜　辉　王　颖　著

中国宇航出版社

·北京·

图书在版编目（CIP）数据

空间核动力的进展 / 马世俊等著 . -- 北京：中国
宇航出版社，2019.12
　　ISBN 978 - 7 - 5159 - 1720 - 7

　　Ⅰ. ①空… Ⅱ. ①马… Ⅲ. ①宇宙－核动力装置－研
究 Ⅳ. ①TL99

　　中国版本图书馆 CIP 数据核字（2019）第 264625 号

责任编辑 彭晨光　　　**封面设计** 宇星文化

出　版
发　行　　**中国宇航出版社**

社　址　北京市阜成路 8 号　邮　编　100830
　　　　（010）60286808　　（010）68768548
网　址　www.caphbook.com
经　销　新华书店
发行部　（010）60286888　　（010）68371900
　　　　（010）60286887　　（010）60286804（传真）
零售店　读者服务部　　　（010）68371105
承　印　天津画中画印刷有限公司

版　次　2019 年 12 月第 1 版
　　　　2019 年 12 月第 1 次印刷
规　格　787×1092
开　本　1/16
印　张　15.75
字　数　383 千字
书　号　ISBN 978 - 7 - 5159 - 1720 - 7
定　价　88.00 元

总　序

　　中国航天事业创建 60 年来，走出了一条具有中国特色的发展之路，实现了空间技术、空间应用和空间科学三大领域的快速发展，取得了"两弹一星"、载人航天、月球探测、北斗导航、高分辨率对地观测等辉煌成就。航天科技工业作为我国科技创新的代表，是我国综合实力特别是高科技发展实力的集中体现，在我国经济建设和社会发展中发挥着重要作用。

　　作为我国航天科技工业发展的主导力量，中国航天科技集团公司不仅在航天工程研制方面取得了辉煌成就，也在航天技术研究方面取得了巨大进展，对推进我国由航天大国向航天强国迈进起到了积极作用。在中国航天事业创建 60 周年之际，为了全面展示航天技术研究成果，系统梳理航天技术发展脉络，迎接新形势下在理论、技术和工程方面的严峻挑战，中国航天科技集团公司组织技术专家，编写了《中国航天技术进展丛书》。

　　这套丛书是完整概括中国航天技术进展、具有自主知识产权的精品书系，全面覆盖中国航天科技工业体系所涉及的主体专业，包括总体技术、推进技术、导航制导与控制技术、计算机技术、电子与通信技术、遥感技术、材料与制造技术、环境工程、测试技术、空气动力学、航天医学以及其他航天技术。丛书具有以下作用：总结航天技术成果，形成具有系统性、创新性、前瞻性的航天技术文献体系；优化航天技术架构，强化航天学科融合，促进航天学术交流；引领航天技术发展，为航天型号工程提供技术支撑。

　　雄关漫道真如铁，而今迈步从头越。"十三五"期间，中国航天事业迎来了更多的发展机遇。这套切合航天工程需求、覆盖关键技术领域的丛书，是中国航天人对航天技术发展脉络的总结提炼，对学科前沿发展趋势的探索思考，体现了中国航天人不忘初心、不断前行的执着追求。期望广大航天科技人员积极参与丛书编写、切实推进丛书应用，使之在中国航天事业发展中发挥应有的作用。

2016 年 12 月

序　一

我国空间核动力的发展源于 20 世纪 60 年代末 70 年代初。在我国卫星技术发展的起步阶段，为了解决卫星的电源问题，同步开始了化学电池、太阳能电池、空间核电源的探索研究，空间核电源包括同位素电池和核反应堆电源。太阳能电池技术很快取得突破，卫星电源选择了太阳能电池片结合蓄电池的方案，由此成为空间电源的主流方案并持续应用至今。

20 世纪 90 年代初，微波遥感和大容量通信卫星提出大功率电源的应用需求，为此重新开始了核反应堆电源的论证研究工作。

进入 21 世纪，航天事业的发展需要数十千瓦的空间能源，为空间能源的发展提出了新的挑战。深空探测任务的实施，也使我们更深刻地认识到太阳能应用的局限性。这些都为空间核动力的发展提供了新的机遇。

本书总结了空间核动力的发展历程，同时重点针对核电转换技术进行了从原理、技术实现到应用的总结分析。空间核动力经过几十年的实践，需要解决的关键技术之一是可行的、高效率的核电转换技术，早期重点发展了静态转换，近期的重点集中在动态转换方面，未来针对高效率空间核动力或许会出现新技术。总之，本书较好地对过去几十年空间核动力的相关研究进展进行了分析，可以为相关专业管理人员、技术人员和对空间核动力感兴趣的读者提供参考。

序 二

自 1957 年苏联发射第一颗人造地球卫星以来，人类探索宇宙的脚步越走越远。美国旅行者号探测器传回的数据表明，人类已经飞出了太阳影响范围，进入恒星际空间。

我国航天事业的探索已经从地球飞向了月球，并实现了对小行星的近距离观测，未来将飞向火星、木星以及更遥远的宇宙空间。在远离地球探索未知的旅途中，空间能源是不可或缺的。目前，空间飞行主要利用太阳能电池，通过太阳能电池片将太阳能转化为电能支持航天飞行任务。在难以利用太阳能的地方，需要寻找新的能源，空间核动力成为目前认知情况下唯一的选择。

在月球表面探测时，由于月夜长达 14 天，且月夜有可达—180 ℃的深冷低温，这时需要使用空间核动力，首先需要使用核能维持探测器的温度，同时可以将核热转化为电能支持其运行。2013 年 12 月，我国成功发射的嫦娥三号月球探测器，首次使用了同位素热源，实现了对探测器的温度维持功能。2018 年 12 月，我国成功发射的嫦娥四号月球探测器，使用了同位素热/电源，在维持探测器温度的基础上，首次实现了发电功能。

后续月球科研站、木星以远及至太阳系边际探测等深空探测飞行任务，对空间核动力提出了更高的要求，促使我们深入研究空间核动力技术。

本书整理和归纳了空间核动力的相关理论和技术基础，分析了空间核动力技术的发展现状，可以为相关专业管理和技术人员提供参考，也可以为感兴趣的读者提供空间核动力领域的相关知识。

前　言

　　空间核动力涉及航天和核两个领域。目前航天系统的能源供应以太阳能为主，并已经形成了成熟的技术体系。对于难以利用太阳能的空间飞行任务，必须使用核动力，此时航天器除电源系统本身的技术变化外，其系统总体、构型布局、热控、结构、控制和推进等相关分系统也引入了与核有关的新技术。在核动力航天器的设计、研制、发射和使用过程中，均需要密切关注核安全问题。

　　空间核动力作为一个全新的交叉技术领域，其研究内容涵盖了从大系统安全及应用、航天器系统、电源分系统到特定的单机或单项技术的所有领域。

　　对空间核动力的研究，首先，需要完成顶层设计，明确飞行任务的工程目标，深入分析飞行任务科学探索的目的，在技术和任务需求方面完成核动力航天器的应用论证；其次，需要开展核动力航天器的系统设计，以此确定核动力航天器的功能、性能和主要技术指标；最后，空间核系统是空间核动力领域的核心部分，需要研究在空间将核能转换为热能、电能或者动能的相关技术，从而支持空间飞行任务。

　　本书共6篇，12章，涵盖了空间核动力的各个部分。

　　第1篇为空间核动力综述，包括概述、核基础知识、空间环境和空间核动力的应用4章。

　　第2篇为空间核电源，包括核反应堆电源和同位素电池2章。

　　第3篇为空间核推进，包括核电推进和核热推进2章。

　　第4篇为空间核热源，包括空间核热源1章。

　　第5篇为核动力航天器，包括同位素航天器和核裂变航天器2章。

　　第6篇为空间核安全，包括外太空使用核动力的安全性1章。

　　本书从航天工程人员的研究角度出发，力求对空间核动力所涉及内容有一个全面的介绍，但由于空间核动力的技术领域涉及范围很广，因此针对特定问题的深入研究还需要在实践中不断学习积累。本书可供从事空间核动力技术管理、相关设计和开发的人员，以及高校本科生和研究生查阅参考。

　　在本书编写过程中，得到了很多专家的帮助。中国原子能科学研究院赵守智研究员和中国空间技术研究院杨雷研究员完成了本书初稿的审阅工作，提出了宝贵的修改意见和建议。中国空间技术研究院总体部曲少杰高工在空间环境方面，中国原子能科学研究院反应堆工程研究设计所解家春研究员在空间核安全方面，中国空间技术研究院总体部赵宏校研究员、张照炎研究员和葛之江研究员在文字表述方面，提出了修改建议。中国空间技术研究院总体部肖思佳在封面图片设计上提供了技术支持。在此一并表示感谢。

由于作者水平有限，书中难免有不妥之处，敬请读者给予指正。

目　录

第1篇　空间核动力综述

第 2 篇　空间核电源

第3篇 空间核推进

第4篇 空间核热源

第5篇 核动力航天器

第 6 篇　空间核安全

第1篇　空间核动力综述

第 1 章 概 述

1.1 空间核动力的概念和分类

狭义的空间核动力泛指在外层空间利用核能的装置,它把核衰变能(例如放射性同位素)、核裂变能(例如核反应堆)或者核聚变能[1]转化为热能、电能或者动能,以满足航天器飞行任务的需求。

广义的空间核动力不仅包括空间核动力装置,还包括利用空间核动力的核动力航天器及其应用,以及由此所带来的空间核安全议题。

为了描述方便,本书按照核能产生的形式,将空间核动力划分为空间同位素动力、空间裂变反应堆动力和空间聚变反应堆动力。由于目前可控核聚变尚未实现,我们可以将空间裂变反应堆动力简称为空间反应堆动力。

本书系统地阐述了空间核动力装置、核动力航天器和空间核安全,采用的是广义的空间核动力定义。

1.1.1 空间核动力装置

按照核能在空间的利用形式,可以将空间核动力装置分为空间核热源、空间核电源和空间核推进三类,如图 1-1 所示。

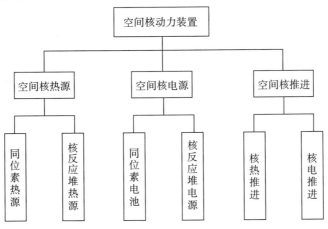

图 1-1 空间核动力装置的分类

---

① 核聚变能是人类未来能源获取的重要途径,但是目前地面可控核聚变尚在研发中。除特殊标明外,本书中所述反应堆均指裂变反应堆。

空间核热源是指在外层空间利用核反应释放出的热量加热航天器部件的装置。空间核热源又可分为同位素热源和核反应堆热源。同位素热源是指在外层空间利用放射性同位素衰变释放出的热量，加热航天器部件的装置。核反应堆热源则指在外层空间利用核反应堆裂变释放出的热量，加热航天器部件的装置。

空间核电源是指在外层空间通过静态（温差电、热离子、磁流体等）或者动态（朗肯、布雷顿、斯特林等）核电转换设备将核衰变（例如放射性同位素）、核裂变（例如核反应堆）或者核聚变所释放的能量，转换成电能的装置。空间核电源又可分为同位素电池、核反应堆电源。同位素电池是指在外层空间利用静态或者动态等核电转换设备，将放射性同位素（例如 ^{238}Pu，^{210}Po，^{241}Am 等）衰变释放的能量转换为电能的装置。核反应堆电源是指在外层空间通过静态或者动态等核电转换设备，将核反应堆释放的能量转换为电能的装置。

空间核推进是指在外层空间把核反应释放的能量转换为工质的动能，以产生推力的装置。空间核推进包括核热推进、核电推进、混合核热/核电推进、核裂变碎片推进、核脉冲推进和核冲压推进等多种类型。其中，技术相对成熟且主流的核推进技术是核热推进和核电推进。核热推进是指在外层空间利用核反应堆裂变（或聚变）产生的能量，直接把工质加热到高温、高压状态，从喷管高速喷出以产生推力的装置。核电推进是指在外层空间利用空间核电源产生的电能驱动电推力器工作的装置。

1.1.2　核动力航天器

航天器是指在地球大气层以外的宇宙空间（太空），执行探索、开发或利用太空等特定任务的飞行器，如人造地球卫星、载人航天器、空间探测器等。火箭、平流层飞艇等飞行器不包含在本书所指定的航天器范畴内。

核动力航天器泛指使用空间核动力装置的航天器，一般包括总体、载荷、结构、机构、热控、综合电子、控制、推进、测控、数传和供配电等部分。与普通的航天器相比，核动力航天器的主要特点是使用了空间核热源、空间核电源或空间核推进。

我们可以从不同维度对核动力航天器进行分类。按照核能的产生方式，可以将核动力航天器分为同位素航天器、核裂变航天器和核聚变航天器三类。按照航天器所使用的空间核动力装置的类别，可以将核动力航天器分为核热源航天器、核电源航天器或核推进航天器。按照核能在航天器能源系统中所占比重，可以将核动力航天器分为核辅助动力航天器、核主动力航天器和全核动力航天器。其中，全核动力航天器指将核能作为航天器所有电源、热源和推力器能量来源的航天器。按照核能系统提供的电功率的大小，可以将核动力航天器分为小功率核动力航天器（电功率 10 kW 及以下）、中等功率核动力航天器（电功率为 10～100 kW）、大功率核动力航天器（电功率 100 kW 及以上）。

目前航天器所使用的能源形式主要包括太阳能、化学能和核能三种。在太阳能电池技术成熟之前，化学能和核能是空间应用的主要能源形式。进入 20 世纪 70 年代，空间太阳能电池技术已十分成熟；在太阳能较容易获取的空间任务中（如地球轨道航天任务），核能逐步被太阳能所取代。但是在深空探测，特别是木星及以远天体探测、地外天体表面探测（如月球基地、火星基地）等任务中，太阳能利用较为困难，核能则成为不可或缺的重要能源形式。除此之外，核反应堆电源在大功率应用（如大功率微波遥感等）中具有较大的优势，空间核推进的高比冲特点则使其在星际转移、载人深空飞行等领域具有较大的竞争优势。

　　1961 年 6 月 29 日，世界上第一个核动力航天器——美国的子午仪 4A（Transit 4A）军用导航卫星成功发射，开启了空间核动力装置在轨应用的序幕。截至 2018 年 12 月，人类共发射了 74 个核动力航天器［美国研制发射 32 个，苏联/俄罗斯研制发射 40 个，中国研制发射 2 个（嫦娥三号和嫦娥四号）］，39 个同位素航天器，35 个核裂变航天器。从已发射的核动力航天器应用领域来看，核动力航天器已经涵盖了几乎所有航天器应用门类，包括遥感、导航、通信、载人航天、深空探测等。

1.1.3　空间核安全

　　与地面核设施相比，空间核动力装置的应用具有独特的安全考虑。发射环境和空间运行对体积和质量有较多限制，诸多系统无法与地面核设施一样采用冗余性和多样性设计。空间核动力装置需要由运载火箭将其送入工作轨道，发射失利或意外重返大气层导致的潜在事故状况可能使空间核动力装置暴露在极端的物理条件之下，其发生事故的原因和后果与地面核设施也有很大区别。因此，为安全应用空间核动力装置，必须对其独特的核安全要求加以研究，制定合适的安全原则和策略，指导空间核动力装置的开发和应用。

　　美国和苏联/俄罗斯等航天大国在空间核动力装置的应用方面拥有丰富的经验。为了保证空间核动力装置应用的安全性，联合国外空委在美国和苏联/俄罗斯空间核安全经验的基础上，于 1992 年和 2009 年发布了《关于在外层空间使用核动力源的原则》和《外层空间核动力源应用安全框架》两份指导性文件。

1.2　空间核动力发展历程

　　自 20 世纪 50 年代以来，空间核动力技术的发展已历经 60 多年，可以分为三个较为清晰的时期，即初创时期（从 20 世纪 50 年代初持续至 80 年代初）、"星球大战计划"时期（从 20 世纪 80 年代初持续至 20 世纪末）和新世纪（从 21 世纪初持续至今）。

1.2.1　初创时期

　　从空间核动力技术萌芽至初步成熟的时期，我们称为初创时期，时间跨度从 20 世纪 50 年代初持续至 80 年代初。

　　空间核动力技术发源于美国，并在美苏太空竞赛背景下获得了发展的原动力。在强烈的战略需求推动下，美国和苏联政府都大力支持空间核动力技术的发展，并推动其逐步走向成熟。初创时期只有美国和苏联进行了核动力航天器的工程研制。美国的核动力航天器以同位素航天器为主，且应用领域分布较为广泛，包括导航、通信、气象和试验卫星及深空探测器等；而苏联则以核反应堆航天器为主，且绝大部分都应用于军事海洋监视。

（1）美国

在发展初期，美国空间核电源可以与空间太阳电池技术相媲美。但是，随着太阳电池技术的成熟且核安全逐渐引起人们的重视，美国的核动力航天器从近地轨道应用逐步转向深空探测应用。而核安全问题则最终导致其发展进入停滞期。

第二次世界大战后，美国军方一直在寻找可为侦察卫星提供足够能源的设备，美国兰德公司多次推荐使用空间核电装置。20世纪50年代初，美国空军（AF）和美国原子能委员会（AEC）都支持了空间核电源的研究。1955年，美国空军-原子能委员会（AF-AEC）联合工作组成立，随后，美国的空间核电源项目整合并更名为空间核辅助电源计划（SNAP）。1955年，美国启动核火箭研发计划，最初名称为ROVER，后来改为火箭飞行器核发动机（NERVA）。随后，也开展了核电推进研究，辅助核发电系统试验卫星（SNAPSHOT）搭载了核反应堆供电的离子发动机。1958年，美国组建了美国国家航空航天局（NASA）。1960年，AEC-NASA联合项目办公室成立并接管几乎所有的空间核技术研究项目。

SNAP将美国核动力航天器的发展推入快车道，它同时支持同位素电池（RTG）和核反应堆电源。相比之下，RTG技术较为成熟，且可以满足部分空间应用需求。同时，蓄电池的一系列问题导致空间太阳能发电系统难以有效应用，这也使得美国较早地发展了同位素航天器。

1961年6月29日，世界上第一个核动力航天器子午仪4A军用导航卫星［图1-2（a）］发射并成功在轨运行。卫星使用RTG为晶振提供稳定的电源，电功率为2.6 W。随后的多颗子午仪卫星相继使用RTG。

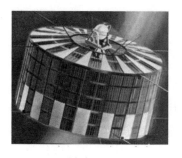　　

（a）子午仪4A　　　　　　　　（b）SNAPSHOT　　　　　（c）航天员取出燃料棒

图1-2　美国核动力航天器

1965年4月3日，由空军支持、用于验证核反应堆电源的SNAPSHOT发射［图1-2（b）］。SNAPSHOT是世界上第一个也是美国唯一一个在轨使用核反应堆的航天器。SNAPSHOT电源全部来自SNAP-10A反应堆。SNAP-10A设计寿命为1年，电功率为

500 W。该卫星还搭载了一台离子发动机，在轨运行约 1 小时。在运行 43 天后，SNAP - 10A 反应堆由于卫星电气系统的高压故障序列执行错误而被停堆并随即终止运行。

1969—1972 年发射的阿波罗 12~17 号飞船上均使用了同位素电池，用于为阿波罗月球表面试验包（ALSEP）提供约 50 W 的功率。ALSEP 在月面由航天员展开，航天员需在表面放置好 ALSEP 后将燃料棒插入发电机中 ［图 1 - 2 (c)］。所有的 ALSEP 于 1977 年 9 月 30 日统一关闭。阿波罗 11 号则在其早期阿波罗科学试验包（EASAP）中使用了 2 个同位素热源（RHU），初期热功率约为 15 W。阿波罗计划使得美国同位素航天器技术逐步趋于成熟。

阿波罗任务成功后，美国在太空竞赛中取得胜利，其重点开始转向国内民族和经济问题，空间项目实施与开展受到了很大影响。SNAP 和 NERVA 计划均在 1973 年被美国政府终止，NASA 所提出的载人行星际探测任务被取消，太阳系大旅行计划也大大缩水。被保留下来的无人行星际探测任务广泛地使用了同位素电池。美国空军于 1976 年在 LES 8/9 通信卫星上最后一次使用了核能。

1978 年 1 月，苏联核动力卫星在加拿大坠毁后，卡特总统宣布美国不会在太空中飞行此类装置。1979 年，三里岛核电站燃料泄漏事件爆发，美国民众对所有应用核能形式的项目表示担忧。美国核动力航天器的发展从此进入较长时间的停滞期，在"星球大战计划"提出前，美国再也没有研制过核动力航天器。

（2）苏联

苏联的空间核动力技术起步较美国晚，但由于国内政治、经济相对稳定，核动力航天器的发展卓有成效，在核反应堆航天器方面积累了丰富的经验。

苏联较早地进行了同位素电池和同位素热源的研制，且在轨均有应用。1965 年 9 月，苏联 Orion - 1 和 Orion - 2 军事导航卫星首次使用同位素电池，输出功率约为 20 W；在月行器 1 号（Lunokhod - 1）和月行器 2 号（Lunokhod - 2）上用同位素热源为仪器舱加温，热功率是 900 W。20 世纪 70 年代中期，苏联开展了用于支持火星探测的同位素电池系统 VISIT 的研制，输出电功率约为 40 W，但是 VISIT 一直没有升空。这一时期，苏联掌握了同位素电池和同位素热源的关键技术，启动了 ^{238}Pu 生产线。

苏联的研制重点一直放在可提供大功率的核反应堆系统上，其空间核反应堆电源于 20 世纪 50 年代初期开始研究。第一个空间核反应堆电源系统是罗马什卡（Romashka），系统电功率为 460~475 W。20 世纪 60 年代早期，苏联并行启动了使用热电耦转换的 BUK 系统和使用热离子转换的 TOPAZ 核反应堆电源系统项目。BUK 系统输出电功率约为 3 kW，寿命小于 1 年。BUK 系统性能指标较 Romashka 要好，TOPAZ 核反应堆电源系统项目则进展较慢。由于 BUK 系统的出现，Romashka 系统没能在轨应用。在 1965 年左右，苏联还启动了 TOPAZ II 热离子核反应堆电源系统研制。

1970—1988 年，苏联共发射了 32 颗使用 BUK 核反应堆电源系统的宇宙（Cosmos）系列卫星，属于雷达海洋侦察卫星（RORSAT），运行于 65°倾角、280 km 高度的圆轨道。在轨展开后，卫星长约 10 m，质量为 3 800~4 300 kg，其中核反应堆和助推段质量约为

1 250 kg。RORSAT 组成图如图 1-3 所示。这些卫星都是返回式卫星，在轨寿命 3～135 天不等。1978 年 1 月 24 日坠毁在加拿大的 Cosmos954 卫星曾引起较大的政治风波。在此事件后，BUK 核反应堆助推系统进行了设计改进以避免反应堆再入大气。

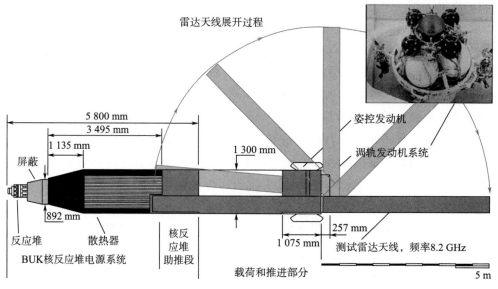

图 1-3　RORSAT 组成图

在初创期，苏联的核推进研究主要集中在核热推进上，并先后研制了 IGR、IVG-1 和 IRGIT 等专门用于核热推进研究的核反应堆系统。

1.2.2　"星球大战计划"时期

从里根总统提出"星球大战计划"（Star Wars Program）到苏联解体，再到苏联解体后俄罗斯持续约 10 年的不稳定时期，统称为"星球大战计划"时期，时间跨度从 20 世纪 80 年代初持续至 20 世纪末。

在这一时期，美国的核动力航天器发展迈向了新的台阶，而苏联则日渐萎缩。美国的主要精力集中在电功率为 100 kW 以上核动力航天器的研发上，面向军事和深空探测应用，取得了较好的研究成果；苏联的研究也面向中大功率核动力航天器，但是受到政治和经济环境的影响，新的项目并没有取得成效。欧洲在这一时期也开始进行核动力航天器的研发和相关国际合作。

（1）美国

"星球大战计划"和"空间探索倡议"（SEI）是这一时期美国核动力航天器发展的主要推动力。1983 年 3 月，里根总统提出了"星球大战计划"，成为核时代向太空时代转变的指导战略，该计划一直由美国军方主导。1989 年 7 月，老布什总统（乔治·赫伯特·沃克·布什）提出了"空间探索倡议"，倡议发展轨道空间站、永久返回月球和载人登陆火星等任务。SEI 主要由 NASA 主导。1991 年 12 月，苏联完全解体，美国成为世界上唯一的超级大国。在这种形势下，无论是"星球大战计划"，还是"空间探索倡议"，都失去了发展的战略意义，美国政府对核动力航天器的兴趣日益减弱。

"星球大战计划"的定向能武器需要核反应堆电源来提供能源，核武器投送能力以及空间武器的轨道机动则可通过核推进来提供动力。以 SP－100 项目为代表的空间核电源和以空间核热推进（SNTP）为代表的核热推进项目得到美国政府的大力资助。SP－100 项目由 NASA、美国战略防御倡议组织（SDIO）联合支持，于 1983 年启动。SP－100 项目首先发展了电功率为 100 kW 级核电源。1990 年，美国国防部退出了 SP－100 项目，1993年 SP－100 项目停止。1987 年，军方将前期的核火箭计划更名为 SNTP 并重新启动。SNTP 项目面向军民提出的高速拦截器、运载火箭上面级、轨道转移/机动运载器等需求开展研究，但首先应满足美国空军提出的运载火箭上面级推进任务需求。在完成原理样机研制后，SNTP 于 1994 年终止。

"空间探索倡议"提出后，NASA 积极行动。在核电源方面，其积极参与 SP－100 项目并同时支持 RTG。在核推进方面，1989 年，NASA 与美国国防部、能源部合作开展了核电推进和核热推进项目的研究；1991 年，NASA 成立了核推进项目办公室，并启动了自己的核推进项目。最初，NASA 的研究重点放在了核热推进上，后期，较为重视核电推进。

在 20 世纪 80 年代，美国研制了通用热源同位素电池（GPHS-RTG）。从探测木星的伽利略号探测器开始，美国的核动力航天器转而使用 GPHS-RTG，淘汰了前期多种类型的 SNAP-RTG。每个 GPHS-RTG 可以提供约 300 W 的电功率。1990 年发射的尤利西斯号深空探测器使用了 GPHS-RTG。苏联解体后，美国还发射了土星探测器卡西尼-惠更斯号（使用 GPHS-RTG）和火星探路者号（使用 3 个 RHU）。

美国军方开展了基于 SP－100 项目的未来监视任务研究；NASA 也开展了基于 SP－100 项目的深空探测任务概念研究，如土星环会合任务；这些任务都基于 SP－100 项目组提出的卫星参考构形来开展，如图 1－4 所示。这种由辐射器和支撑杆组成的伞状构形成为这一时期大功率核动力航天器的标志。但在美国空间武器关键技术尚未突破的情况下苏联就解体了，所以直到 1993 年项目终止，美国一直没有发射基于 SP－100 项目的航天器。

NASA 所提出的载人火星探测设计参考任务（DRM）是基于核热推进技术设计的。DRM 利用核热推进来实现地球与火星间的星际转移，并利用核反应堆电源为飞船和火星基地提供电源。DRM 星际转移飞行器示意图如图 1－5 所示。

在苏联解体后，美国和俄罗斯开展了核反应堆电源研制项目的合作，俄罗斯为美国提供技术和培训。1992—1993 年，美国 SDIO 还开展了基于 TOPAZ Ⅱ 的核电推进空间测试项目（NEPSTP）的研究。NEPSTP 主要目的是在美国境内发射一颗使用俄罗斯 TOPAZ Ⅱ 的电推进卫星。这些项目都没有获得实质性的成果。

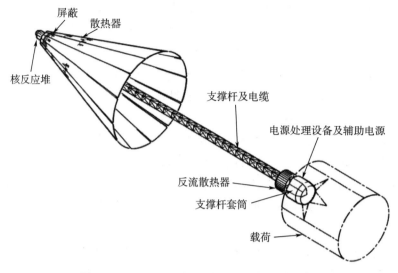

图 1-4　SP-100 项目组提出的卫星参考构形

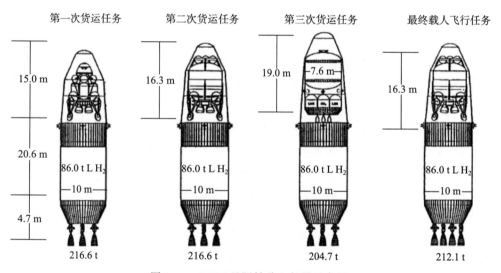

图 1-5　DRM 星际转移飞行器示意图

（2）苏联/俄罗斯

为了应对美国的"星球大战计划"，苏联也开展了多个核反应堆电源项目的研究。TOPAZ 和 TOPAZ Ⅱ核反应堆电源系统得到了进一步发展。TOPAZ 初期功率为 6 kW，效率为 5.5%，在轨应用两次就被束之高阁。1971 年，TOPAZ Ⅱ进行第一次电测，之后不断被改进，核反应堆电源最大电功率为 5.5 kW，但还是于 1989 年被政府停止；苏联解体后，TOPAZ Ⅱ被卖给曾经的对手——美国，被美国用来深入解剖、测试、教学和培训。苏联于 20 世纪 80 年代中期启动了下一代核反应堆电源系统的研制，这些项目包括 NPS-25、NPS-50 和 NPS-100，还开展了核反应堆电源/推进一体化系统（NPPS）的研发。但在这些项目完成之前，苏联就解体了。到了 20 世纪末，虽然俄罗斯也试图恢复核动力航天器的研发，但是受脆弱的经济影响，所有的项目都停留在地面，未能发射。

在这一时期，苏联核动力航天器发展的标志性事件是，1987 年使用 TOPAZ 核反应堆的 Plasma - A 试验卫星发射并成功在轨运行，示意图如图 1 - 6 所示。宇宙卫星（Cosmos - 1818 和 Cosmos - 1867）约 3 800 kg，采用约 800 km 高的圆轨道。第一颗卫星在轨运行了 142 天，第二颗卫星在轨运行了 342 天。Plasma - A 是以 RORSAT 卫星的名义发射的。

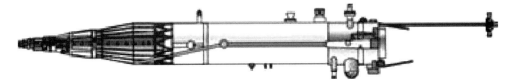

图 1 - 6 Plasma - A 试验卫星示意图

（3）欧洲

这一时期，ESA 作为主要参研单位，与 NASA 合作开展了尤利西斯号和卡西尼-惠更斯号深空探测器的研制，积累了核动力航天器研发经验。1982 年，法国开始了 ERATO 计划，采用快中子堆，利用布雷顿循环气体涡轮发电，预期电功率为 50～300 kW，寿命为 7～10 年，拟用于地球同步轨道的电推进。在 20 世纪 90 年代，法国还开展了 MAPS 核热推进系统的研究。

1.2.3 新世纪

进入 21 世纪，多极化格局日益显现，核动力航天器发展又呈现出新的特点，我们称之为新世纪，时间跨度约从 21 世纪初持续至今。

在这一时期，中国加入了研制核动力航天器的行列。美国和俄罗斯都不约而同地将目标瞄准在 MW 级以上核动力航天器的研发，应用则主要面向载人星际飞行。

（1）美国

美国在新世纪提出了多个涉及空间核动力的计划或倡议，构成其核动力航天器发展的主要推动力。2002 年 2 月，NASA 发布了"核系统倡议"（NSI），支持同位素和反应堆电源及推进系统的研发。2003 年 3 月，NASA 成立"木星覆冰卫星轨道器"（JIMO）项目办公室，同时整个核动力研究项目更名为普罗米修斯工程。2005 年，普罗米修斯工程因为经费问题以及 NASA 发展优先级的变化而被终止。2004 年 1 月，为了提起美国人对太空探索的热情，小布什（乔治·沃克·布什）总统发布了"太空探索愿景"，提出了重返月球和载人登陆火星等太空探索任务。2010 年 4 月 15 日，奥巴马总统提出在 21 世纪 30 年代中期载人登陆火星。2011 年，NASA 发布的《2013—2022 年行星科学愿景和旅行十年计划》，重点研究了新的火星巡视器、木卫二的探索和天王星及其卫星探测任务。NASA 一直在以载人火星探测为最终目标来循序渐进地开展火星探测任务。上述项目都需要发展核动力航天器。

作为普罗米修斯工程的组成部分，RTG 研究取得了一些进展。多任务同位素热电池（MMRTG）是这一时期具有代表意义的系统，也是唯一得到在轨应用的系统。MMRTG 设计寿命为 14 年，寿命初期输出电功率为 125 W。普罗米修斯工程对基于同位素的空间核推进技术也给予了支持，主要用于小型和中型的太阳系外科学探测卫星。

基于核反应堆的大功率核电源和核电推进是这一时期的研究重点。在普罗米修斯工程和"太空探索愿景"的激励下，MW 级及以上的核反应堆电源概念不断被提出。其中一些新概念和创新性技术，得到了 NASA 探索项目的支持；大功率的核推进概念也不断涌现，也得到了 NASA 的支持。

JIMO 是普罗米修斯工程的核心，也是这一时期核动力航天器的典型代表。JIMO 主要用于探测木卫二和木星的其他卫星，任务实施分为五个主要阶段，在项目终止前，刚完成前两个阶段任务，即将进入初样设计。JIMO 总重约 21 t，展开状态下长 58.4 m、宽 15.7 m，压紧状态下长 19.7 m、宽 4.57 m，设计寿命为 20 年，能源来自一个 550 kW 的核反应堆和一个 2 kW 的太阳电池阵，使用 8 个 30 kW、比冲为 7 000 s 的离子发动机。图 1-7（左）给出了 JIMO 在轨效果图。

变比冲磁等离子体火箭（VASIMR）是核推进技术的代表。在 NASA 的资助下，艾德·阿斯特拉（Ad Astra）公司完成了 200 kW 电功率的 VASIMR 发动机 VX-200 的原理样机的研制、测试和试验。测试数据显示，发动机效率高达 60%，是目前效率最高的电推进设备。NASA 已经与 Ad Astra 公司签署协议，将在国际空间站上进行 VASIMR 发动机的试验飞行。Ad Astra 公司基于 VASIMR 和大功率核反应堆电源技术，提出了短期载人往返火星的概念，使用电功率为 200 MW 的核反应堆在 39 天内载人到达火星；飞船使用 5 个 VASIMR 发动机，总重 600 t，总旅程 69 天，如图 1-7（右）所示。

图 1-7　JIMO 在轨效果图（左）和 Ad Astra 公司使用的 200 MW 载人火星飞船示意图（右）

进入 21 世纪后，美国发射了多颗用于深空探测的核动力航天器。冥王星探测器新视野号（New Horizons）使用 GPHS-RTG 供电，于 2006 年 1 月发射。勇气号（Spirit）和机遇号（Opportunity）火星车采用同样的设计，每部车使用 8 个 RHU，先后于 2003 年 6

月和 7 月发射。好奇号（Curiosity）火星车电源完全由 MMRTG 供给，于 2011 年 11 月发射。

（2）俄罗斯

2000 年普京总统上任后，俄罗斯的政治形势日趋稳定，经济实力不断增强。2001 年以来，俄罗斯对太空重拾兴趣，加大了资金投入，重组航天局，努力重现航天实力。以月球基地和载人火星探测为代表的、需要空间核动力技术支持的远景计划一直存在于俄罗斯的各种航天规划中。2005 年 10 月初，齐奥尔科夫斯基宇航科学院与俄罗斯导弹航天领域的重要工业组织及科研院所共同拟定的《2005—2035 年俄罗斯航天活动构想及优先发展方向》，2005 年底俄罗斯科罗廖夫能源火箭航天集团制定并提交的《2006—2030 年俄罗斯载人航天规划构想》，2013 年 4 月普京总统批准的《2030 年前及未来俄联邦航天活动领域国家政策原则的基本规章》，都将空间核动力以及需要其支持的深空探测任务列为优先发展方向。

俄罗斯在 2000 年以后，主要开展了大功率核推进以及相关的核裂变反应堆电源的研究。大功率核推进系统和核裂变反应堆电源系统都用于支持以载人火星探测为代表的行星际飞行。21 世纪初，俄罗斯在 RD - 0410 的基础上，重新开展核电源推进系统 NPPS 的设计。该系统计划使用布雷顿循环，燃料则计划使用氙和氦，系统电功率为 50 kW，推力为 68 kN。2010 年 6 月，俄罗斯科尔迪什（Keldysh）研究中心按照总统的指示，牵头启动了使用 NPPS 的星际拖船项目的研究，星际拖船用于将载荷从地球轨道拖至火星轨道。俄罗斯 2010 年还启动了一个核离子推进系统研制计划，系统设计寿命为 3 年，电功率为 100～150 kW，当时计划于 2017 年完成系统的总装测试。除此之外，俄罗斯还开展了核热推进项目的研究。

在 21 世纪，俄罗斯开展了核动力载人火星飞船的研究。飞船使用 2 个 7.5 MW 热功率的核反应堆，产生 2.25 MW 的电功率；使用 10～20 个（含备份）离子推力器，单个推力为 7～9 N，总推力为 140～170 N，推进系统效率为 60%，比冲为 1 600 s。飞船搭载 6 名航天员，任务时间约为 2 年，在火星表面停留时间约为 15 天。飞船示意图如图 1 - 8 所示。飞船采用了液滴辐射散热器。

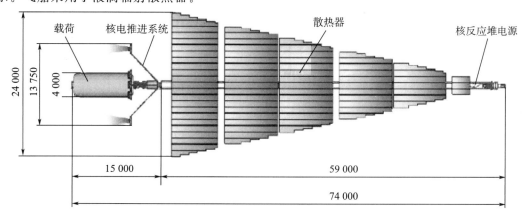

图 1 - 8 俄罗斯核动力载人火星飞船示意图（单位：mm）

（3）中国

我国作为一个航天大国，在深空探测方面，当前主要发展月球和火星探测任务。随着我国深空探测任务的不断深入，对空间核动力技术的需求已不断出现。

在中国已实施的探月工程软着陆任务中，嫦娥三号着陆器和巡视器均应用了基于^{238}Pu的同位素热源，用于着陆器和巡视器在月夜温度的维持。这是中国第一颗核动力航天器，而我国也因此成为世界上第 3 个研制并发射核动力航天器的国家。

嫦娥四号是人类首次在月球背面实施着陆和巡视的探测任务。为了渡过月夜，嫦娥四号也使用了放射性同位素核源。在嫦娥三号的基础上，嫦娥四号还将其中一个 120 W 的^{238}Pu 核源用于 3 W 电功率的同位素电池，成为我国第一颗使用 RTG 的航天器。

（4）欧洲

在世界多极化格局日趋明显的新世纪，欧洲发出了发展自己核动力航天器的呼声。

2001 年，ESA 启动了"曙光计划"（Aurora）。此计划包含了载人深空探测，最终目的是将航天员送上月球和火星。为了深空探测任务，ESA 已启动了 RTG 和 RHU 的研制工作。RTG 使用斯特林转换，当时计划于 2017 年具备生产能力，功率优于 100 W，效率为 15%～30%，寿命大于 20 年；同位素热源功率为 5 W，寿命大于 20 年。ESA 特别提出，RTG 和 RHU 的所有原材料和燃料都应能在欧洲境内获得。

2002—2004 年，法国开展了电推进系统 OPUS 的研究。近期，法国正在开展电功率为 100 kW 空间核反应堆电源系统的研究。在诺贝尔奖获得者卡罗·鲁比亚（Carlo Rubbia）的推动下，意大利航天局从 20 世纪末就开始支持核裂变推进系统的研究，并一直延续至今。该推进系统使用^{242}Am 作为燃料，有望实现星际间的快速飞行。

1.3　空间核动力发展趋势

分析最近几十年来世界范围内空间核动力发展的过程和技术特点，我们可以总结出如下发展趋势：

1）同位素核动力航天器将进入可持续发展时期。RTG 和 RHU 在 20 世纪后半叶经过了多次飞行验证，技术成熟度高，安全性好。太阳系及外太阳系小型探索任务对百瓦级、长寿命的核动力航天器有着较为强烈的需求。在这类航天器中，同位素电池可以提供可靠的、小功率电源。同位素热源则可在月球基地、火星基地及深远空间探测任务中为温度敏感仪器提供稳定、可靠的热源。后续世界各航天国家还会不断地研发新的同位素电池和热源用于满足多种多样的需求。

2）兆瓦级以上大功率核动力航天器成为研发的主要方向。大功率核动力航天器技术一经突破，将对空间技术的发展带来革命性的变化，载人火星探测、太空拖船、轨道转移器、空间武器等任务都需要兆瓦级及以上的大功率核动力航天器。

3）高效率将成为空间核动力研究的重要课题。高效率除可以大量节省核燃料和发电及推力器工质外，还可以使困扰大功率核动力航天器的散热问题变得更加容易。同位素电池电功率质量比从子午仪的约 2.6 W/kg 提升至 GPHS‐RTG 的约 5.1 W/kg，功率转换方式也从温差发电的静态转换方式逐渐向斯特林等动态转换方式发展；核反应堆电源的热电转换效率则从 SNAP‐10A 的约 1.6% 提升至裂变表面电源（FSP）的约 21.5%，发电方式也从静态转换方式向动态转换方式以及电磁转换方式发展；核推力器的效率也逐渐提升，美国 NASA 支持的 VASIMR 发动机效率高于 60%。

4）世界各国将持续关注空间核安全。安全性问题在核动力航天器诞生之前就已经成为各国政府和民众关注的焦点，如果不能很好地解决，空间核动力的发展就会徘徊不前，甚至被终止。高安全性是共同追求的目标。联合国外空委下属的核动力源工作组每年都召开会议，讨论空间核安全相关的议题，包括中国在内的世界主要航天大国都参加该工作组的会议。

参 考 文 献

［1］ 国防科学技术工业委员会. 中华人民共和国国家军用标准：GJB 421A-97 卫星术语［S］. 1997-11-05 发布，1998-05-01 实施.

［2］ 吴伟仁，裴照宇，刘彤杰，等. 嫦娥三号工程技术手册［M］. 北京：中国宇航出版社，2013.

［3］ 马世俊，杜辉，周继时，朱安文. 核动力航天器发展历程（上）［J］. 中国航天，2014（4）：31-35.

［4］ 马世俊，杜辉，周继时，朱安文. 核动力航天器发展历程（下）［J］. 中国航天，2014（5）：32-35.

［5］ United Nations. Principles relevant to the use of nuclear power sources in outer space［C］. A/RES/47/68，85th Plenary Meeting，Dec. 14，1992.

［6］ United Nations Committee on the Peaceful Uses of Outer Space Scientific，Technical Subcommittee，International Atomic Energy Agency. Safety framework for nuclear power source applications in outer space［C］. Vienna，2009.

第 2 章　核基础知识

2.1　放射性衰变

在目前已知的 2 700 多种原子核中，绝大多数是不稳定的，会自发地衰变为其他原子核并放出各种射线，这种现象称为放射性衰变。天然放射性是 1896 年由法国科学家贝克勒尔（A. H. Becquerel）在研究铀盐和钾盐混合物的荧光现象时发现的。

2.1.1　放射性衰变规律

各个放射性核的衰变是互不相关的。因此，可认为在时间间隔 dt 内发生衰变的核的数目 dN 既与未衰变核的数目成正比，也与时间间隔 dt 成正比，即

$$dN = -\lambda N dt \tag{2-1}$$

式中　λ ——衰变常量；

　　　负号—— dN 是未衰变核的数目 N 的增量。

将式（2-1）积分，可得关系式

$$N = N_0 e^{-\lambda t} \tag{2-2}$$

式中　N_0 ——初始时核的数目；

　　　N —— t 时刻尚未衰变的核的数目。

式（2-2）称为放射性衰变定律，它表明尚未衰变核的数目随时间按指数规律而减少。

在时间 t 内衰变的核的数目为

$$N_0 - N = N_0(1 - e^{-\lambda t}) \tag{2-3}$$

核的原有数目衰变到一半所需的时间叫作半衰期 T

$$T = \frac{\ln 2}{\lambda} = \frac{0.693}{\lambda} = 0.693\tau \tag{2-4}$$

其中

$$\tau = 1/\lambda$$

式中　τ ——核的平均寿命。

2.1.2　放射性衰变的主要类型

（1）α 衰变

α 粒子是氦核 $^4_2\mathrm{He}$，它由两个质子和两个中子组成，带两个单位正电荷。放射性原子核经 α 衰变后放出一个 α 粒子，变成原子序数少 2、质量数少 4 的另一个原子核。如铀的

同位素$^{238}_{92}$U 放出 α 粒子后变成钍

$$^{238}_{92}\text{U} \rightarrow \ ^{234}_{90}\text{Th} + \ ^{4}_{2}\text{He} \qquad (2-5)$$

通常只有重核才有 α 衰变。α 粒子从衰变核飞出的速度很大，约为 10^7 m/s。α 粒子是重带电粒子，穿过物质时要消耗很大的能量，因此行程短。它在空气中大约能走 3 cm；在固体中运动的距离约 10^{-3} cm 量级，用普通的一张纸足以将它挡住。

（2）β 衰变

早期认为 β 衰变是核内放出电子的物理过程，后来试验发现，存在 3 种不同类型的 β 衰变。除上述类型之外，还有放出正电子和电子俘获两种类型。所谓电子俘获是原子核俘获一个核外电子，核内一个质子转化成一个中子，同时放出一个中微子的过程，即

$$^{0}_{-1}\text{e} + \ ^{1}_{1}\text{p} \rightarrow \ ^{1}_{0}\text{n} + \nu \qquad (2-6)$$

β$^-$ 衰变可用钍$^{234}_{90}$Th 衰变为镤$^{234}_{91}$Pa 并放出一个负电子和一个反中微子作为例子

$$^{234}_{90}\text{Th} \rightarrow \ ^{234}_{91}\text{Pa} + \ ^{0}_{-1}\text{e} + \bar{\nu} \qquad (2-7)$$

β$^+$ 衰变可用氮$^{13}_{7}$N 衰变为碳$^{13}_{6}$C 并放出一个正电子和一个中微子作为例子

$$^{13}_{7}\text{N} \rightarrow \ ^{13}_{6}\text{C} + \ ^{0}_{+1}\text{e} + \nu \qquad (2-8)$$

（3）γ 衰变

原子核在经历 α 衰变和 β 衰变以后往往处于激发态。原子核从激发态跃迁到较低能态或基态，一般以辐射电磁波的方式进行，发出的就是 γ 射线。γ 辐射是一种电磁作用。

2.2　核裂变及反应堆

2.2.1　核裂变的发现

1938 年，德国学者哈恩（O. Hahn）和同事斯特拉斯曼（F. Strassmann）发现，当用中子轰击铀时，会生成位于周期表中间位置的元素——钡和镧。由于以前从未发现原子核放射出比 α 粒子还大的粒子，所以他们迷惑不解，便把试验结果送给以前的一位同事、物理学家梅特捏（L. Meitner），请她进行解释。梅特捏和她的侄子弗里施（O. Frisch）研究后认为，俘获中子后的铀核分裂成了两个大致相等的部分——裂变碎片。弗里施为这个过程取了一个新名称——裂变，并把它与细胞分裂过程相比拟。每个发生裂变的铀核大约释放出 200 MeV 的能量，这种能量以裂变碎片飞速分开时的动能形式出现。每个原子核释放的能量几乎为任何普通炸药的 10^8 倍。

进一步的研究表明，分裂能够以不同的途径发生。通常分裂成质量比为 2:3 的碎片。这些碎片是$^{235}_{92}$U 在慢中子（热中子）作用下产生的。而特别重要的是，每一个核在裂变时都有若干中子释放出来。例如，由慢中子引起的$^{235}_{92}$U 核裂变产物可以是$^{141}_{56}$Ba + $^{92}_{36}$Kr + 3^{1}_{0}n，或者是$^{139}_{54}$Xe + $^{95}_{38}$Sr + 2^{1}_{0}n 等。可见，裂变后释放的中子数都是大于 1 的。除了裂变成两块之外，偶尔也有裂变成 3 块甚至 4 块的现象。

原子核裂变所释放的巨大能量是从质量转化成能量这一过程中得到的。反应物的质量和裂变产物的质量之间有一个质量差，即这些产物的总质量小于反应物的质量之和。根据

相对论的质能关系式 $\Delta E = \Delta mc^2$，这个质量差以能量的形式出现。

2.2.2　链式反应

裂变过程中不仅能释放大量的能量，更重要的是每次裂变还会释放出更多的中子。例如，$^{235}_{92}\text{U}$ 平均每次裂变产生 2.5 个中子，这些新的中子有可能产生新的裂变，并释放出更多的中子，后者又能引起更多的其他核发生裂变，因此这个过程叫链式反应。

费米（E. Fermi）等人发现，慢中子能有效地使 $^{235}_{92}\text{U}$ 发生裂变。当中子同原子发生碰撞时，中子会损失掉较多的能量，从而变成慢中子。首次由可裂变铀产生大规模链式反应是 1941 年在费米的指导下实现的。由于裂变物体积有限而且中子穿透本领大，很多中子还来不及被铀核俘获产生裂变就从反应区跑掉了，由于无法裂变而不能形成链式反应。为了不让中子飞出跑掉，可以增大铀核体积。当 $^{235}_{92}\text{U}$ 的体积大于临界体积时，中子将快速增殖产生快速链式反应，反应获得爆炸性质，原子弹即据此而制成。要使链式反应成为可控制的，就需要一种装置，这种装置称为反应堆。

在普通的热中子反应堆中，关键之处是增加中子减速剂。它能使中子能量很快减小，变成热中子而不被 $^{238}_{92}\text{U}$ 吸收。常用的减速剂是石墨、重水等不吸收中子的轻元素。

2.2.3　核反应堆

核反应堆通常指裂变反应堆，即利用易裂变核素发生可控的自持核裂变链式反应的装置，简称反应堆或堆，因最初这种装置由石墨砖堆砌而得名。

核反应堆本体有多种不同的结构形式，最普遍的是固体核燃料非均匀型。它一般具有下列组成部分（图 2 - 1）：

1）核燃料元（组）件，包括易裂变材料（裂变燃料）、可转换材料（转换原料）和包壳等结构材料；

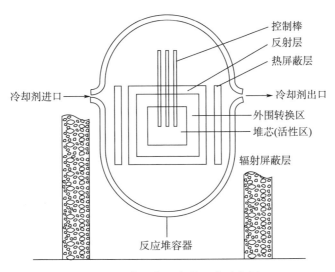

图 2 - 1　典型核反应堆组成示意图

2）慢化剂（快中子堆没有这一部分）；

3）将裂变能量载出堆外的冷却剂；

4）用以启动或停止链式反应和调节功率水平的控制元件及其驱动机构；

5）测量中子注量率及其他参量的仪器；

6）反射层和快中子堆中的外围转换区；

7）热屏蔽层和辐射屏蔽层；

8）对以上各部分起支承、定位、导向和屏障作用的结构件，统称堆内构件；

9）反应堆容器。

前 3 项及堆内构件构成反应堆的堆芯（活性区），控制元件可插入或抽出堆芯，以执行控制功能。用反应堆容器包容堆芯和相关部件。靠辐射屏蔽层保护工作人员免受辐射伤害。

2.3　核聚变

2.3.1　聚变原理

由轻原子核熔合成为较重原子核的核反应过程称为核聚变。一般来说，结合能较小的轻原子核的聚变反应可释放出大量能量。核聚变反应是聚变堆和氢弹的主要反应方式和能量的主要来源。轻核发生聚变反应需要能量来克服库仑势垒。当该能量来自高温状态下的热运动时，聚变反应又称为热核反应，如太阳和宇宙中恒星能长时间发光发热，其巨大的能量来源是氢、氦等发生的热核反应。

由于原子核之间的静电斥力与它们所带电荷的乘积成正比，所以原子核的原子序数越小，聚合所需的动能（即温度）就越低。一些最轻的原子核如氢、氘、氚、氦、锂，最容易用来释放聚变能。氦-4 核的两个质子和两个中子，结合得特别紧，即氦-4 核的结合能比它附近（在元素周期表中）的一些轻核要大得多，所以最后合成氦-4 的聚变反应，概率既大，释放的能量也多。其中氘氚反应是最容易实现的一种热核反应

$$_1^2 H +_1^3 H \rightarrow _2^4 He +_0^1 n$$

氘氚反应释放的能量，就同等的质量来说，约为铀核裂变反应的 4 倍。而且与铀的供应相比，氢和其他氢元素几乎能无限地供应。核裂变反应堆中严重的放射性废物问题，目前依然未得到解决，而这个问题对于依赖聚变的系统来说几乎是不存在的。一升海水含有 30 mg 氘，通过聚变反应可释放出的能量相当于 300 多升汽油的能量，而反应产物是无放射性的。一座 100 万千瓦的核聚变电站，每年耗氘量只需 304 kg。据估计，天然存在于海水中的氘有 45 亿吨，把海水中的氘通过核聚变转化为能源，按目前世界能源消耗水平，足以满足人类未来几十亿年对能源的需求。可控核聚变一直都是人类追求的重大科技进步，它将颠覆人类能源利用形式。

2.3.2 可控核聚变

在实验室中利用高能加速器，已经观测到聚变反应，但使聚变反应能够大量发生却是一个大问题。因为聚变的原料都是带电粒子，不会像中子那样容易进入原子核，它们必须克服库仑斥力才能彼此靠近而被核力吸引。

为此，人们研究了各种可能的聚变反应堆方案，其中有两种方案最有希望：一种是磁约束装置，利用强磁场约束等离子体围绕磁感线运动；另一种是惯性约束装置，采用高功率脉冲（如激光）照射直径为几十到几百微米的氘氚靶丸。

（1）磁约束聚变反应（MCF）

MCF 是用磁力线约束带电粒子，将其维持在高温状态，使其发生具有一定规模的聚变反应。为维持聚变的持续进行，可将 α 粒子携带的能量和聚变产生的部分能量转换为电能或微波能以加热等离子体。根据英国物理学家劳逊（J. D. Lawson）1957 年导出的判据（劳逊判据），要使聚变反应系统输出的能量等于加热等离子体并维持高温状态所需的能量，那么等离子体密度、温度及约束时间的乘积（也称三乘积）必须达到一定的值。例如，对氘-氚反应，要求乘积达到 10^{21}（s · keV）/m³ 量级；对氘-氘反应，则要达到 10^{23}（s · keV）/m³ 量级。目前磁约束氘-氚反应的聚变虽已接近劳逊判据的水平，但离聚变系统具有纯能量输出，还有相当的距离。

从 20 世纪 80 年代开始，MCF 主要集中于以托克马克装置为主的研究途径上。虽然从发展聚变堆的角度来看，托克马克目前仍有一些关键问题需要通过试验加以验证，公认的是只有它才具备建造试验性聚变反应堆的基本条件。国际热核聚变试验堆（International Thermo - nuclear Experimental Reactor，ITER）是国际上（欧、日、俄为主）正在建设的托克马克聚变研究装置，目前已取得了实质性的进展，预计在 2020 年前可望建成，21 世纪后期可实现聚变能商用示范装置。

（2）惯性约束聚变反应（ICF）

ICF 是利用驱动器输出的高功率脉冲（如激光）能量压缩聚变材料（氘-氚）靶丸，使靶丸内氘-氚混合物达到高密度和热核点火温度，在惯性约束状态下发生自持的热核反应。高功率脉冲的能量也是由聚变产生的能量转化而来，当释放的能量超过系统消耗的能量时，就获得了能量增益。从美国地下核试验数据可以推测，如果能提供 10^7 J 能量的激光，就可使 5～10 mg 的氘-氚达到 100 倍的增益，即每次微爆炸可产生 10^9 J 的能量；但是，ICF 反应系统作为能源也同样还有相当大的距离。

2.4 空间应用核素

迄今为止，在轨应用过的空间核动力装置使用的核燃料有钋（^{210}Po）、钚（^{238}Pu）、铀（^{235}U）；目前，ESA 支持的同位素电池研究则计划使用镅（^{241}Am）。本节将对上述 4 种核素进行较为详细的介绍。

2.4.1　钋（^{210}Po）

苏联早期在航天器上应用过^{210}Po。1965 年 9 月，苏联 Orion - 1 和 Orion - 2 军事导航卫星应用了燃料为^{210}Po 的同位素电池，输出电功率约为 20 W，并成功在近地轨道运行。1970 年发射的月行器 1 号（Lunokhod - 1）和 1973 年发射的月行器 2 号（Lunokhod - 2）探测器，使用了^{210}Po 热源，为仪器舱加温。

^{210}Po 是自然界存在的一种同位素，目前在自然环境中含量很少。自然环境中的^{210}Po 来源于^{238}Pu 的衰变，但其产量太低，对于大多数应用来说是无价值的。1 t 铀矿仅包含大约 0.000 1 g 的^{210}Po。对于实际应用来说，^{210}Po 必须要人工制造，该生产过程是：对^{209}Bi 进行中子辐照，生成^{210}Bi，^{210}Bi 衰变生成^{210}Po 的生产方程为

$$^{210}_{83}\mathrm{Bi}+\mathrm{n}\rightarrow\,^{209}_{84}\mathrm{Po}\rightarrow\,^{210}_{84}\mathrm{Po}+\,^{0}_{-1}\mathrm{e}$$

衰变方程为

$$^{210}_{84}\mathrm{Po}\rightarrow\,^{206}_{82}\mathrm{Pb}+\,^{4}_{2}\mathrm{He}$$

^{210}Po 比热功率为 141 W/g，半衰期为 138.4 天。^{210}Po 衰变类型为 α，衰变能为 5.301 MeV。钋是原籍波兰的科学家居里夫人在 1898 年发现的，以她的祖国波兰命名。

2.4.2　钚（^{238}Pu）

1940 年末，美国科学家西博格、麦克米伦等在美国用回旋加速器加速的氘核轰击铀时发现了^{238}Pu。^{238}Pu 是目前同位素电池和同位素热源普遍使用的核燃料，在轨应用经验丰富，相关制备和应用技术成熟。美国在轨使用的同位素电池和同位素热源使用的均是^{238}Pu。苏联从 20 世纪 70 年代开始研究应用^{238}Pu 的同位素电池和同位素热源，经过不断发展，具备了^{238}Pu 制备和封装能力。美国从 1988 年起停止了^{238}Pu 批生产；从 1993 年开始，美国航天器上应用的^{238}Pu 都是从俄罗斯购买的。近年来，为了满足深空探测等任务的需求，美国正在酝酿恢复^{238}Pu 生产线。

^{238}Pu 熔点为 640 ℃，沸点为 3 234 ℃，半衰期为 87.7 年，比热功率为 0.54 W/g，衰变类型为 α，衰变能为 5.593 MeV。

^{238}Pu 的生产方程为

$$^{237}\mathrm{Np}+\mathrm{n}\rightarrow\,^{238}\mathrm{Np}(2.1\ \text{天的}\ \beta\ \text{衰变})\rightarrow\,^{238}\mathrm{Pu}$$

衰变方程为

$$^{238}\mathrm{Pu}\rightarrow\,^{234}\mathrm{U}+\,^{4}\mathrm{He}+5.6\ \mathrm{MeV}(\text{平均})$$

2.4.3　铀（^{235}U）

美国和苏联在轨应用的核反应堆使用的核燃料均为^{235}U。^{235}U 是自然界至今唯一能够裂变的同位素，主要用作核反应中的核燃料，也是制造核武器的主要原料之一。

^{235}U 在天然铀中的含量为 0.72%，半衰期为 7×10^{8} 年。天然铀和^{235}U 质量分数小于 10% 的富集铀可用作动力反应堆的燃料，^{235}U 的质量分数大于 90% 的富集铀，主要用作核

武器的装料，^{235}U 的质量分数介于 $10\%\sim90\%$ 的富集铀可作为研究堆的燃料，贫铀可用作穿甲弹的芯体和 γ 射线的屏蔽材料。^{238}Pu 可由 ^{232}Th 俘获中子后经两级 β 衰变来生成。

2.4.4　镅（^{241}Am）

ESA 的同位素电池和同位素热源燃料初步选定为 ^{241}Am，因为欧洲拥有较强的 ^{241}Am 生产能力，由英国国家核实验室（National Nuclear Laboratory，NNL）负责提取。目前已完成从民用钚提取 ^{241}Am 的初步试验，及 ^{241}Am 生产设施设计工作，并报请 ESA 和英国政府批准，当时计划到 2016 年年底具备设计生产能力。

Am 以发现的所在地美洲（America）而命名。1944 年，西博格等人在经过中子长期辐照钚中发现 ^{241}Am。经过长期存放的含有 ^{241}Pu 的纯钚是生产 ^{241}Am 的重要原料。

^{241}Am 半衰期为 432 年，比热功率为 0.114W/g。由于 ^{241}Am 衰变既释放 α 粒子又释放 γ 射线，因此会同时造成内部和外部的辐射危害。

^{241}Am 生产方程为

$$^{239}_{94}\text{Pu} + 2\text{n} \rightarrow {}^{241}_{94}\text{Pu} \rightarrow {}^{241}_{95}\text{Am} + {}^{\ 0}_{-1}\text{e}$$

衰变方程为

$$^{241}_{95}\text{Am} \rightarrow {}^{237}_{93}\text{Np} + {}^{4}_{2}\text{He} + \gamma$$

2.5　相关常用量

2.5.1　放射性

（1）放射性活度 A

放射性活度定义为，在一确定时刻，某一特定能态的一定量的放射性核素的活度 A 是 dN 除以 dt 所得的商，其中 dN 是时间间隔 dt 内该能态上自发核跃迁数的期望值，即

$$A = dN/dt$$

放射性活度也可理解为，放射性物质单位时间内发生衰变的个数。

单位名称为贝克［勒尔］，符号为 Bq，$1\ \text{Bq} = 1\ \text{s}^{-1}$；1 Bq 表示每秒内发生一次衰变。放射性活度以前使用的单位是居里（Ci），1 Ci 定义为 1g 镭－226 每秒发生衰变的原子数。后来 1 Ci 又重新定义为每秒发生 3.7×10^{10} 次衰变（或 37 GBq）。

（2）半衰期 $T_{1/2}$

半衰期用来描述放射性衰变的速率，记作符号 $T_{1/2}$，是指某个样品中一半的原子核发生衰变所需要的时间。每一个放射性核素都有唯一的、固定的半衰期。

2.5.2　剂量

剂量本身是一个非常笼统的术语，用来描述辐射穿过物质时的能量沉积。

（1）吸收剂量 D

辐射防护中使用的基本剂量是吸收剂量。其定义为

$$D = \mathrm{d}E / \mathrm{d}m$$

式中　　$\mathrm{d}E$ ——在质量元 $\mathrm{d}m$ 中吸收的能量。

吸收剂量的单位 J/kg 称为戈瑞（Gy），旧的单位为拉德（rad）。它们的换算关系为

$$1 \text{ Gy} = 1 \text{ J/kg} = 10^7 \text{ erg} / 10^3 \text{ g} = 100 \text{ rad}$$

（2）剂量当量

长期以来人们认识到，为了达到某一给定水平的辐射损伤（例如，50%的细胞致死）所需的吸收剂量往往因辐射类型而异。在单位剂量照射下，具有高线性能量传输（Linear Energy Transfer，LET）的辐射，比低线性能量传输的辐射通常对生物体系有更大的损伤。因此，在辐射防护领域，为了把不同类型辐射的不同生物效应考虑进来，国际辐射防护委员会（International Committee on Radiological Protection，ICRP）和国际辐射单位与测量委员会（International Commission on Radiation Units and Measurements，ICRU），引入了剂量当量的概念。剂量当量已广泛地用于辐射防护工作中，个人接受辐射照射的限值就按照剂量当量来规定。不同类型辐射所致的剂量当量可以直接相加。

剂量当量 H 定义为吸收剂量 D 和品质因数 Q 的乘积，即

$$H = QD$$

式中，Q 值依赖于 LET 值，且无量纲。与吸收剂量一样，剂量当量也是一个点函数。当吸收剂量的单位用 Gy 时，剂量当量的国际单位制（SI）是希沃特（Sv）。剂量当量的旧单位为雷姆（rem），Sv 与 rem 的关系为

$$1 \text{ Sv} = 100 \text{ rem}$$

（3）有效剂量 E 与组织权重因子

用表示器官及组织相对辐射敏感性的权重因子（组织权重因子）W_T 对当量剂量 H_T 进行加权，再对所有受到照射的器官和组织求和，所得即有效剂量。它可以由下式求得

$$E = \sum_T W_T \sum_R W_R D_{T,R} = \sum_T W_T H_T$$

有效剂量的单位是希沃特（Sv）。

（4）集体剂量

对于一个给定的群体，群体内平均每个成员的剂量与该群体内成员数的乘积为集体剂量，其中用以确定剂量的器官要加以规定。该集体剂量的单位为人·希沃特（Man Sv）。集体剂量是在效应与剂量成正比这一假设下，定义一个简单的量以量度一个给定的群体所接受的总的辐射照射。该群体中每个成员接受的剂量是以一个平均值给出的。实际上，该群体中某一部分成员所接受的剂量可能较高，而按该集体剂量的定义体现不出该部分成员可能遭受较大的辐射危害，因此应当将集体剂量分成几段，分别计算出个人剂量处于指明范围内的各段集体剂量。

（5）当量剂量负担

当某一利用辐射的实践使特定群体受到持续照射时，该群体某指定器官或组织所受到

的人均当量剂量率在无限长时间内的积分，称为当量剂量负担，即

$$H_{C,T} = \int_0^\infty \overline{\dot{H}}_T(t)\mathrm{d}t$$

当量剂量负担的单位是希沃特（Sv）。

当量剂量负担这个量的最大用途在于可以用来推算由继续进行的实践造成将来人均剂量的最大值。它是为评价辐射源用的量，对外照射和内照射无区别的适用。

（6）待积剂量

假如放射性物质被摄入体内，那么身体会持续受到照射直到放射性活度衰变完成或被排出体外。一旦放射性物质进入体内，它或在整个体内分布，或富集在特定的器官中。摄入放射性物质引起的剂量称为待积剂量。

待积剂量定义为，放射性物质摄入体内后在 50 年内产生的累积剂量（对儿童而言，定义为到 70 岁时的累积剂量）。待积剂量可以指待积吸收剂量、待积剂量当量或待积有效剂量，分别用符号 $D_{(50)}$、$H_{(50)}$、$E_{(50)}$ 表示，其中 50 代表累积时间为 50 年。

（7）照射及其分类

照射定义为人类受到辐射或者放射性物质辐照的实际过程。电离辐射照射会造成一定的辐射剂量，剂量的大小依赖于许多因素。照射可以来自外部，也可以来自体内。

为了有效地实施辐射防护，国际辐射防护委员会将照射划分为职业照射、医疗照射和公众照射三类。职业照射是人在工作场所受到的照射，主要是从事的工作带来的；医疗照射是在诊断和治疗中受到的辐照；公众照射是人通过职业或医疗照射以外的途径接受的照射。

（8）个人剂量当量

个人剂量当量 $H_p(d)$ 定义为在身体深度 $d(\mathrm{mm})$ 处某一指定点软组织的剂量当量。根据事故照射的类型，在弱贯穿辐射中对皮肤取 $d = 0.07$ mm，对眼睛取 $d = 10$ mm。

（9）剂量限值及个人剂量限值

剂量限值定义为在正常受控条件下一定不能超越的剂量水平（接受或者吸收的辐射量）。职业剂量限值最初是在 1934 年为避免诸如皮肤损伤之类可直观观察到的非致命性效应而引入的。到 1950 年，人们认识到电离辐射照射是导致癌症，特别是白血病的一种可能危险，因此制定了剂量限值以减少癌症和遗传效应的发生概率，防止确定性效应。公众照射的限值于 1959 年由国际辐射防护委员会首次引入。

国际辐射防护委员会建议个人所受照射应当受到剂量限值的约束。职业剂量限值意在保证没有人会受到不可接受的危险的辐射，以及防止确定性效应和随机性效应发生的概率最小。职业和公众的剂量限值应用于由实践产生的照射，不包括医学照射和天然本底照射。国际辐射防护委员会的要求是，年均职业有效剂量限值是 20 mSv，任何一年中的有效剂量不得超过 50 mSv。对于公众，国际辐射防护委员会建议了一个剂量限值，这个限值的大小与海平面上除氡以外的天然源所致平均剂量大致相等。公众的平均剂量限值是 1 mSv，特殊的情况下公众剂量可允许高一些，只要其 5 年内的平均值不超过 $1\ \mathrm{mSv \cdot a^{-1}}$。

上述有效剂量用于表述全身剂量。对于眼晶体和皮肤还有另外的剂量限值，分别是 150 mSv 和 500 mSv，以防止确定性效应，例如白内障、红斑（皮肤烧伤）和脱屑（皮层脱落）的发生。有效剂量限值为防止这些器官产生随机性效应提供了足够的防护。500 mSv 的皮肤剂量限值是针对任意 1 cm² 皮肤的平均值，与受照射面积无关。ICRP 第 60 号出版物建议的剂量限值见表 2-1。

表 2-1　ICRP 第 60 号出版物建议的剂量限值

	职业剂量限值	公众剂量限值
有效剂量/(mSv·a⁻¹)	20(5 年内的平均值)	1
年当量剂量/mSv		
眼晶体	150	15
皮肤	500	50
手足	500	无建议

（10）剂量约束

人们可能受到来自几个不同源的辐射照射，或者接受来自某个源的照射会随时间增加。在这样的情况下，就需要限制来自每个源的照射以保证监管剂量限值不被超越。

剂量约束就是对单一源所致剂量的上限限定，这些剂量约束特别适用于公众照射。主管部门通过合适的剂量约束来控制当地人群受到照射的潜在剂量。例如，某个公众成员可能生活在放射治疗设施和核电厂附近。主管部门会决定放射治疗设备只能产生公众年剂量限值 1 mSv 的某百分比的剂量，而核电厂又只允许产生 1 mSv 的另外一个百分比的剂量。这种剂量在电离辐射源之间分配的概念称为应用剂量约束。

参 考 文 献

［1］ 诸葛向彬. 工程物理学［M］. 杭州：浙江大学出版社，1999.

［2］ 栾恩杰，柴芳蓉. 国防科技名词大典：核能［M］. 北京：航空工业出版社，兵器工业出版社，原子能出版社，2002.

［3］ 连培生. 原子能工业［M］. 北京：原子能出版社，2002.

［4］ 冯开明. 可控核聚变与国际热核试验堆（ITER）计划［J］. 中国核电，2009，2（3）：212-219.

［5］ 刘成安. 核爆氘-氚聚变能电站［J］. 原子核物理评论，2007，24（4）.

［6］ 王建龙，何仕均. 辐射防护基础教程［M］. 北京：清华大学出版社，2012.

［7］ 国家质量监督检验检疫总局. 电离辐射计量术语及定义［S］. JJF 1035-2006. 2006-12-08发布，2007-03-08实施.

［8］ International Atomic Energy Agency（IAEA）. The role of nuclear power and nuclear propulsion in the peaceful exploration of space. Vienna，2005.

［9］ Wikipedia. Lunokhod 1 and Lunokhod 2，2013.

［10］ MAJOR S CHAHAL. European space nuclear power programme：UK activities，2012.

第3章　空间环境

3.1　概述

空间环境对航天器设计有着重要的影响，也是航天器设计与其他工程系统项目设计要求产生不同的最大原因之一。空间环境是空间核动力装置以及核动力航天器设计的重要输入，需要加以研究。

人们通常将太空分为几个层次，由近到远、由小到大依次为地球空间（Geospace）、日地空间（Solar‐terrestrial Space）、日球（层）（Heliosphere）和宇宙（Universe）。地球空间的外边界是太阳风与地磁场相互作用形成的，称为磁层顶。磁层顶在向阳面，距地球大约 7~8 个地球半径；在背阳面，太阳风将地球的磁场拉到距地球几十个地球半径远的位置，形成磁尾。地球空间是人类生存和进行主要空间活动的区域。日地空间是由太阳、太阳风、行星际磁场和地球空间构成的。太阳与地球之间的平均距离定义为一个天文距离单位 1 AU（约为 $1.496×10^8$ km）。日球是太阳风、行星际磁场与星际风相互作用形成的边界（日球顶）所包围的区域，日球顶到太阳的距离大约是 100 AU。太阳系的主要天体就在日球之内。宇宙包含数目巨大的恒星，而银河系中估计就有一两千亿颗恒星。

太阳和以太阳为中心、受其引力支配而环绕它运动的天体构成的系统称为太阳系。具体来说，太阳系包括太阳、行星及其卫星、矮行星、小天体和行星际尘埃。太阳占系统总质量的 99.86% 以上。太阳系中有 8 颗行星。按照离太阳由近及远，8 颗行星依次为水星、金星、地球、火星、木星、土星、天王星和海王星。按照行星的组成特征，可分为类地行星和类木行星。类地行星包括水星、金星、地球和火星，基本上是由岩石和金属组成，密度高、旋转缓慢、表面固体、没有环、卫星少；类木行星包括木星、土星、海王星和天王星，主要由氢和氦等物质组成，密度较低、旋转快、深的大气层、有环、大量的卫星。除水星和金星外，其他 6 个行星都有自己的自然卫星。其中，地球有 1 颗卫星——月球。

空间环境可分为自然环境、航天器诱导环境和人为环境。空间自然环境是空间自然存在的环境，包括大气层、高真空、原子氧、各种粒子辐射（如质子、电子、α 粒子和重离子等辐射）、太阳辐射（如红外、可见光、紫外线等辐射）、微流星、重力场和地磁场等环境。航天器诱导环境是由航天器在轨运行和工作时形成的环境，包括失重（或微重力）、喷气发动机羽流污染、材料放气污染等环境。人为环境是由于各国发射航天器时人为产生的环境。这些环境有寿命终了或失效而废弃的航天器；末级运载火箭由于残留推进剂引起火箭爆炸和安全爆炸装置或电池等爆炸产生大量的空间碎片；另外，还有运载火箭和航天器各种无线电射频引起的电磁干扰等环境。

据报道，美国的旅行者 1 号（Voyager 1）已到达太阳系边缘，这是迄今为止飞得最远的人造航天器。考虑到航天器较难到达太阳系外，本章将主要关注于太阳系内的空间环境。同时，空间自然环境研究对航天器的设计有着重要的作用，本章将着重研究空间自然环境。地球空间环境是目前人类认识的最为清楚的环境，其他环境则尚有较多不太明确的地方需要研究。

3.2　地球空间环境

近地空间环境包括真空、原子氧、粒子辐射、太阳辐射、热、微流星与空间碎片、地球磁场和地球引力场等环境。

3.2.1　真空环境

地球大气在地球引力的作用下都集聚在地球表面附近。大气层的大气密度基本上是随着高度的增加按指数规律下降的。另外，大气密度随着地理纬度、一年四季、一天 24 小时及太阳活动变化而出现一定的变化。大气的质量分布如下：

1）大气在 0～20 km 时，占总质量的 90%；

2）大气在 0～50 km 时，占总质量的 99.9%；

3）大气在 100 km 以上时，占总质量的 0.000 1%。

所以，与地球大小相比，大气层是一个很薄的薄层。

从地面到 10 km 左右的范围，温度垂直递减率平均为 6 ℃/km。由于它是对流作用而形成的，故称对流层。对流层顶部温度大约在 −50 ℃～−55 ℃。对流层顶部以上的大气温度随高度上升而上升，在 50 km 附近达到 0 ℃。在这一范围，由于温度随高度上升而上升，所以大气稳定性较好，主要呈水平运动，故称为平流层。从平流层再往上，温度随高度上升而下降，在 80 km 附近温度降到 −100 ℃，该层称为中间层。从中间层再往上，温度随高度急剧上升，在 500 km 附近，温度高达 700～2 000 K，平均温度为 1 000 K。由于这部分大气温度很高，所以称之为热层。热层再往上，就逐渐地过渡到行星际空间，大气层与行星际空间没有明显的界线。

在航天器设计中，从使用的角度出发，可把对流层的大气称为低层大气，从对流层顶部到大约 110 km 的大气称为中层大气，110 km 以上的大气称为高层大气，1 000 km 以上的大气称为外大气层。随着高度的增加大气就越来越稀薄，也就是越来越接近真空。随着大气密度减小，大气压力也随着减小。

度量环境真空度的高低一般不用大气密度，而是用大气压力，单位是 Pa。大气压力也是基本上随着高度的增加按指数规律下降。

在春秋时节，北半球中纬度海平面处的大气标准压力为 101 325 Pa。当航天器的轨道高度处于 100 km 左右时，其环境的真空度（即大气的压力）大约为 4×10^{-2} Pa。当航天器的轨道高度达到 3 000 km 左右时，其空间环境的真空度达 4×10^{-11} Pa。地球静止轨道压力则更低，即真空度更高。

　　航天器飞行高度在 110 km 以下，是不能形成可以应用的轨道的。能形成可以应用的轨道高度一般在 170 km 以上。返回式航天器在返回到 110 km 时，可以按再入大气层考虑。航天器飞行高度在 1 000 km 以上时可以不考虑大气阻力。

3.2.2　原子氧环境

　　一般近地轨道航天器高度是在 200 km 以上。在距地球表面 200～1 000 km 高度范围内，残余大气中的成分包括氮、氧、氦、氢和氩等的分子或原子。但是在 300～500 km 范围内原子氧所占成分较多。尽管大气层中原子氧在 300～500 km 范围内的平均数密度只有 10^9～10^6/cm^3，但是，对于高速飞行的各种航天器，在其前向表面形成的通量密度可高达 10^{13}～10^{15}/（$cm^2 \cdot s$）。

　　原子氧在轨道上的热动能并不高，一般为 0.01～0.025 eV，对应温度一般为 1 000～1 500 K，而航天器相对大气的速度接近 8 km/s，这就相当于原子氧以 5 eV 的能量与航天器在前面相撞，即等效于约 5×10^4 K 的原子氧与航天器作用。更主要的问题在于原子氧是极强的氧化剂。这种高温氧化和高速碰撞对材料作用的结果是非常严重的。因此，低轨道航天器在设计时就需要考虑原子氧环境的影响。

3.2.3　粒子辐射环境

　　航天器在近地空间环境中受到空间粒子辐射的作用。空间粒子包括质子、电子、α 粒子和重离子。粒子辐射环境主要包括地球辐射带、太阳宇宙线和银河宇宙线三个部分。

　　（1）地球辐射带

　　地球辐射带环绕在地球赤道周围上空，按空间分布可分为内、外两个辐射带。辐射带形状大体上是在地球赤道上空围绕地球形成环状构形。因为组成辐射带的带电粒子是沿着地球磁场的磁力线运动的，所以辐射带的边缘大体上与磁力线一致。由于太阳风改变了地球基本磁场的分布，迎日面受到压缩，呈压扁的半球状，背日面拉长，形成圆柱状磁尾。这样，使地球磁层顶不对称，从而又导致了磁层磁场的不对称性。辐射带主要由质子、电子和少量重核组成。

　　内辐射带靠近地球，在赤道平面上 600～10 000 km 高度范围内，中心位置高度为 3 000～5 000 km，在地球子午面上维度边界为 ±40°。内辐射带所捕获的电子能量范围为 0.04～4.5 MeV，所捕获的质子能量范围为 0.1～400 MeV。外辐射带是离地球较远的捕获粒子区。外辐射带在赤道平面上大约 10 000～60 000 km 的高度范围内，其中心强度位置离地面约 20 000～25 000 km，在地球子午面上维度边界范围为 ±55°～±70°。所捕获的粒子主要是电子，其能量范围为 0.04～7 MeV。也有能量很低的质子（通常在几兆以下）。内外辐射带之间粒子辐射强度较弱的区域称为槽区（或称为过渡区）。

　　（2）太阳宇宙线

　　太阳耀斑爆发时所发射出来的高能粒子流，通常称为太阳宇宙线或太阳带电粒子辐射。它们绝大部分是质子流，故又常称为太阳质子事件。太阳表面宁静时不发射太阳宇宙线。

太阳宇宙线组成除质子外，还包含有少量的电子和 α 粒子以及少数电荷数大于 3 的粒子，包括碳（C）、氮（N）、氧（O）等重核离子。

太阳宇宙线的能量一般在 1 MeV～10 GeV 范围内，大多数在 1 MeV 至数百 MeV 之间。10 MeV 以下的太阳粒子称为磁暴粒子，能量低于 0.5 GeV 太阳质子事件称为"非相对论质子事件"，能量高于 0.5 GeV 太阳质子事件称为"相对论质子事件"。

（3）银河宇宙线

银河宇宙线是从银河系各个方向来的高能带电粒子，其粒子通量很低，但能量很高。银河宇宙线的粒子能量范围是 $40\sim10^{13}$ MeV，甚至更高。银河宇宙线是由电子和元素周期表中所有元素的原子核组成。元素周期表中前 28 种元素的核离子是其主要成分，其中成分最大的是质子（氢核），约占总数的 84.3%，其次是 α 粒子，约占总数的 14.4%，其他重核成分约占总数的 1.3%。

银河宇宙线在进入日层前，还未受到太阳风的影响，其强度可认为是均匀的和恒定的，即不随事件和空间变化。但进入日层后，受太阳风的影响，银河宇宙线的强度逐渐减弱。另外，当它们进入地球磁场作用范围之后，由于受到地磁场的作用发生强烈偏转，使得能量较低的粒子难以到达地球，同时产生纬度效应、经度效应，因此，出现东南西北不对称性。太阳活动低年时，银河宇宙线积分通量在距地面 50 km 以上的空间约为 4 粒子数/（cm^2·s）；在太阳活动高年时，银河宇宙线强度比低年时减少 50%。

3.2.4　太阳辐射环境

太阳每时每刻都在向空间辐射大量的能量。发射波长从 10^{-14} m 的 γ 射线到 10^4 m 的无线电波的各种电磁波。这些不同波长的辐射能量的大小是不同的，可见光部分辐射能量最大。可见光和红外部分的通量占总通量的 90% 以上。

太阳电磁辐射是指在电磁谱段范围内的太阳能量的输出。通常用太阳常数来描述太阳电磁辐射能量。太阳常数是指距离太阳一个天文单位（即地球到太阳之间的平均距离，记为 1 AU，1 AU＝1.495 978 930×10^8 km），在地球大气层外垂直于太阳光线的单位面积上，单位时间内所接收到来自太阳的总电磁辐射能，其值为 1 353 W/m^2。

太阳电磁辐射中波长在 $0.004\sim0.400$ μm 范围内的辐射为紫外辐射，紫外辐射按波长可划分为 3 个区域：近紫外（$0.38\sim0.31$ μm）、中紫外（$0.31\sim0.17$ μm）和远紫外（0.17 μm 以下）。紫外线的辐射能量占太阳总辐射能量的 8.73%，而短于 0.24 μm 的辐射只占太阳总辐射能量的 0.14%。紫外辐照度用紫外太阳常数单位，一个紫外太阳常数的数值等于 11.805 4 W/cm^2。虽然其能量所占太阳总辐射能量的比例不大，但是对航天器外表面材料有很大影响。

太阳辐射作用于物体表面而产生的辐射压称为光压。航天器在高轨道上飞行时要考虑光压的作用。

3. 2. 5　热环境

航天器在轨道上所遇到的热环境有航天器接收到的外部热流、内部产生的热量和向深冷空间辐射的热流等三部分。

外部热流主要来自太阳直接热辐射、地球对太阳辐射的反射和地球热辐射三部分。内部产生的热量主要是由航天器内部的热耗产生的。航天器的热量主要通过其专门设计的外表散热面向 4 K 深冷空间辐射出去。

3. 2. 6　微流星体与空间碎片

微流星体是宇宙空间天然存在的微小天体,空间碎片是由人类的航天活动造成的废弃物。它们都对航天器构成威胁。

微流星体来自彗星。彗星具有极为扁长的绕日轨道,当它从远离太阳处接近近日点时,由于温度、辐射压力的剧烈变化而不断挥发、解体,形成微流星体。崩溃的彗星碎片在其轨道上能延伸很长的距离。当其与地球相遇时,就形成了流星雨。小行星带也是微流星体的重要来源,但这些微流星体是小行星带最小的粒子。来自太阳的辐射压力会给这些微小的粒子一个摄动力。这些粒子飞出原有轨道,螺旋地飞向太阳时,就成了微流星体。

空间碎片是指地球轨道上一切无功能的人造物体,主要包括失效的航天器、火箭残骸、由爆炸和碰撞产生的残碎片、固体火箭的燃烧剩余物、因航天器老化而脱落的表面材料和组件等。据估计,目前空间碎片总量已经达到 13 551 万个,其中可编目的是 10 cm 以上的,约占总数的 0.02%。1～10 cm 的碎片是目前最危险的碎片,目前既无法编目以实现预警规避,也无法有效防护。一般卫星只能防护毫米级以下的碎片,国际空间站据称可以防护 2 cm 以下的碎片。航天器的解体是形成轨道碎片的主要原因。解体事件包括爆炸事件与碰撞事件,爆炸的原因可能有:运载火箭剩余燃料的不稳定、电池故障、飞行程序中预定的爆炸、故障卫星接收指令自爆和反卫星试验等。

3. 2. 7　地球磁场

地球附近空间充满着磁场,按照磁场起源的不同,地球磁场可分为内源场和外源场。内源场起源于地球内部,它包括基本磁场和外源场变化时在地壳内的感生磁场。外源场起源于地球附近的电流体系,包括电离层电流、环电流、场向电流、磁层顶电流及磁层内其他电流。

地球磁场的主要部分是内源场中的基本磁场。基本磁场是地球固有的磁场,起源于地核中的电流体系。地球磁场十分稳定,只有极缓慢的长期变化,年变化率在千分之一以下。基本磁场又分为偶极子磁场、非偶极子磁场和地磁异常等几个部分。其中,偶极子磁场约占地球磁场的 90%。在几百千米到几个地球半径高度的空间,地球磁场大体呈现为偶极子磁场。偶极子磁轴与地面的交点为地磁极,南北半球各一个,分别称为南磁极和北磁极。实际地球磁场的磁极位置在不断变化,相对地球自转轴偏离 11.2°～17°。地球磁场对航天器的主要影响是作用在航天器上的磁干扰力矩，它会改变航天器的姿态。

外源场中的重要部分来自太阳风，即太阳喷发出来的等离子体。由于它有极高的导电率，在它到达地球附近时，等离子体中的电子和离子在地磁场的作用下，向相反的方向偏转，形成一个包围地球的腔体，称为磁层。等离子体被排斥在磁层以外，地球磁场则被包围在磁层以内，等离子体和磁层的边界称为磁层顶，地球磁场只局限于磁层顶以内的空间。磁层顶上的电流产生的磁场叠加在偶极子磁场上，使磁层顶的形状在向阳方向上近似为压扁的半球，在日地连线上距离地球最近，约 11 个地球半径，晨向约为 15 个地球半径，昏向约为 15.8 个地球半径，在背阳方向上，则近似为圆柱体，磁尾可延伸至 1 000 个地球半径的空间。

3.3　月球及其表面环境

月球环境主要包括月球重力场、磁场、辐射、大气、流星体、月面温度、月球尘埃及月壤、月面地形地貌等环境。这些环境又可分为近月空间环境和月表环境。近月空间环境包括辐射、大气和流星体等环境；除了近月空间环境因素之外，其余的环境因素为月表环境。

3.3.1　近月空间环境

（1）辐射环境

月球辐射环境主要有 3 个带电粒子源：太阳风、太阳宇宙射线和太阳系之外的高能银河宇宙射线，见表 3 - 1。

表 3 - 1　月球环境中 3 种辐射类型的特性

辐射种类	太阳风	太阳宇宙射线	高能银河宇宙射线
核子能量	0.3~3 keV/u	1~100 MeV/u	0.1~10 GeV/u
电子能量	1~100 eV	0.1~1 MeV	0.1~10 GeV/u
通量数（质子/cm² · s）	约 3×10^8	0~10^6	2~4
穿透深度/cm	10^{-6}	1~10^{-3}	1~10^3

注：eV/u 为每个核子的电子伏特数。

太阳风等离子体主要由氢和氦的核子组成，是月球大气的主要来源。太阳风粒子到达月面的速度约为 400 km/s。太阳风粒子对月球表面进行高速溅射轰击，使月面逐渐变得光滑。虽然高速溅射会使物体被侵蚀掉，但是溅射过程对月球表面的设备带来的危害非常小，如一块直径只有 10^{-6} m 大小的岩石侵蚀寿命预计为 10^5 年。

太阳宇宙射线主要由氢、氦的核子组成，也包括少量的重核子。太阳宇宙射线发生在太阳耀斑强烈爆发期间，太阳宇宙射线的强度随耀斑活动（太阳耀斑活动周期为 11 年）变化而变化。因为没有屏蔽大气，太阳宇宙射线中高能粒子毫无阻力地直接到达月球表面，并穿透月球表面材料达 1 cm 的深度。

高能银河宇宙射线带电粒子主要由能量极高的原子核粒子组成，虽来自太阳系之外，但是粒子的通量远小于太阳宇宙射线。银河宇宙射线带电粒子对月球表面的穿透深度超过 1 m。

在月球表面执行任务的航天器，会遭遇到这种严厉的粒子辐照环境。撞击到月球车上最多的粒子是太阳风，但由于其能量比较低，与银河宇宙射线和太阳耀斑粒子相比，引起的关注较少。太阳耀斑每年发生多次，喷射出大量的高能粒子（1～100 MeV），耀斑事件能持续数小时甚至几天，这些高能粒子撞击到月球车上会聚集很高的电势，可对电子器件构成伤害，甚至对月球表面和结构也构成伤害。这些高能粒子使光学材料电离，从而引起这些材料的表面产生缺陷。

银河宇宙射线发生撞击的概率虽然不高［约 4 质子/（cm² · s）］，但其能量很高，对电子器件可能造成损伤，如单粒子翻转。

除了离子辐照之外，还有软 X 射线和紫外线。软 X 射线和紫外线也会影响表面涂层和光学器件。太阳紫外和软 X 射线的光子使光学材料退化（即暗化效应）。

（2）大气环境

由于在近月空间和月表环境中的大气密度只有地球上的 $1/10^{12}$，所以月球大气环境也称为真空环境。月球环境的真空度比地球轨道的真空度还高（约高 2 个数量级）。

由于月球的超高真空环境，使航天器材料发生放气作用，也会引起环境和航天器表面的温度剧烈变化。所以，月球探测中不能使用挥发性材料，而且所使用的材料需要在超高真空和极限温度循环下具有较好的稳定性。

（3）流星体环境

月球表面受到流星体和微流星体（直径小于 1 mm 的流星体）的轰击，撞击速度范围为 2.4～72 km/s。

美国用月球地震测量网络完成了质量大于 100 g 粒子通量的直接测量，对所测量的结果进行数理统计分析，得到的通量可用下式表示

$$\lg N = -1.62 - 1.16\lg m$$

式中　N——撞击次数，单位为 $1/(km^2 \cdot a)$；

　　　　m——滞留（大于 100 g）。

流星体环境对月球航天器构成撞击损伤，但撞击损伤概率很小，发生灾难性撞击的概率更小。

3.3.2　月表环境

（1）月球重力场环境

月球重力加速度为地球重力加速度的 1/6，即 $(1/6)g$。

（2）月球磁场环境

整个月球没有一个完整的偶极磁场（地球有南北两个磁极），但是，经探测，月球表面存在很弱的磁场，出现最大磁场的区域为古老高低区域（指最早形成的）。表面磁场强

度的范围为 $(6 \sim 313) \times 10^{-9}$ T。

月球磁场对航天器设备的影响可以不作重点考虑。

（3）月面温度

月面温度环境也称之为月球热环境，包括太阳直接辐照、月球反照、月面红外辐射等因素。在月球的白天期间，太阳辐照度高达 $1\,358$ W/m²。在月球轨道上，从黎明到黄昏太阳辐照度的变化约为 1%；而在月球的午夜，太阳辐照降至 0。到达月球上的太阳辐照能，只有不到 10% 又反射进入空间。月球的黑夜极限温度可达 $-180\ ℃$，月面在受到太阳直接照射时的极限温度高达 $150\ ℃$。

月球也像地球一样有白天和黑夜之分。不过，由于月球自转一周的时间等于一个恒星月（27 天 7 小时 43 分 11.47 秒），因此，月球上一天的时间大约相当于地球的 1 个月。在月球上的任何一个地方，一个白天的时间大约相当于地球的 14 天（月球自转周期 27 天 7 小时 43 分 11.47 秒的一半时间），黑夜的时间大约也相当于地球的 14 天。

由于昼夜温度差别大，且持续时间都很长，必须采取温控措施，保证航天器正常工作。特别是在月夜期间，无法使用太阳能，在月表工作的航天器必须使用其他能源方式（如蓄电池或核电源）维持能量需求。

（4）月壤和月球尘

在月面上有一层直径小于 1 mm 的精细且具有粘性的粒子层（其中散布了很少的岩石块），称其为风化层，这层风化层就是月壤。表 3-2 列出了月壤的一些机械性能。

表 3-2 月壤的机械性能

月球土壤参数	数据	备注
密度	接近 1 g/cm³	表面
	1.5～2.0 g/cm³	深度为表面下 10～20 cm
内部摩擦角	30°～50°	多孔性越低，则摩擦角越大
多孔性	4.3%±2.8%	所有阿波罗着陆场的土壤上面 15 cm
黏度	0.03～0.3N/cm²	黏度的增加是由于密度增加所导致
承载强度	0.02～0.04 N/cm²	密度为 1.15 g/cm³
	30～100 N/cm²	密度为 1.9 g/cm³

月壤对月球车运动影响较大，月球车设计必须要考虑月壤的承载能力和月壤的结合力。另外，月壤的热特性对航天器的温度影响也是必须考虑的因素。

月球尘可以认为是运动的月壤，携带着静电荷，具有很强的粘接性。当月球的明暗界限（月球白天和黑夜的交替界限）交替时，由于太阳紫外辐射对月球尘的充电影响，使月球尘周期性地升起，离开月面仅半米高。在着陆器的推进器点火和月球车行走时，也会扬起大量的月球尘。由于月球表面为真空环境，悬浮粒子会很快回落到月面上。

月球尘对轴承、齿轮和其他机械机构具有很强的腐蚀能力。月球车携带了电荷，很容易粘接到没有接地的导电表面上。月球尘聚积在光学镜子和辐冷器上，对它们也会造成严重的影响。同样少量的月球尘聚积在折射镜子的表面，也会严重地增加光的散射。在辐冷器表面上累积较厚的一层月球尘会使其性能退化，从而影响月球探测任务的工作寿命。仪器表面覆盖尘埃也会影响性能。在航天器总体设计中，应充分考虑对月球尘的防护措施。

（5）月面地形地貌

月面地形比较复杂。月面地貌从整体来看，有月坑、高地、月海、悬崖和沟壑等；从局部来看，有松软的月壤、斜坡、小坑和团块物体（如石头）等。

月表的高山、悬崖，以及撞击坑内侧的陡坡，一般大于 30°；撞击坑的外侧，坡度比较缓，一般小于 25°；月表的高地地区，地形起伏，平均坡度小于 30°；月海地区，地势平坦，最大坡度可达 17°。

月球表面裸露着大量的岩石碎块，这些岩石碎块的直径一般小于 25 cm。

3.4　火星及其表面环境

从距离太阳由近至远的角度而言，火星是太阳系中的第 4 个行星。火星轨道的外侧邻近的是小行星带和木星，内侧最靠近它的行星是地球。

3.4.1　火星周边的小游星及火星卫星

在火星和木星之间的星际空间中，即在距太阳 2.8 AU 处约有 500 000 块岩石绕太阳旋转，其中尺寸最大的是直径为 1 000 km 的谷神星（Ceres）小行星，最小的只有沙粒般大小。这些岩石就是小游星。

火星有 2 颗卫星——火卫一（Phobos）和火卫二（Deimos）。Phobos 距离火星约 9 300 km，Deimos 距离火星约 23 500 km。当火星自转时，这 2 个卫星也以相同的方向绕火星旋转。

3.4.2　火星的结构及物理特性

火星的内部构造主要由火星壳、火星幔和火星核组成。火星壳位于火星结构的最外层，其厚度约为 10～50 km。火星核位于火星结构最内层，其半径约为 1 500 km，是一个由铁、镍成分构成的核。火星幔位于火星壳和火星核之间，其厚度或深度达 2 000 km，靠近火星壳一端主要由橄榄石、辉石、石榴石等组成；靠近火星核一端主要由尖晶石、镁铁石榴石等组成。

火星的质量为 6.578×10^{23} kg，约为地球质量的 11%。火星表面的平均重力加速度为 372.52 cm/s²，约相当于地球表面重力加速度的 38%。和其他行星一样，火星的质量分布也存在不均匀现象，由此导致火星重力场的异常，这种异常对火星轨道上飞行的航天器的控制来说是一个扰动，在进行火星轨道航天器设计时有必要针对重力场进行分析。

火星距离太阳 2.49×10^8 km。火星自转 1 周的时间是 24 h 37 min，其轨道面和赤道面的夹角是 25°11′，有一个类似于地球的内部构造。

太阳、地球与火星在空间的相对位置关系是变化的，从一个太阳冲（Opposition）到另一个太阳冲,将影响探测器的发射窗口。所谓太阳冲是指地球位于太阳与火星连线之间;所谓太阳合是指太阳位于地球与火星连线之间。

由于火星存在以 10^5 年为周期的振荡,旋转轴的倾斜角和轨道偏心率在整个地质时期发生了很大的变化,倾斜角的变化范围为 $10.8° \sim 38°$;轨道偏心率的变化范围为 $0.004 \sim 0.141$。

3.4.3　火星表面形貌特征

火星表面严重坑化,形貌特征具有多样性,有高山、峡谷、大坑、小坑、盾形火山、河床、平地等,变化很大;表面严重风化,有各种沙丘;另外还有独特的极地形貌。火星的南北半球形貌特征有很大差异,北半球比较平坦,南半球地势变化巨大,绝大多数形貌特征分布在南半球。在火星的赤道南北附近,地势更加陡峭,巨大凸起的形貌特征多聚集在该区域。

火星表面有大量的火星坑,在南北半球的分布很不均匀:南半球的 2/3 区域坑化严重,绝大多数大坑集中分布在南半球;而北半球的火星坑较少,其 1/3 区域上的火星坑相对较浅,意味着这些火星坑比较年轻。火星坑不如月球坑那样陡峭,但相当丰满,意味着火星上存在严重的风侵蚀。

与地球相比,目前火星处于地震不活动期,但仍有大量的地质证据证明火星过去的地质活动情况,最明显的证据就是高山。峡谷是火星表面另一个显著特征。此外,火星上还有许多火山特征。火星表面还可看见许多河道形貌,似有河流冲刷的痕迹。火星每年都发生大型尘暴,在火星风的冲刷作用下,形成了大量的沙丘。有一条近乎连续的沙丘带围绕北极;而在南极也有沙丘,只是这些沙丘被局限在大坑内。

火星两极有极冠,两个极冠是不对称的而且也是动态变化的。北极冠最大时,向南延伸至 $50° \sim 64°$ N,最小时为 $87°$ N。南极冠,最大时向北延伸至 $40°$ S,春季又快速向南撤退,夏季几乎消失。两极冠随季节的动态变化,说明存在大量的活动性积聚物,这些积聚物可能是水冰或气载尘埃。在这些活动性积聚物的冲刷作用(扬起与沉降)下,形成了火星极地独特的层积地形。极地的层积地形已经被刻蚀成像阶梯式的峡谷和缓坡度的山崖(高为 $100 \sim 1\ 000$ m,宽为 $3 \sim 10$ km,长为数百千米)。

3.4.4　火星表面温度

由于火星大气层很薄,难以通过大气运动传递表面的热量,所以其表面温度变化很大。海盗号火星车的两个着陆点夏季平均温度为 -60 ℃,昼夜的温度变化约 50 ℃;冬季平均温度达 -120 ℃,日温度变化达 100 ℃。整个冬季温度低于 -123 ℃,使得 CO_2 冻结成白色沉淀物,形成极冠。由于极冠的季节性循环,表面总气压波动达 30%。

3.4.5　火星大气

在火星低层大气中,大气的主要成分是 CO_2,海盗号着陆器质谱仪探测的低层大气成分中,CO_2 的体积分数达到 95.32%。事实上,在一个火星周年里 CO_2 的体积分数会发生变化，最高变化幅度达 26%。

高层大气的成分随着高度的增加而发生变化：在低于 120 km 的空间，火星大气是一种混合物；在高于 120 km（湍流层）的高空，大气成分将根据构成气体的分子质量而变化，分子质量大者在上。

高于 120 km 的上空是火星大气电离层。在该高度以上的大气主要成分是 CO_2，通过光致电离作用产生自由电子。

3.4.6　火星气象

火星云可分为尘云和冷凝雾两类。尘暴兴起时弥漫整个火星表面上空，形成一层不透明的黄色尘云。

火星风是火星上一种常见的天气。火星的风速是地球风速的 10 倍，而其空气密度是地球的 1/120。火星各个区域的风速存在较大差异，在地形交界处的风速可高达 50 m/s。火星风的强度和方向随季节而剧烈变化着，甚至在一天里也会有巨大改变。

剧烈的火星风伴随着巨大的尘暴，这也是一种常见天气。大的尘暴将持续数月，弥漫整个大气，严重影响光学观测的可见度，对光学可见度的阻挡将达 5 个光学深度。即使在晴朗的天气里，空间的不透明度将超过 0.18（即能见度小于 0.82）。为了有效地对火星进行探测，有必要掌握尘暴的特性。火星气象参数见表 3-3。

表 3-3　火星气象参数

参数	名义值	备注
气压/Pa	800	700～900
温度/K	215	130～290
气温下降速率/(K/km)	2	
绝热温度下降比/(K/km)	4.5	
均质大气高度/km	11	
对流层高度/km	40	
湍流层高度/km	120	
风速/(m/s)	0～50	边界层上方
太阳辐照度平均值/(W/m²)	590	在 1 AU 处的太阳辐照常数为 1 371±5
反照率平均值	0.2～0.4	
太阳紫外辐照度/(W/m²)	10^{-3}	火星位于近日点时其大气层顶端处

3.5　木星环境

木星是太阳系 8 颗行星中体积最大的一颗，具体如图 3-1 所示。为了将木星和地球进行比较，表 3-4 中列出了木星和地球的基本资料。由于木星磁场比地球强得多，而木星轨道上的太阳风动压是地球轨道附近的 1/30，导致木星的磁层尺度约是地球的 100 倍，木星向阳面磁层顶的位置大约在 50 R_j（$R_j = 71\,400$ km，为木星半径），其磁尾的长度可以达到 200 R_j。与地球磁层相比，木星磁层除了受行星际磁场影响以外，还受到木星快速自转的影响，另外由于木星磁层的尺度远远超过木卫一（Io）、木卫二（Europa）、木卫三（Ganymede）和木卫四（Callisto）所在的轨道，使得这些卫星对木星磁层也存在重要的影响。尤其是木卫一，其轨道距离木星约 5.9 R_j，它以约 1 t/s 的速度损失其大气物质（主要是二氧化硫），二氧化硫被电离后形成硫离子和氧离子，被木星磁场所捕获。由于木星强大的磁场和快速自转，使得从木卫一释放的等离子体与木星一起以很快的速度共转（速度可达 54 km/s），形成一个环绕木卫一轨道的冷等离子体环面。

图 3-1　太阳系 8 颗行星大小示意图

表 3-4　木星和地球基本资料对比

	半径/km	平均日心距/AU	自转周期/h	表面重力加速度/(m/s²)	平均密度/(g/cm³)	磁场偶极轴倾角/(°)
地球	6 712	1.0	24	9.8	5.5	11.3
木星	71 400	5.2	10	25.6	1.3	9.6

3.5.1　太阳辐照度

太阳辐照度大致随日心距离呈 $1/R^2$ 衰减，相比地球空间附近太阳辐照度为 1 353 W/m²，木星轨道附近的太阳辐照度可取为 50.5 W/m²。

3.5.2　银河宇宙线

地球轨道附近，银河宇宙线的强度受太阳磁场的调制，使得越靠近太阳，银河宇宙线的低能粒子通量越小，该理论同样适用于木星，但由于木星自身的磁场较强，对银河宇宙线也存在一定的屏蔽作用，因而可以认为木星空间的银河宇宙线环境与地球空间基本类似。木星磁层与地球磁层示意图对比如图 3-2 所示。NASA SP-8069《NASA 航天器设计准则木星（1970）》中给出的木星轨道附近的银河宇宙线能谱为

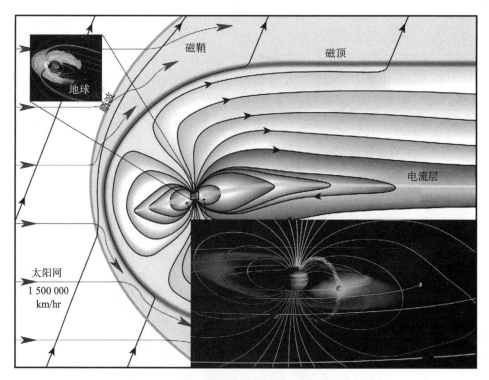

图 3-2　木星磁层与地球磁层示意图对比

（左上角为地球磁层，右下角可以看到木卫一形成的等离子体环面）

$$\phi_E = A(E + m_0 c^2)^{-1.5}$$

式中　　$m_0 c^2$——粒子的静止能量；

　　　　E——粒子的动能，单位为 GeV。

对于质子，A 取为 10 $\mathrm{cm}^{-2}\mathrm{s}^{-1}$，对于 α 粒子 A 取为 1 $\mathrm{cm}^{-2}\mathrm{s}^{-1}$，对于电子 A 取为 0.2 $\mathrm{cm}^{-2}\mathrm{s}^{-1}$。

3.5.3　太阳宇宙线

太阳宇宙线来自太阳爆发性活动，主要成分是质子和 α 粒子，还有极少量的重离子。太阳宇宙线通量随日心距增大而减少，NASA JPL 实验室发展的 JPL 太阳耀斑积分通量模型认为，太阳质子积分随日心距的变化规律：当 $R < 1$ AU 时，呈 $1/R^3$ 变化；当 $R > 1$ AU 时，呈 $1/R^2$ 变化。总体来说，木星轨道附近的太阳质子积分通量要远小于地球空间。

3.5.4　木星等离子体

由于木星偶极轴与自转轴存在约 10° 的倾角，且自转速度很快，使得位于 $5.9R_j$ 的木卫一释放的中性原子被电离后受木星磁场的约束并与木星共转，形成一个巨大的冷等离子体圆环。木星偶极轴倾角和木星的快速自转导致围绕木卫一轨道的等离子体圆环上下波动，同一空间位置处的等离子体参数随着木星的自转周期（约 10 h）上下波动。木星的等离子体环境可以分为三部分：木卫一圆环附近的冷等离子体（能量为 $0 < E < 1$ keV）、中能等离子体（1 keV $< E < 60$ keV）和辐射带粒子（$E > 60$ keV）。冷等离子体密度较高，可达 2 000 cm^{-3}，主要成分有氢、氧、硫、钠离子。中能等离子体中的电子（能量约 1 keV）和质子（能量约 30 keV）密度随离木星的距离呈指数衰减，在小于 10 R_j 处约为 5 cm^{-3}，而在大于 40 R_j 时下降为 10^{-3} cm^{-3}。随木星的共转速度在 4 R_j 约为 45 km/s，而在 20R_j 达到 200 km/s。

3.5.5　辐射带质子和电子

图 3-3 和图 3-4 分别给出了木星辐射带与地球辐射带的质子和电子分布对比图。从图中可以看出，木星辐射带高能质子（>100 MeV）通量很小，但低能质子通量约是地球辐射带的 10 倍；木星辐射带低能电子通量与地球辐射带基本相当，但在高能端木星辐射带电子通量要比地球辐射带高 2~3 个数量级，尤其是木星辐射带中还存在较多能量超过 10 MeV 的相对论性电子，这些极高能电子对于航天器来说是比较危险的。

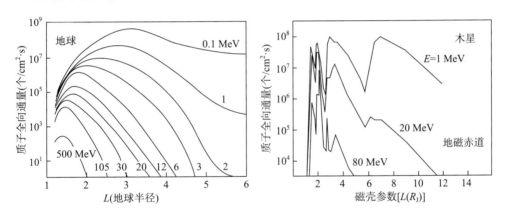

图 3-3　木星辐射带质子（右图）与地球辐射带质子（左图）分布对比

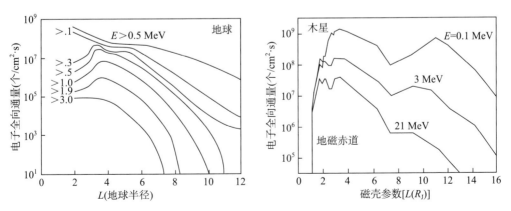

图 3-4　木星辐射带电子（右图）与地球辐射带电子（左图）分布对比

3.5.6　木星大气

　　木星大气结构相对简单：其对流层处于对流平衡状态，存在一个恒定的垂直温度梯度，对流层顶温度下降到最低约 100 K，对流层顶以上，温度逐渐上升至 160 K，并在再入气动减速和热流密度最大的区域基本保持为常数。而在该常温区约 300 km 以上的高度，大气温度重新开始升高。图 3-5 为木星大气温度垂直分布示意图。

　　伽利略飞船的实测数据表明，木星大气成分如下：H_2（86%）、He（13.6%）、CH_4（0.18%）和 N_2（0.07%），该大气密度成分适用于木星大气对流层和大部分同温层，木星大气成分数密度垂直分布如图 3-6 所示。

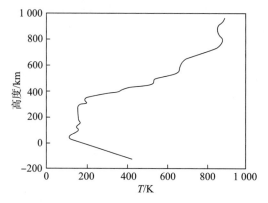

图 3-5　木星大气温度垂直分布图

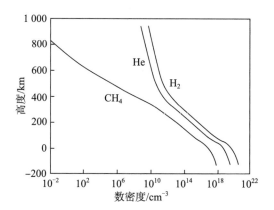

图 3-6　木星大气成分数密度垂直分布图

参 考 文 献

［1］ 焦维新，傅绥燕．太空探索［M］．北京：北京大学出版社，2003.

［2］ 焦维新，邹鸿．行星科学［M］．北京：北京大学出版社，2009.

［3］ 彭成荣．航天器总体设计（第二版）［M］．北京：中国科学技术出版社，2011.

［4］ 叶培建，肖福根．月球探测工程中的月球环境问题［J］．航天器环境工程，2006，23（1）.

［5］ 欧阳自远，肖福根．火星及其环境［J］．航天器环境工程，2012，29（6）.

［6］ JAMES B F，NORTON O W，ALEXANDER M B. The natural space environment：effects on spacecraft［M］. NASA Reference Publication 1350，November，1994.

第4章 空间核动力的应用

目前已发射的核动力航天器应用范围涵盖了导航、通信、气象、目标监视、月球探测、行星探测、载人等领域。在20世纪六七十年代，由于太阳能发电技术尚不成熟，与太阳电池相比，空间核电源在近地轨道应用中尚有一定的竞争力。进入到20世纪80年代以后，太阳电池技术迅速发展，发电效率提高，技术成熟度较高，空间核电源的应用逐渐从近地轨道转向深空探测领域。事实上，由于空间核动力能量密度高、不依赖于太阳等优势，未来空间核动力仍会在月球与深空探测、空间安全、对地观测等领域得到广泛应用。

4.1 空间核动力的主要优势

与传统的能源形式相比，空间核动力在太阳能应用困难的月球与深空探测任务和需要大功率的近地轨道航天任务中具有明显的技术优势。

以空间核电源为例。目前，可以独立应用的空间电源包括太阳电源、化学电源和核电源3种形式。国际上关于空间电源适用范围的典型理解如图4-1所示。从图4-1中可以看出，当功率超过50 kW且持续工作寿命超过1个月后，核反应堆电源是最具技术竞争力的选择。太阳电源由于技术成熟，目前是支持航天任务的主要电源形式，但当输出功率较大时，它在体积和质量方面的劣势将凸显。化学电源则采用储能的方式工作，其寿命有限，一般不超过1个月。

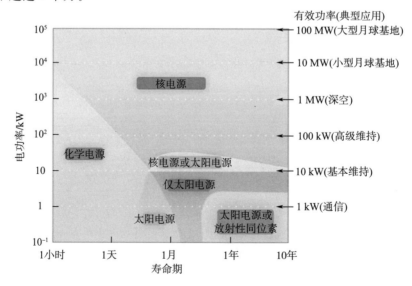

图4-1 空间动力的适用范围

　　地外星体表面自然环境恶劣，太阳能难以应用。月面航天器在长达 14 天的月夜期内，无法获得太阳能，同时还需在真空低重力且最冷大约 -180 ℃的环境中生存并工作。火星表面风速一般维持在 $6\sim8$ m/s，斜坡处以及沙尘暴期间风速更是高达 40 m/s，太阳电池翼表面容易堆积沙尘，从而导致太阳能利用效率急剧下降。核电源成为星体表面基地电源系统最具技术竞争力的选择。

　　木星及以远的行星距离地球过于遥远，太阳光强度较弱，不利于甚至不能利用太阳能。而且，外行星周围普遍存在恶劣的空间环境，太阳能电源工作受到巨大影响。以木星为例，木星距离太阳大约 5 个天文单位，其太阳能利用效率约为地球的 $1/25$；木星为巨行星，常规的木星轨道阴影区大约为 30 天；木星周围有强辐射带，会导致太阳电池片效率快速下降。土星、天王星、海王星这些外行星距离地球更为遥远，空间环境也十分复杂，使用太阳电源更为困难。目前世界上已发射或正在研制的土星及以远的探测器均使用核能来提供电源。

　　以中高轨道高分辨率雷达探测为代表的近地轨道大功率航天任务，受到体积、质量以及姿态机动、信号质量等条件的约束，需要核电源来提供电能。在电功率大于 50 kW 后，太阳电源在体积和质量方面没有优势。同时，太阳电池翼过大会对卫星的姿态机动和雷达信号质量带来很大的负面影响。所以，在近地轨道大功率航天任务中，核电源具有明显的技术优势。

4.2　未来主要应用领域

　　发展面向月球与深空探测和高分辨率对地观测等重大航天任务的大型航天器，已经成为一个重要的发展趋势。这些航天器面向国家的战略需求，是国家安全的基石，也是国家实力和战略威慑力的重要体现。大功率空间电源是大型航天器基础性的组成部分，任何航天任务的实施都必须建立在航天器电源关键技术已经突破的基础上。输出功率 100 kW 及以上的空间电源已经成为大型航天器研制必须突破的关键技术。

　　以月球基地和火星基地为代表的地外星体表面基地任务，需要大功率的电源来维持基本的运行。基地主要功能一般包括技术试验、资源利用、科学研究、通信中继和深空中转等。基地需大功率电源来维持基地的温度、设备的运行以及与地面的通信等基础功能。一般星体表面夜间温度极低、自然条件恶劣，且距离地球较远。在这样的条件下，要满足上述基础性需求，需要消耗大量的电能。基地的建设从小型基地开始，逐步过渡到大型永久基地。根据已有的月球或火星基地设想，小型基地一般需要 100 kW 量级的电功率。

　　木星及以远的行星际探测任务呈现出快速、多天体连续观测的发展趋势，对电源的要求很高。由于距离地球过远，仅利用借力飞行方式实现探测，飞行时间长且探测效率低，一次仅能实现单个天体的探测。利用大功率电源提供动力，可快速突破地球引力，实现快速星际飞行并到达行星轨道，是航天任务发展的一大趋势。美国 JIMO 任务就提出了一次连续探测木星、木卫二、木卫三和木卫四等多个天体。这类任务需要克服星体巨大的引力，所需的电源输出电功率也较大，一般在 100 kW 甚至是 MW 量级。

高分辨率对地观测已经向高空间分辨率、高时间分辨率的方向迈进，功率需求越来越高。对于雷达探测卫星而言，提高空间分辨率就意味着要提高星上发射功率；提高时间分辨率，则需要提升卫星轨道至 10 000 km 以上的中轨，甚至是 36 000 km 的地球静止轨道，轨道的提升也需要提高星上发射功率。大功率空间电源成为高分辨率雷达遥感越来越迫切的需求，已经制约了其发展。以地球静止轨道合成孔径雷达为例，若空间分辨率达到 1.5 m，则需约 2 MW 的电功率支持。且雷达具有全天时全天候的应用需求，卫星平台需提供持续的大功率电源。

近年来，国际也掀起了大功率天基激光、天基微波等技术研究的热潮。这些技术面向空间安全应用，需要百千瓦甚至是兆瓦级的功率来支撑。在这些应用上，空间核动力技术有其显著的优势。

除大功率应用外，同位素支持的小功率空间核动力技术（如 RTG 等）已经在深空探测领域得到了广泛的应用。美国的火星探测任务、中国的月球探测任务，都应用了同位素核源。

4.3　空间核动力应用的主要制约因素

效率、可靠性和安全性问题是制约空间核动力技术在轨应用的瓶颈。

空间应用对核动力装置的功率、体积、质量、寿命等都有着苛刻的要求，降低质量功率比已经成为空间核动力装置发展的主要趋势。而提高核电转换效率则是实现质量功率比降低的核心。航天器的体积和质量受到运载火箭的强制约束，同时也是影响控制和推进系统设计的主要因素，在航天器中，设计是需要予以重点解决的关键问题。在空间环境中，大功率核动力装置的热传导和热排散也是一个技术难题。空间热排散仅有热辐射一种方式。在热控材料选定的情况下，需要排散的废热量越大，所需的散热面积越大，不利于航天器体积和质量的控制。制约上述问题的根源是空间核动力装置的发电效率。提高发电效率，不仅可有效解决体积、质量、热控等问题，同时也有利于输出功率的不断提升。

空间核动力技术属于较为前沿的新技术。尽管温差同位素电池在轨应用已有几十年的历史，但是新型的同位素电池以及反应堆电源技术成熟度尚不高，在轨应用较少，可靠性数据较为缺乏且样本较少。由于核技术的特殊性，地面可靠性试验所需的时间和经费都较高。

同时，核安全问题也是一个重要的制约因素。由于地面核电站的一些意外事故，以及早期苏联核反应堆电源在轨应用的意外事故，政府决策层和民众对核安全问题十分重视。事实上，核动力装置自身有其固有的安全性，通过科学的设计和试验，核安全问题是可以得到有效解决的。

　　综上所述，效率、可靠性和安全性问题是制约空间核动力技术发展的主要瓶颈。考虑到空间核动力技术的特殊性，以及项目投入的时间和经费的规模较大，建议国家聚焦有潜力的技术发展方向，早日启动相关项目建设。

参 考 文 献

［1］ 马世俊．卫星电源技术［M］．北京：中国宇航出版社，2001．

［2］ ［俄］卡拉杰耶夫 A C．载人火星飞行［M］．赵春潮，王苹，魏勇，译．北京：中国宇航出版社，2010．

［3］ ［美］M R 帕特尔．航天器电源系统［M］．韩波，陈琦，崔晓婷，译．北京：中国宇航出版社，2010．

第 2 篇　空间核电源

第5章　核反应堆电源

5.1　简介

空间核电源系统一般由热源（核反应堆或同位素）、热电能量转换（静态或动态、开环或闭环）、能量存储（机械或化学的）、热排散（辐射器）、功率调节和负载等主要部分构成，如图 5-1 所示。由于能量存储、功率调节和负载技术并非空间核电源所特有，技术上较为成熟，与核相关性不大，本书不作研究。本章重点研究热源（反应堆）、热电功率转换、热排散以及与它们紧密相关的核安全，共 4 个部分。

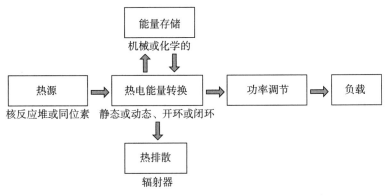

图 5-1　核电源系统组成框图

目前，完成能量转换的方式有 3 类：直接（静态）发电、热机（动态）发电和电磁转换发电（磁流体）。直接发电是不通过其他形式的能量中介，直接将初始能量转换为电能。直接转换有温差电、热离子、燃料电池等方式。燃料电池尚属新技术，未见到与空间应用相关的研究，所以在本书不予研究。热机转换一般是，先通过某种循环将初始能量转换为机械能，然后再通过发电机将机械能转换为电能。热机发电有布雷顿（Brayton）循环、朗肯（Rankine）循环和斯特林（Stirling）循环等形式。电磁转换目前主要指的是磁流体热电能量转换。

按照能量转换方式和发展的时间不同，我们可以将空间核反应堆电源分为三代。第一代空间核反应堆电源以静态转换作为能量转换的主要方式，主要包括温差发电和热离子发电两类；第二代空间核反应堆电源以动态转换作为能量转换的主要方式，主要包括朗肯、布雷顿和斯特林三类；第三代空间核反应堆电源以电磁转换作为能量转换的主要方式。

在轨使用过的反应堆电源系统只有 BUK、TOPAZ 和 SNAP-10A。在本章介绍每种发电方式时，除介绍发展过程和发电原理外，我们还会详细介绍世界上已发射、已开展过系统级工程试验或经政府立项的大型空间核电源工程项目。

5.2　温差发电空间核反应堆电源

5.2.1　概述

热电（温差电）效应（Thermoelectric Effect）是日常生活中常见的物理现象，此效应已广泛地应用于温差和电压测量、冰箱和发电机等领域。温差发电属于直接转换的方式，发电效率较低，在早期的发电系统中有较多的应用，研究也较为透彻。目前发电系统已较少使用此发电方式。

温差发电是世界范围内最早研究的空间核反应堆热电能量转换形式，同时也是技术上较为成熟的一种空间核电源形式。从 20 世纪 50 年代后期开始，美国和苏联就开始了温差空间核电源系统的研究，并分别发射了相应的系统在轨应用。美国研制的 SNAP - 10A、SP - 100，苏联研制的 Romashka、BUK 等系统，都是典型的温差空间核电源系统。在轨使用过的 SNAP - 10A 和 BUK，都属于在 20 世纪六七十年代研制并在轨使用过的反应堆电源，属于早期的系统，功率较小，效率较低；SP - 100 是在"星球大战计划"时期美国研发的重点，功率达到 100 kW 以上，效率更高，属于新一代温差发电系统。

目前应用的同位素电池主要也是利用温差发电来完成核电转换的，得到了广泛应用。

5.2.2　发电原理

（1）热电效应

热电效应的原理是直接将温度差转换为电压，或将电压转变为温度差。当装置两端温度不同时，热电装置就可以产生电压。从原子尺度来看，外加的温度梯度导致材料的载流体（Charge Barrier）从热端向冷端扩散。这种效应可以用来发电，测量温度或改变物体的温度。因为加热和制冷的方向取决于外加电压的极性，所以热电装置可以用作温度控制器。

热电效应其实包含 3 种相互独立发现的效应：塞贝克效应（Seebeck Effect），珀耳帖效应（Peltier Effect）和汤姆逊效应（Thomson Effect）。教科书上有时会使用珀耳帖-塞贝克（Peltier - Seebeck）效应来表示。

与热电效应相关的还有焦耳加热（Joule Heating），是指当电流流过一个阻性材料时会产生热。珀耳帖-塞贝克效应和汤姆逊效应在热力学上都是可逆的。

塞贝克效应研究的是，一个导体两端温度差直接转变为电压；珀耳帖效应研究的是电流流过两个不同的导体时，两个导体的连接处会产生加热或制冷的效果；汤姆逊效应描述的是电流流过单个导体时的加热或制冷效果。

总体上来说，温差空间核电源利用的是塞贝克效应，但是其他效应也都有涉及。

（2）塞贝克效应

塞贝克效应研究的是温度差直接转换为电，该效应是由德国物理学家托马斯·约翰·塞贝克（Thomas Johann Seebeck）于 1821 年发现的。塞贝克效应是利用电动势的一个经

典例子，利用电动势产生可测量的电流或电压。局部的电流密度可表示为

$$J = \sigma(-\nabla V + E_{emf})$$

式中　V ——局部的电压；

　　　σ ——局部的电导率。

　　一般来说，塞贝克效应中 E_{emf} 可以表示为

$$E_{emf} = -S\,\nabla T$$

式中　S ——塞贝克系数，是材料固有的；

　　　∇T ——温度梯度。

　　塞贝克系数一般是温度的函数，与导体的成分紧密相关。室温下，材料的塞贝克系数一般在 $-100~\mu V/K \sim +1\,000~\mu V/K$ 的范围内。

　　当 $J = 0$ 时，系统达到稳态，电压梯度直接表示为

$$-\nabla V = S\,\nabla T$$

　　这种简单的关系，不依赖于电导率，在热电偶中用来测量温差；绝对温度则可以通过在一个已知温度的物体上测量电压来获取。一个未知成分的金属可以通过它自身的热电效应来分类。这种方法经常在商业上用来识别金属合金。温差发电机则是利用热电效应来从温差中得到电能。

　　（3）温差发电

　　温差转换一般使用半导体材料来将热直接转换为电能。来自堆芯的热能从温差转换器内部流过，并到达热沉。半导体的温差会在两端产生一个压差。图 5 - 2 是典型的温差发电单元的构形。

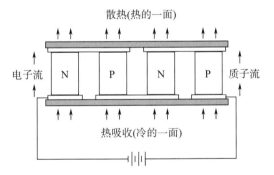

图 5 - 2　温差发电单元的常用构形

　　在空间核电源系统中，常用锗化硅（SiGe）、碲化铅（PbTe）和碲化硅铅（PbSiTe）等作为半导体温差材料。PbTe 的应用限于低温，约 800 K 左右，理论上可达到 15% 卡诺效率。SiGe 则只能达到 10% ～ 15% 的卡诺效率。

　　温差转换一般用于低功率的电源系统。由于系统效率低、工作温度低，在空间应用中所需的辐射器面积很大。

5.2.3　SNAP - 10A 核反应堆电源

（1）任务背景

1958 年，美国空军要求研究一种可用于热电转换的反应堆。1959 年 3 月，当 SNAP - 10A 项目启动并决定用于一颗侦察卫星后，空军提出了明确的功率需求：500 W。1960 年 3 月，西屋电气公司获得了研制热电转换器的合同。1960 年 5 月，AEC 和空军联合启动了 SNAPSHOT 计划，并计划发射 4 颗星，2 颗搭载 SNAP - 10，2 颗搭载 SNAP - 2。洛克希德-马丁公司被空军指定为总承包商，负责运载火箭、系统集成和发射。原子国际公司（AI）作为 AEC 的主承包商，负责反应堆电源的研制。

1963 年，由于空军计划的调整，预算削减，使用核反应堆电源的 SNAPSHOT 研制计划大大受挫，研发进度也大大减慢，SNAP - 10A 飞行测试也面临取消的风险。飞行任务被取消是因为空军认为没有迫切的需求。经过 AEC 的多方斡旋，后来终于找到了钱和项目。SNAP - 10A 项目于 1964 年 3 月被重新启动。

SNAP - 10A 是美国唯一一个、也是世界上第一个在轨飞行过的核反应堆电源系统，1965 年 4 月 3 日发射后在轨成功运行了 43 天就因其他原因而被关闭。SNAP - 10A 使用的是 ZrH（氢化锆）反应堆，电功率高于 500 W，设计寿命在 1 年以上，使用的热电转换方式为温差。

在 SNAP - 10 计划中，共建造了 8 个模型和鉴定系统进行了试验测试。其中，3 个用于结构试验，3 个用于热真空性能试验，2 个用于系统鉴定。2 个鉴定系统包含一个核系统和一个非核单元（用一个电加热器来模拟反应堆堆芯），2 个系统的其他硬件均与正样状态一致。

SNAP - 10A 项目证明，空间核反应堆可以被安全地运输并发射至轨道。

（2）电源系统

SNAP - 10A 电源系统构形和功能如图 5 - 3 所示。系统设计用来在空间提供 500 W 的电功率，能够在轨道上启动、运输并且操作简单、安全，可以安装仪器仪表全方位监测系统的性能，并使反应堆的辐射衰减至航天器可接受的水平。热电冷却泵安装在系统的最顶端。然后是反应堆及其控制系统。圆锥体的下部、堆芯的下面是辐射阴影屏蔽。内嵌在纵向表面褶皱处的是热电转换元件和辐射器。功能图（图 5 - 4）给出了系统的基本运行原理。堆芯产生的热能被转移至燃料元件周围的工质（液态金属 NaK - 78）。使用 NaK，是因为它在 538 ℃ 的工作温度下，蒸汽压力几乎可以忽略，且具有良好的热传递特性。反应堆的控制是通过 4 个半柱面的控制鼓来实现的。

系统主要技术指标见表 5 - 1。在发射过程中，反应堆受到整流罩的保护。为了保证液态金属的温度不至于冻结，热电转换器被一个热防护罩覆盖，当冷却剂温度达到 48.9 ℃ 后，会自动把罩抛掉。SNAP - 10A 通过一个载荷适配器安装在阿金纳（Agena）上面级的前端，由 Agena 提供必要的电源分配、跟踪和指令、控制和电压调节等支持。

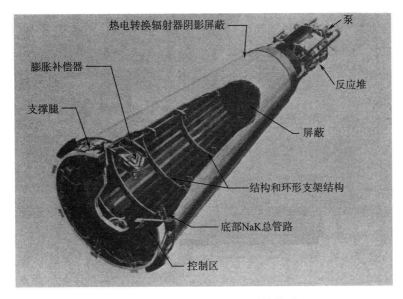

图 5-3　SNAP-10A 电源系统构形

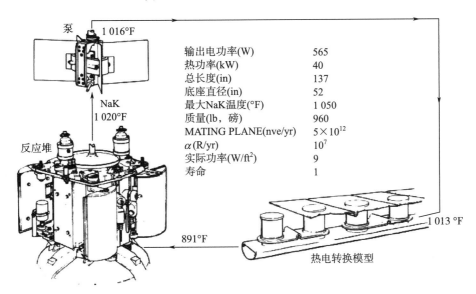

输出电功率(W)	565
热功率(kW)	40
总长度(in)	137
底座直径(in)	52
最大 NaK 温度(°F)	1 050
质量(lb, 磅)	960
MATING PLANE(nve/yr)	5×10^{12}
α(R/yr)	10^{7}
实际功率(W/ft^2)	9
寿命	1

图 5-4　SNAP-10A 电源系统功能图　（1 °F＝32＋1 ℃×1.8）

表 5-1　SNAP-10A 核反应堆电源系统主要技术指标

序号	参数名称	参数值	备注
1	输出电功率/W	565	
2	电源类型	直流	
3	设计寿命/年	1	
4	反应堆输出热功率/kW	40	
5	热电转换效率	约为 1.6%	
6	燃料和堆型	^{235}U－ZrH，热堆	

续表

序号	参数名称	参数值	备注
7	冷却剂	NaK－78	
8	功率转换	温差，SiGe	
9	热结温度/K	777	
10	反应堆出口温度/K	833	
11	尺寸	高 347.9 cm，安装接口直径 127 cm 辐射器面积约 6 m²	
12	质量	系统总质量约 432 kg。反应堆总质量 228.6 kg，其中屏蔽 质量为 98.6 kg；功率转换（含辐射器）总质量 69.8 kg	

（3）反应堆设计

SNAP－10A 使用热堆。堆芯使用了 37 根燃料元件，这些元件按照三角阵列的形式排列。燃料元件相互之间的距离约为 3.2 cm。内部的铍侧反光板用来包裹六边形的核，并用来填充燃料和反应堆容器之间的空白区域。反应堆容器用 316SS 制造，内部直径为 22.54 cm，长度为 39.62 cm，壁厚最小为 0.081 cm。一个支撑环、两个 NaK 入口管和支撑托架都是用 316SS 制造的，并焊接在反应堆容器上。

每根燃料元件长 32.64 cm，直径 3.17 cm；燃料自身长 31.11 cm，直径 3.07 cm。包壳由哈斯特洛伊 N 高镍合金（Hastelloy N）制成，壁厚 0.038 cm。燃料元件的底部使用哈斯特洛伊 N 高镍合金制成的底盖密封，并焊接在包壳管上，填充了 0.007 6 cm 厚的氢用来促进热转移。包壳管外层涂覆陶瓷层 solaramic（S14－35A），用于阻止 H 的泄露。保护层厚度为 2~4 mil（1 mil＝25 μm）。将可燃毒物 Sm_2O_3（氧化钐）加进陶瓷层用于减低初始的反应度。反应堆在一个真实稳态的功率水平上运行，且没有动态控制。每个燃料针（fuel pin）由 128 g 的 ^{235}U，11.8 g 的 ^{238}U，24.6g 的 H 和 1 215 g 的 Zr 组成；同时也使用了少量的 C 来作为细化剂。每个燃料元件的燃料材料总重约为 1.38 kg。燃料的所有边都圆化处理了，避免在组装和处理燃料元件过程中造成陶瓷阻隔层（ceramic barrier）的损坏。专用的燃料棒用来调整过剩的反应性，并用于被动控制堆芯的特性参数。

SNAP－10A 使用的是 Be 反射层，约为 5.08 cm 厚，团团围住堆芯。4 个半圆柱的控制鼓用于控制反应堆。他们的半径为 8.89 cm，长度为 25.72 cm。反射层系统总重 46.8 kg。SNAP－10A 使用的是影子屏蔽。屏蔽结构直接布置在反应堆下方，质量为 98.6 kg，材料为使用不锈钢增强冷压的 LiH 材料。没有专门做 γ 屏蔽。

（4）热电转换设计

反应堆的热通过一个热电（TE）功率转换系统，直接转换为电。1960 年提出了对热电转换系统的需求。最初的研发工作主要集中在评估和测试几种使用 PbTe 和 SiGe 作为 TE 材料的功率转换模块概念。接受评估的概念共有 3 个：1）单回路系统（Single－Loop System），PbTe TE 小片安装在 NaK 管上，散射小板粘在小片的冷连接点（cold junction）用于排热；2）与 1）类似的单循环系统，但是将 TE 材料换成了 SiGe；3）双回路系统（Two－Loop System），薄垫圈状的 PbTe 元件嵌在主、次 NaK 管之间，次回路

NaK 用来排热。最终 SiGe 概念被选中，PbTe 的研发工作停止。

SiGe 转换器的整个设计和规范都是在 AI（Atomics International）公司完成的。制造和装配工作则是在 RCA（Radio Corporation of America）公司完成（由 AI 公司外包）。

TE 转换系统包含 120 个模块，这些模块沿着圆锥支撑结构的表面按照串-并机械网络（Series - Parallel Mechanical Network）的形式布置。图 5 - 5 给出了一个模块的内部结构图。一个模块包括同等数量的 N 型（掺砷）和 P 型（掺硼）SiGe TE 元件，这两种类型的元件沿着 D 型的不锈钢 NaK 管扁平的一面交替放置。每个元件通过一个薄 Al_2O_3 圆片与 NaK 管电绝缘。一个模块里的所有 TE 元件在电气上是串行连接的，在热端通过一个铜带（Copper Strap）连接，在冷端则是通过一个铝辐射板（Aluminum Radiator Platelet）连接。铜带和铝辐射板中都有膨胀补偿器（Expansion Loop）用来调控不同材料之间的不同热膨胀，铝辐射板还用来排散废热。

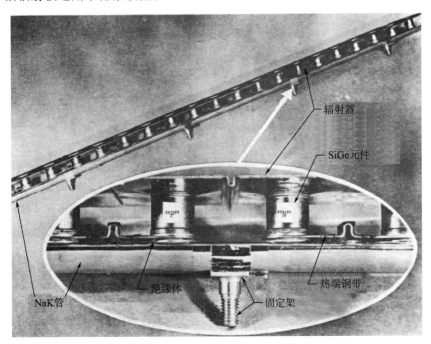

图 5 - 5　SNAP - 10A TE 功率转换器模块

每 3 个模块串行焊接在一起，这时就形成一个支柱组合体（Leg Assembly）。这 3 个模块在结构上类似但是长度、TE 元件数量、元件间距和辐射器尺寸却不同，这主要是由系统的圆锥构形导致的。距离反应堆热源最近的模块命名为 A 模块，包含 20 个 TE 元件；第二个模块命名为 B 模块，包含 24 个 TE 元件；第三个模块位于圆锥系统的底座上（base of the conical system），命名为 C 模块，包含 28 个 TE 元件。这样，一个支柱组合体就包含 72 个电气上串联的 TE 元件。

转换器组合体由 40 个支柱组合体组成，这些支柱组合体平行螺接在圆锥形支撑结构上。这样，一个转换器组合体包含 2 880 个 TE 元件。

每个支柱组合体与其相邻的组合体电气并联，连接方式为在辐射板端通过电线交叉连接。这两个组合体就构成了一个支柱对（Leg Pair）。相邻的支柱对在电气上串联，这样整个转换器就由两路并行的电路组成。

　　图 5-6 给出了 TE 模块内部热流和电流的路径。NaK 提供的大部分热都流过 TE 元件，并通过辐射板直接排散至太空中。辐射器的表面有一种特殊的高发射率的涂层，用于提供热辐射的效率。

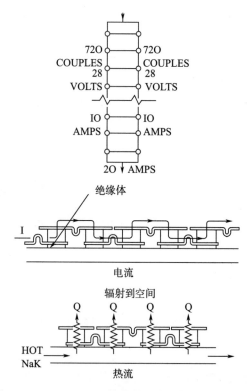

图 5-6　SNAP-10A 转换器电流和热流路径示意图

　　塞贝克效应（Seebeck Effect）是在每个 TE 元件中产生一个小的电压，通过串联的累积可以得到所需要的电压。电压势能（Voltage Potential）使得电流在电路中流动，电流沿着铜带、N 型和 P 型元件、辐射板和外部负载流动。

　　（5）核安全设计

　　SNAP-10A 只有在到达轨道后才启动运行，飞行器在轨时限为 3 700 年，远超过反应堆在一年寿命期内产生的放射性核素约 300 年的衰变期，因此地面上的制造、运输、集成及最终状态设置都不会受其放射性威胁。而一系列全面测试、冲撞-挤压试验，以及火灾和水淹试验都充分证明，除非到达预定轨道后发出程序控制指令，否则反应堆均不会投入运行。SNAP-10A 的设计中包含了 2 个大型的发射安全反射层元件与 2 个大型反应性控制元件，这些元件均可进行停堆。在地面遥控信号控制下，或者反应堆由于冷却剂丧失、冷却剂泵掉电、超功率等事故，或者再入加热时，这些 Be 制成的反射体均会弹出，从而使反应堆停堆。

5.2.4　BUK 核反应堆电源

（1）任务背景

20 世纪 60 年代，为了给功率较大的雷达探测卫星提供电源，弥补在太阳能发电技术上的弱点，苏联研制了热电转换的 BUK 核反应堆电源，输出电功率为 3 kW。在 20 世纪 70 年代初期地面试验完成后立即被送入近地轨道。BUK 核反应堆电源系统一直应用至 1988 年，其研制和改进工作至少持续至苏联解体。BUK 是世界上使用时间最长、在轨应用最多的空间核电源系统，BUK 由苏联库尔恰托夫原子能研究所（Kurchatov Institute of Atomic Energy，IAE）研制。

基于 BUK 系统的卫星占了苏联核动力航天器的绝大多数，从 1970—1988 年，一共发射了 32 颗使用 BUK 反应堆电源的雷达海洋监视卫星（RORSAT）系列卫星。RORSAT 是苏联发射的一系列海洋监视卫星。RORSAT 系列卫星典型的轨道是 65°倾角、280 km 高度的圆轨道。卫星会定期进行轨道维持。

在出现几次空间核事故后，BUK 核反应堆进行了多次改进。第一次发生无控制再入大气事件的 RORSAT 是宇宙 954 号（Cosmos954）。这颗卫星 1977 年 9 月 18 日发射，在运行 43 天后（1977 年 10 月底）轨道维持失败，并于 1978 年 1 月 6 日姿态失去控制。1978 年 1 月 24 日卫星坠毁在加拿大。在宇宙 954 号事件后，BUK 核反应堆助推系统进行了设计改进，以避免反应堆再入大气，并确保在事故再入情况下放射性物质能够在高空烧毁并完全扩散。这种设计成为后续系统研制的基线。

RORSAT 卫星主要由三大部分组成：BUK 核反应堆系统，载荷和推进系统，用于将反应堆推入存储轨道的助推段。在 BUK 核反应堆被推入存储轨道后，卫星主体迅速再入大气。在轨展开后的 RORSAT 长约 10 m，质量在 3 800～4 300 kg，其中反应堆和助推段重量约为 1 250 kg，其外形如图 5-7 所示。

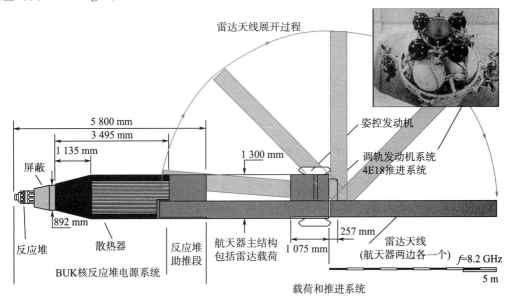

图 5-7　RORSAT 组成图

（2）电源系统

BUK 核反应堆系统使用的是快堆，功率转换方式为两级热电转换。电功率小于 3 kW，寿命小于 1 年，反应堆热功率小于 100 kW。

表 5－2　BUK 核反应堆电源系统主要技术指标

序号	参数名称	参数值	备注
1	输出电功率/kW	＜3	
2	电源类型	直流	
3	设计寿命	1 年	
4	反应堆输出热功率/kW	＜100	
5	热电转换效率	约为 3%	
6	燃料和堆型	U(90%富集度)－Mo,快堆	
7	冷却剂	液态 Na－K 合金	
8	功率转换	两级串联热电转换器(Si－Ge)	
9	热结温度/K	623	
10	反应堆出口温度/K	973	
11	非屏蔽质量/kg	系统非屏蔽质量为 900 kg。反应堆、辐射影子屏蔽和助推处置级总质量约 350 kg	

图 5－8 给出了 BUK 核反应堆电源系统和压紧状态下 RORSAT 卫星示意图。BUK 电源系统在不屏蔽状态下质量约 900 kg，反应堆、辐射屏蔽和助推处置级（Boost Disposal Stage）总质量约 350 kg。

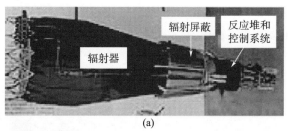

(a)

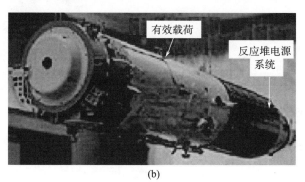

(b)

图 5－8　BUK 核反应堆电源和 RORSAT

BUK 核反应堆电源系统包含反应堆、屏蔽和圆锥/圆柱辐射器，这些部分沿轴线按先后顺序排列。辐射器包含一个肋状散热管系统，该系统用于冷却剂流动，这个热管系统与输入和输出采集器连接在一起，它的位置在负载支撑框架结构上，这个结构又是与卫星平台连接的。

（3）反应堆设计

BUK 使用快堆，燃料为 U-Mo。图 5-9 给出径向和轴向截面图。堆芯由 37 个 2 cm 直径的 U-Mo 合金燃料棒［燃料棒包含高浓缩铀（＞90W％235U）］组成，排列成三角格子形状。六边形的反应堆容器被一个圆形辐射状的 Be 反射器包围。BUK 反应堆堆芯的燃料棒被不锈钢覆盖，燃料高度为 15 cm，棒的两头都有 10 cm 长的 Be 轴向反射器区域。反应堆出口温度设计值为 973 K，热功率≤100 kW。BUK 堆芯直径为 0.2 m，长 0.6 m，质量约 53 kg，其中铀约 30 kg。系统电功率＜3 kW。BUK 反应堆通过 6 根可滑动的 Be 棒控制，直径 10 cm，长 15 cm。它们在 Be 反射器内部径向运动，在其整个运行寿命期内调整从堆芯泄露的中子量。发射、在轨启动时以及反应堆关闭时 Be 棒都被全部拔出。在寿命末期 Be 棒将完全插入。

BUK 反应堆的辐射屏蔽包含用于衰减、吸收中子的 LiH，屏蔽高能 γ 射线的厚不锈钢前板，用于包覆和冷却 LiH（＜860 K）（向太空辐射热）的不锈钢包壳。LiH 过热会导致 H 的分离和扩散，进而会影响中子屏蔽效率，并在屏蔽层中形成熔化的 Li 区域。

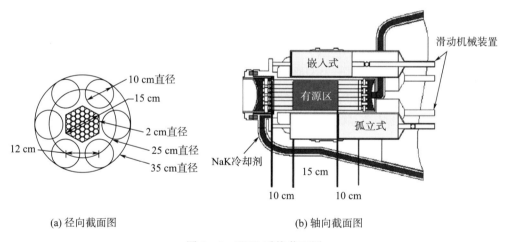

(a) 径向截面图　　　　　　　　　(b) 轴向截面图

图 5-9　BUK 系统截面图

（4）热电发电机（Thermoelectric Generator，TEG）

双回路液态金属热排散系统使用易熔的 NaK 合金作为冷却剂。第一级回路的冷却剂，被加热到 973 K 后，输出至 TEG 的外层包壳。TEG 内部腔充满了密封的惰性气体，位于辐射器下方、反应堆屏蔽的后面。第二级电路冷却剂将多余的热量带到辐射器，辐射器入口冷却剂的最高温度为 623 K。TEG 包括两个独立的部分，一部分是给卫星平台用的，另一个辅助部分是用于导热电磁泵维持冷却剂的回路循环。

TEG 内部有两级热电转换器。第一级采用高温合金支撑，第二级由中等温度合金制成，BUK 内部布局如图 5-10 所示。核反应堆热功率限制在 100 kW 左右，最大输出电功率约为 3 kW，所以 TEG 总效率约为 3%。BUK 的工作寿命为 4 400 h，在寿命末期转换效率只有初期的 90%。

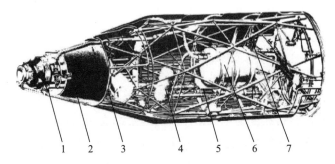

图 5-10　BUK 反应堆电源系统布局图（图来自 Kurchatov Institute）

1—核反应堆；2—液态金属回路；3—反应堆屏蔽；4—液态金属电路扩展箱；

5—散热器；6—TEG；7—承重框架结构

（5）核安全

多次改进设计后的 BUK 系统的辐射安全通过两套系统来保证。

第一套系统称为基本安全系统，是卫星平台的一个内在部分，用于将卫星送到一个长期储存轨道（Long term burial orbit）。当燃料耗尽、姿态控制失效时，核反应堆系统会被抬升至 800～1 000 km 的储存轨道。在这个轨道上，核反应堆裂变产物可以安全地衰变到自然放射性（Natural Radioactivity）的水平。轨道调整模块位于平台上，机械上与核电源单元连接，在低工作轨道上则与卫星服务舱分离。轨道调整系统包含一个离线推进系统，这个系统有自己的控制系统和一个离线的电源。

第二套系统是备用应急系统，将燃料、裂变产物和其他具有放射性的材料抛向地球的高层大气。这个系统可以在业务运行轨道上将燃料元件组合体抛出，也可以在再入至稠密大气层时再将其抛出。在下降过程中，空气动力学加热、热破坏、融化、蒸发、氧化等作用也都会将燃料分解为颗粒，这些颗粒足够小，所以可以对人或环境没有多余的放射性危害。这套备用系统包含控制设备和执行机构。这些机构依靠圆柱体内气体的强大压力来使特殊的柔韧性材料变形并毁坏。堆芯燃料元件组合体抛弃系统的框图如图 5-11 所示。

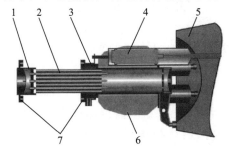

图 5-11　堆芯燃料元件组合体抛弃系统（图来自 Kurchatov Institute）

1—管板；2—燃料单元；3—反应堆容器；4—控制棒；5—反应堆屏蔽；6—单边反射器；7—驱动机构

5.2.5　SP‑100 核反应堆电源

（1）任务背景

1980 年，为了应对苏联洲际弹道导弹的威胁，美国国防部战略防御倡议办公室（DOD SDIO）启动了 SP‑100 空间反应堆电源计划。SDIO 计划通过天基的防御系统来对付苏联的威胁。这些天基系统需要电功率为 100 kW 及以上的电源支持。除了 SDIO 外，在早期的研发中，NASA 也是合作伙伴，主要针对未来月球和火星表面基地的电源需求以及电推进应用。最终 SP‑100 设计成了电功率为 10～1 000 kW、10 年寿命、可进行比例调整（Scalable）的电源系统，通用的设计按照 100 kW 来。

项目前一阶段，DOD 和 NASA 提供基于 SP‑100 的航天任务，NASA 负责管理功率转换，DOE 负责管理计划的核技术部分。SP‑100 项目的主要参与单位有西屋电气公司、通用电气公司、拉斯阿莫斯国家实验室等实力雄厚的公司和研究机构。在计划的最初几年，主要精力都集中在开展系统权衡研究（System Tradeoff Studies）和关键技术可行性研究。最终是选择了一个快能谱氮化铀、锂冷堆与温差转换结合的方案，热管辐射板用来排散废热。DOD 任务的细节至今仍未解密。通用的电功率为 100 kW SP‑100 核反应堆电源系统一直是该计划的设计核心，直到 20 世纪 90 年代 SDIO 终止任务。

此后转而以 NASA 任务为中心。为了尽量保住该计划，降低了设计的难度，对技术要求放松，允许适当减少寿命要求，可以适当增加质量。该计划进而演化为一个电功率为 20～40 kW 的系统，它可在轨使用的时间比电功率为 100 kW 的方案要早。

1994 年计划终止时，电功率为 20～40 kW 的系统，除热电-电磁泵和功率转换组合体（它们尚需在一个液态锂循环中进行部件耦合测试）外，正要进入详细设计、制造和鉴定状态。

使用 SP‑100 的航天任务的业务运行轨道初步确定为 2 000 km 高度的圆轨道，倾角为 28°。但由于苏联解体后，美国已无竞争对手，SP‑100 的任务需求暂时没有了，也没有项目成果因而一直并未在轨应用。但是，SP‑100 项目将美国的空间核电源技术带入了百千瓦级时代，为美国后续的大功率核电源技术研发（如 JIMO 所使用的核电源系统）奠定了良好的基础。

由于电功率为 100 kW 的 SP‑100 方案是整个计划的核心，因此本节仅介绍此方案。为了满足比例调节的要求，SP‑100 采取了模块化设计。主要部件和分系统可以根据用户体积限制和功率需求，灵活地组装成不同的系统。也因为这个原因，SP‑100 反应堆、屏蔽和热排散分系统，可以直接与备选的动态转换设备耦合。

（2）电源系统

SP‑100 由两大部分组成：反应堆组合体（Reactor Power Assembly，RPA）和能量转换组合体（Energy Conversion Assembly，ECA）及可展开的散热板，如图 5‑12 所示。RPA 包括反应堆、反应堆测量仪器仪表和控制（I&C），辐射屏蔽，主热传输系统（Primary Heat Transport System，PHTS）的前半部分，辅助制冷和解冻（Auxiliary Cooling and Thaw，

ACT）回路。ECA 包括 PHTS 的后半部分，整个次级热传输系统（Secondary Heat Transport System，SHTS）、热电电磁（Thermoelectric Electromagnetic，TEM）泵、功率转换器组合体（Power Converter Assemblies，PCAs），固定和可展开的辐射器，以及展开臂。PHTS 用于将反应堆的热量转移至 PCAs，SHTS 用于 PCA 的废热向散热板的转移。之所以要分 RPA 和 ECA 两大部分，主要是为了便于它们单独的制造和测试。RPA 的核特性要求，大部分的处理工艺、制造和测试都必须在已批准的核设施里进行，而 ECA 没有这方面的要求。SP - 100 系统功能框图如图 5 - 13 所示。

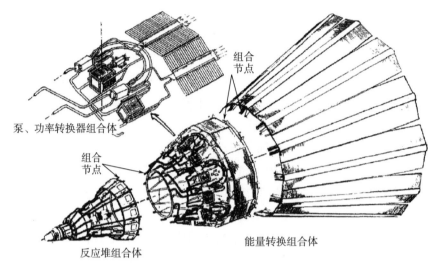

图 5 - 12　SP - 100 外形图

由反应堆组合体 RPA 的 12 个可调整反射器（Sliding Reflector）建立反应堆中子防护，并分别用独立的驱动机构控制，如图 5 - 14 所示。3 个安全棒连在一起，并通过一个单一的驱动器来驱动。

根据设计要求，SP - 100 要符合 6 m 长 4m 宽的发射尺寸约束，展开长度为 22.5 m。采用 17°半锥角来提供载荷端 4.5 m 直径的屏蔽，反应堆尾端与用户平面前端间的间隔为 22.5 m。距离间隔是通过展开机构实现的。

为了减重，SP - 100 选用了氮化铀（UN）燃料，而不是常用的二氧化铀（UO_2）。系统的寿命也在很大程度上取决于材料的选择。为了满足要求，需选用物理强度高和化学稳定性好的材料。最大的挑战就是控制棒组合体中的轴承，它们是系统中唯一的运动部件，受到高温和高辐射环境的影响。高温会导致高的压力，并最终导致材料产生碎裂，高辐射则会导致电子设备的晶体管损坏。其他影响寿命的环节有锂冷却剂中的氧污染，会导致 Nb - lZr 管路失效，机理是锂工质冲刷或氧化物沉淀，控制棒组合体中的电磁线圈和离合器表面的性能下降，LiH 膨胀导致屏蔽完整性被破坏。

大量的制造技术都被用于特殊的难熔金属构件。它们包括电子束和气钨焊接、冷锻造、热均衡压制、扩散粘接，阴极真空化学蒸汽沉积和高温热处理。独特的非破坏性测试技术被开发出来，第一部这种类型的摩擦测试仪器开发出来用于评估高温轴承耐用性。

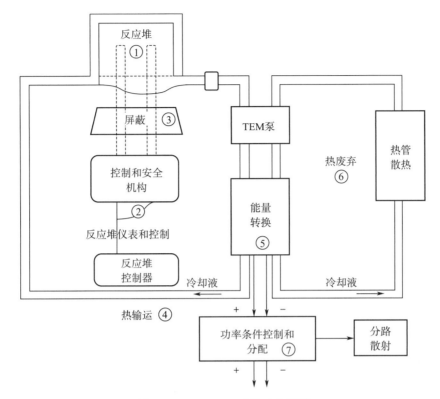

图 5 - 13　SP - 100 系统功能框图

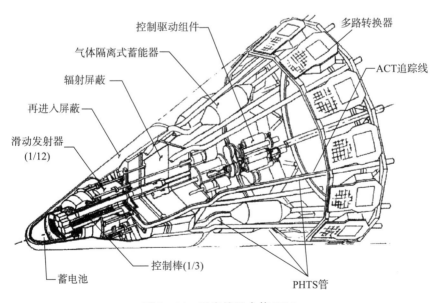

图 5 - 14　反应堆组合体 RPA

系统主要技术指标见表 5-3。

表 5-3 SP-100 通用核反应堆电源系统主要技术指标

序号	参数名称	参数值	备注
1	寿命	10 年,其中 7 年是满功率运行	
2	电功率(EOM)	提供给任务舱的电功率 100 kW	
3	电源类型	直流	
4	热电转换器端口电功率(EOM)	106.3 kW	
5	效率	约 4.4%	
6	反应堆堆型	快堆	
7	核燃料	氮化铀(UN)	
8	反应堆热功率(EOM)	2.4 MW	
9	冷却剂	锂	
10	反应堆冷却剂出口温度(EOM)	1 375 K	
11	主份功率转换器数量	12	
12	主份热电-电磁泵数量	12	
13	一端固定辐射器总面积	8.1 m²	
14	一端可展开辐射器面积	98.5 m²	
15	系统总质量	系统总质量 4 460 kg,其中反应堆 775 kg,屏蔽 920 kg,功率转换 320 kg,热排散 880 kg	
16	可靠性	0.95	
17	自主性	自动控制	
18	可维修性	无人任务仅在发射前可维修;载人任务则在反应堆启动后可进行有限制的维修	
19	再启动	具有不经常性的关闭和重启	
20	深空环境	具备在月球或火星表面工作的能力,使用当地的土壤来进行屏蔽	
21	生存能力	微流星体环境、空间碎片环境下遵守 NASA 的相关文件要求	

（3）反应堆设计——反应堆组合体 RPA

SP-100 选用的是快堆,燃料为氮化铀（UN）。RPA 包括反应堆、反应堆测量仪器仪表和控制（I&C），辐射屏蔽,主热传输系统（Primary Heat Transport System,PHTS）的前半部分,辅助制冷和解冻（Auxiliary Cooling and Thaw,ACT）液体回路。RPA 可细分为多个分系统,主要有反应堆、屏蔽、主热传输系统和 I&C。

RPA 构形涉及的一个重要考虑是,在可允许的温度限制条件下保持设备工作的能力。控制屏蔽的温度是通过提供足够的表面积来实现的,因为热辐射可以补偿中子产生的内热。控制驱动组合体不能超过 750 K,同时它们自身产生少量的热,通过绝热和面朝深空的方式来最小化来自 PHTS 的热影响。多工器（Multiplexer）单元有可能会被 PHTS 的泄露给破坏,但是这种泄露通过既可吸收和再辐射（Re-radiate）主回路热泄露又可同时用作热绝缘器的保护辐射器实现最小化。为了保证运行的稳定性并提高反应堆内在的安全性，反应堆系统的净内生功率（Net inherent power）和温度反应性反馈系数均需要是负值。

反应堆的设计条件为，7 年满热功率为 2.4 MW，3 年提供 10% 的待机功率；净内生功率和温度反应性反馈系数都要求是负的。在发射失败再入事故导致反应堆水淹或掩埋的情况下，反应堆需保持次临界状态。在冷却剂泄漏事故（LOCA）中，堆芯中的燃料元件温度不能超过 2 300 K。

一系列的反应堆临界试验在爱达荷州核工程这实验室（Idaho Nuclear Engineering Laboratory）成功地开展了。这些测试确认了预计保证达到临界所需的燃料加载量的准确性，控制元件的价值，空间功率分布，以及假定事故的影响。

反应堆内部有一个蜂窝结构，为燃料元件提供支持，也为元件附近的冷却剂流导向建立通道。12 个径向可调整的反射体布置在反应堆容器的外部，通过它们的轴向运动（与反应堆平行），这些反射体可以提供控制功率水平的能力。随着径向反射体的滑动，它可在反应堆的中心部分关闭或开启一个圆周空隙。堆芯内的控制棒提供关闭反应堆的能力。任何一根控制棒都可以将反应堆从热满功率状态转移至冷次临界状态。堆芯包含 858 个燃料元件和 52 个 ACT U 管，形成一个近似的直角圆柱体。U 管是 ACT 回路的一部分，提供启动时解冻锂冷却剂的能力，同时也在 PHTS LOCA 时排散衰变热（图 5 - 15）。

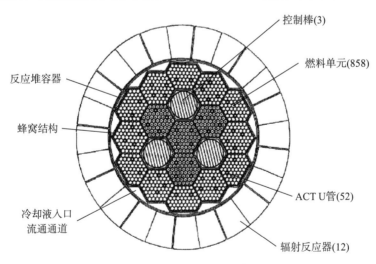

图 5 - 15　SP - 100 堆芯截面

SP - 100 燃料元件如图 5 - 16 所示，氧化铍（BeO）后端轴向反射体是燃料元件不可分割的一个组成部分，可减小堆芯和屏蔽的质量。在燃料和 BeO 之间设置了一个铼盘，用于组成二者之间的化学反应。选择 UN 作为燃料，主要是从节省质量、化学稳定性和物理完整性的角度考虑的。燃料包覆材料选用的是与外层 Nb - 1Zr 层粘连的铼栅（PWC - 11）覆层。

屏蔽的主要功能是衰减中子和 γ 辐射，次要功能是为控制驱动激励器提供热屏蔽使其

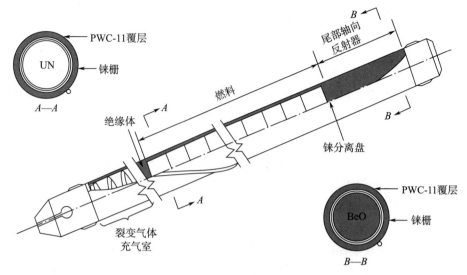

图 5-16　SP-100 燃料元件

少受反应堆和热传输管路的影响。安全棒操纵管、反射体操纵管、主体和辅助冷却管路都从屏蔽体上穿过。中子屏蔽使用的碳化硼（B_4C）和氢化锂（LiH），γ 屏蔽则使用的是贫铀。所有的结构和穿过的操纵管都是不锈钢材料的。后部的碳碳裙板用作再入圆锥的一部分。屏蔽分系统设计质量为 970 kg。

（4）热电转换设计——能量转换组合体 ECA

能量转换系统是基于旅行者号、伽利略号和尤利西斯号已经验证过的热电转换技术。SP-100 热电转换技术是作为下一代技术来研发的，将用于热传输的传导耦合与单个元件的多重耦合结合在一起。通过这种方法，SP-100 取得了高的比功率，同时保持了简洁的特点，也提供了固态无运动部件设备的高可靠性。

SP-100 对功率的要求是，在一个 PCA 模块失效的情况下寿命末期仍能达到104.5 kW的电功率。ACT 的 PCA 必须在启动阶段从电池向主 PCA 过渡时提供足够的功率。热电元件热端温度1 350 K，冷端温度 850 K。图 5-17 给出了 ECA 6 个相同组成部分中的一个。每个 PCA 由一堆安装在 PCA 结构上的热电转换组合体（Thermoelectric Converter Assembly，TCA）组成。这些 TCA 的布局方式，可以包容管路和支撑结构的热变形。每个 PCA 由 6 个 TCA 组成，每个 TCA 包括 2 个 6×10 的 TE 元件阵列，这些阵列夹在 PHTS 和 SHTS 之间，并与它们热耦合，以实现热交换。每个 6×10 的 TE 元件阵列有 2 个并联的电路，每个并联电路包含 30 个串联的 TE 元件。这样，每个 PCA 包含 720 个 TE 元件。

TE 元件的设计如图 5-18 所示。每个元件由热电模块、柔性衬底和高压绝缘器等部分组成。传导耦合有两个关键的问题需要解决。第一，高热传递所需的元件传导部分的电绝缘需要解决。这个要求需要在 1 350 K 的温度下，且在 7 年的时间里维持 8 000 V/cm的电压梯度。第二，热交换器和易脆的热电材料间的柔性机械应耦合，以适应启动和关闭时的热膨胀差距，温度梯度高达 650 K/cm。

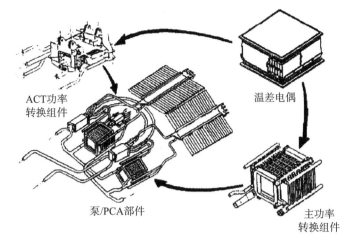

图 5-17　功率转换组合体

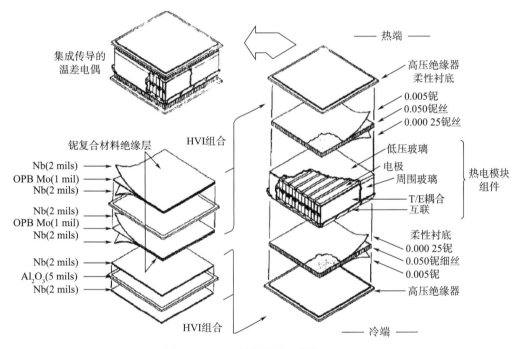

图 5-18　TE 元件设计（单位：inch）

在模块中，电是由 8 对串联的 N 型和 P 型 SiGe 热电脚产生的，电压为 1.16 V。相邻 N 和 P 脚的粘接、电绝缘是通过 0.05 mm 的轴向玻璃（Axial Glass）提供的。

一个 TCA 由 2 个 6×10 的 TE 元件阵列组成，如图 5-19 所示。2 个元件的并联结构保证了不会出现由单个元件失效导致的阵列失效情况。

PCA 的设计基于 6 个 TCA，如图 5-20 所示。PCA 支撑框架是一个三点运动安装，在发射后释放，这样可以随着主热传输系统（PHTS）和次热传输系统（SHTS）的管路漂流。热交换器的热端通过 PWC-11 核心头（Core Header）连接至 PHTS，冷端则通过 PWC-11 过渡核心头的钛连接至 SHTS。

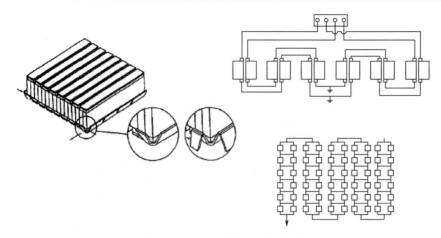

图 5 - 19　TE 元件的连接关系

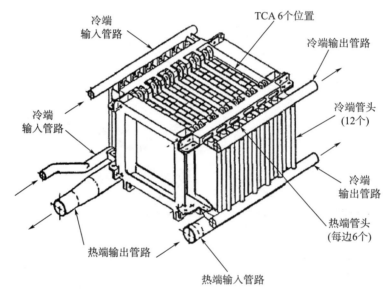

图 5 - 20　SP - 100 PCA 设计

ACT 功率转换器与 ACT 系统的主级和次级冷却回路接口，与 ACT 的热电电磁泵一起，安装在 6 个主 PCA 的后面。尽管在尺寸上比主 PCA 小且仅含有一个 TCA，但是每个 TCA 都使用与主 PCA 一样的 TE 元件和组装方式。ACT 的 TCA 由一个 3×5 的 TE 元件阵列组成。

（5）热控设计

PHTS 通过热电电磁泵将堆芯的热传递至主功率转换器。主回路的热从其中穿过功率转换器进入 SHTS，将废热传递至热管辐射器，由热管辐射器将废热传递至空间。除了 PHTS、SHTS 和辐射器，辅助制冷和解冻（ACT）系统用来将反应堆从固态锂状态下启动，并在 LOCA 的情况下阻止燃料元件的损坏。PHTS 和 SHTS 使用锂（Li）工质，因为 Li 质量低；ACT 则选用 NaK，因为其熔点低。

热排散系统用于排散两部分的废热：1）PCA 和其 TEM 泵；2）ACT 解冻启动和 LOCA 情形，基本模块见图 5-21。此系统必须在 12 个 SHTS 回路的任意一个出现时仍能正常工作。设计上必须包含：用于提供可展开辐射器的连接关节的柔性锂槽，用于解冻期间包容锂膨胀的缓冲器，用于解冻的 NaK 跟踪器的集成，通过放气孔（bleed hole）对可展开辐射器解冻，为微流星体和空间碎片损伤提供防护。

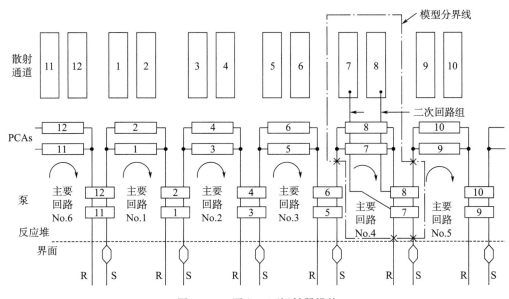

图 5-21 泵/PCA/辐射器模块

热排散系统的主要性能如下：

1）在温度梯度为 872～250 K 的情况下，排散总共 2.4 MW 的热量；

2）物理面积为 107 m^2；

3）12 个固定的辐射器，每个辐射器包含 30 个热管；

4）12 个可展开辐射器，每个包含 290 个热管；

5）入口锂温度为 865 K；

6）出口锂温度为 777 K。

图 5-22 给出了可展开辐射器的设计。热管夹在两个钛材料波浪形槽中间，与槽的接触面占总面积的 1/3。来自 SHTS 的锂流过钛材料波浪形槽，钛热管的工质是钾（K）。热管被 C-C 装甲包围。波浪形槽中的锂与热管工质的流动方向一致，以维持槽的温度均衡，都通过中心分离器（Center Divider）实现流体接触。中心分离器中也包含放气孔，用于启动阶段协助解冻。

固定辐射器的作用是，为 ACT NaK 解冻电路、LOCA 排散废热，并作为可展开辐射器的补充。SHTS 的锂供给和回流槽被备份 ACT NaK 供给和回流槽分隔开来。在启动阶段，NaK 槽最先开始工作，通过传导耦合将废热运送至 SHTS 的锂槽。然后，SHTS 通过放气孔快速解冻。由于使用固定辐射器，就不需要在可展开辐射器中使用 ACT NaK 电

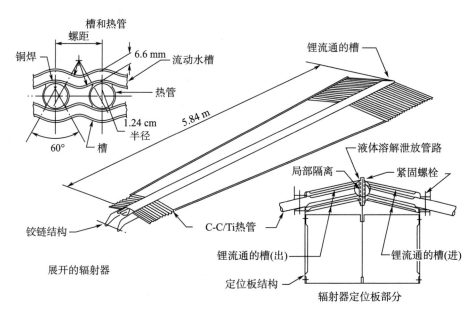

图 5-22　可展开辐射器

路，也就避免了在可展开辐射器上使用 NaK 柔性连接关节的麻烦。

（6）核安全设计

为了达到运行可靠性的要求，主要采取了如下措施：

1）满功率时，一个热排散回路不工作；

2）满功率时，一个控制反射体处于开的状态（stuck open）；

3）安全棒（控制棒）马达、制动器和离合器冗余；

4）可以容忍 1％的燃料元件失效的情况下裂变气体泄漏至冷却剂中；

5）多余的热电元件（TE）用于包容寿命期内的性能下降；

6）对于关键性的信号，至少使用两组电路和传感器。对于非关键测量信号，则使用一个测量电路和 3 个传感器。

为了达到安全性的要求，主要采取了如下措施：

1）在一个反射体不起作用时（stuck closed），可以通过插入 3 个安全棒中的任意一个进行停堆；

2）控制器设计要保证不出现多于 1 个反射体完全不起作用；

3）使用多个主份和备份冷却剂回路，用于提供冗余的热排散通路；

4）燃料设计，使其在高达 2 300 K 的高温下仍能保持颗粒的完整性。在此温度下，一般都存在冷却剂的泄露（Loss of Coolant，LOCA）；

5）堆芯设计应保证，当所有的反射体处在最差可信构形的条件下（3 个安全棒均插入），在意外再入并受到掩埋或水淹影响的情况下，能够冷关闭（Cold Shutdown）。

此外，SP-100 在发射时，锂工质处于冷冻状态，用于提供安全的发射环境。到达任务位置后，即解冻。解冻会使锂增加 25％的体积，在未来反应堆关闭时，会减小 20％的体积。

5.3　热离子空间核反应堆电源

5.3.1　概述

在日常生活中，热离效应是利用较为广泛的物理现象，在军用和民用发电装置中，热离子发电也得到了较为广泛的使用。热离子发电可以应用在航天器的空间电源上，可以用来为潜艇和船供电，也可以用在水泵上用于灌溉，还可以用在工业和家庭的电站中。在空间核电源领域，热离子发电是发展较早的一类，从 20 世纪 60 年代早期开始发展，得到了长期的发展，并得到了在轨应用。热离子转换方式较温差效率要高。

在 1963—1973 年，美国、法国和德国都开展了大量的热离子空间堆的研发。这期间，美国主要是在 SNAP 计划的支持下开展的，用于满足多样化的功率需求。1983—1993 年，美国开展了一个重大的热离子核燃料元件研发项目。1992 年，美国又开展了一个 40 kW 的热离子核电源系统研制项目，开展了关键技术验证。在星球大战期间，美国还开展了 MW 级的热离子空间反应堆电源的研究（该项目首选的技术概念是以布雷顿为首的动态转换，热离子属于第二梯队的技术选择），用于支持空间武器，研究主要集中在燃料元件上。

1960—1989 年，苏联持续开展了大型热离子反应堆研发项目。TOPAZ 是苏联发展的两型空间核反应堆电源的名称。其中 TOPAZ - Ⅰ 是世界上唯一在轨使用过的热离子反应堆电源系统。在热离子转换方面，苏联比美国更有经验，技术水平更高。但是受到苏联解体的影响，作为那个时期最先进的空间核反应堆电源系统，TOPAZ 仅在轨使用了两次就被束之高阁。苏联解体后，TOPAZ Ⅱ（又称 Yenisey）甚至被卖给曾经的对手——美国，用来深入解剖、测试、教学和培训。

现今，尽管美国和俄罗斯热离子空间堆电源的研究都停止了，但是有关热离子能量转换领域的研究和技术开发仍在继续。近年来，有研究人员开展关于太阳能加热的热离子空间电源系统开发，燃烧加热热离子系统用于民用取暖和发电系统以及整流系统。

热离子发电的优点是高效率、高功率密度，较为紧凑便于使用。缺点是存在发射器表面蒸发的可能，在工作过程中可能会发生热断裂（Thermal Breaking），密封也容易出问题。堆芯发电的热离子反应堆属于专用反应堆，只能用于热离子发电系统，反应堆的燃料元件与核电转换部分是紧密地融合在一起的，不可分割，所以反应堆无法与其他的核电转换器配合工作。

5.3.2　发电原理

热离子发电装置将热能转换为电能，而热离发射（Thermionic Emission）是系统工作的基础。热离发射是因为加热，电子从金属表面发射出来。热离子能量转换器（Thermionic Energy Converter）（也称为热离子电源发生器）包含放置在真空中的、距离很近的两个电极。其中一个电极称为阴极或发射器，用于发射电子；另一个电极称为阳极，又称收集器，用于收集电子，如图 5 - 23 所示。

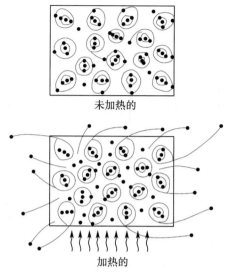

未加热的

加热的

图 5 - 23　热离发射示意

（1）热离发射

一般来说，阴极中的电子逃脱，需要克服表面的势能阻碍。当一个电子开始移动逃出表面时，会在材料内部相应产生一个正电荷，而正电荷会试图将逃离的电子拉回材料表面。所以，为了逃离材料表面，电子必须获取足够的能量来克服势能的阻碍。在常温下，几乎没有电子可以获取足以逃离的能量。但是，当阴极很热的时候，电子的能量则因为热运动而大幅提高。当温度足够高时，大量的电子就会逃离材料表面。电子脱离热表面的现象称为热离发射。

爱迪生发明的电灯就是热离发射最简单的应用。

（2）热离效应

热离效应就是电子从加热的金属表面喷出，并在阴极形成电子云。金属表面喷出的电子个数取决于温度和功函（Work Function，用 ϕ 表示）。功函的定义是，一个电子从材料表面逃离所需的最小能量。每种材料的功函都不一样，通常为几 eV。

理查森定律（Richardson Law）规定，发射电流密度 J 可以表示为

$$J = At^2 \mathrm{e}^{(-\Phi/KT)} \mathrm{A/m^3}$$

式中　A ——发射常数（单位 $\mathrm{A/m^3/K^2}$）；

　　　Φ ——功函；

　　　T ——绝对温度（单位 Kelvin）；

　　　K ——玻尔兹曼常数。

（3）一般的热离子发电装置构建

热离子发电机包含一个阴极和阳极，如图 5 - 24 所示。阴极和阳极一般需要放置在真空的石英管中。金属内的电子可以看作电子气（Electron Gas），最外层的电子可以在场的作用下自由移动。

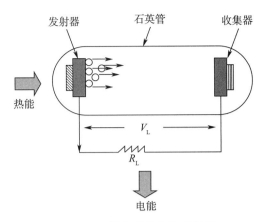

图 5 - 24　热离子发电机示意图

　　根据自由电子理论，在 0 K 情况下，所有达到 E_F（费米能量）能量水平的都被填充，所有大于这个能量则完全是空的。从金属阴极表面至 E_F 能量水平的（图 5 - 25 中的 B - C 区域），是势能障碍，成为功函。如果电子要逃离表面，需要通过这个潜在的障碍。在 0 K 情况下，所有能量小于费米能的电子都被约束住，不能逃离表面。如果热能向发射器端传递，一些电子就会被提升至大于费米能的能量水平。随着温度的升高，逃离的电子数量会增加。收集器收集电子，再加上外部电路，就形成了电流。好的发射器应该要有低的功函。

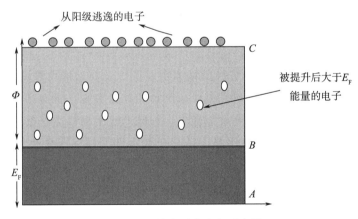

图 5 - 25　热离子发电机示意图

　　一般认为，涂钍的钨是最好的阴极金属。给金属加热也有两种方式：直接加热和间接加热。在直接加热方式中，加热丝极就是阴极本身；在间接加热方式中，阴极通过另一个独立的加热丝极来加热。在直接加热方式中，一般用纯钨作主要的金属。镍或镍合金一般在间接加热方式中使用。

　　（4）空间热离子核电源

　　在空间核电源中，铯蒸气一般用来优化电极的功函，提供离子供应（通过等离子体中的表面电离或电子作用电离）来中和电子的空间电荷。从物理电子学的观点出发，热离子能量转换是通过热离电子发射从热中直接产生电。从热力学的观点出发，热离子能量转换是在发电循环中将电子蒸气作为工作流体。热离子转换器包含一个热的发射器电极和一个冷的收集器电极。在热端，通过电离发射产生电子蒸气；在冷端，通过极间的等离子体传导后，电子蒸气在冷端浓缩。产生的电流，通常是几个安培/发射器表面平方厘米，在0.5～1 V的压差下将电功率传递至负载，热效率通常为5%～20%（效率取决于发射器温度1 500～2 000 K和工作模式）。

空间热离子核电转换，一般是将热离子核燃料单元与反应堆堆芯直接整合在一起来产生电能。热离子转换器超高的工作温度，使其在其他应用中很难应用，但是在空间电源应用中（这些应用中必须要进行辐射热排散）热离子反应堆与其他转换方式相比，却具有一定的优势。

（5）热离子转换的科学问题

热离子能量转换的科学问题主要是表面物理场和等离子体物理场问题。电极表面特性决定电子发射电流的强度和电极表面的电势能，等离子体特性决定电子电流从发射器到收集器的传输效果。迄今为止，所有使用的热离子转换器都在电极间使用铯蒸气，这直接关系着表面和等离子体物理特性。之所以用铯，是因为它是所有稳定元素中最容易被电离的。

表面特性中主要关注的是功函。功函主要决定于电极表面吸收的铯原子层。极间等离子体的特性取决于热离子转换器的工作模式。在燃料模式（或电弧模式），等离子体是通过热等离子体电子（约3 300 K）内部电离来维持的。在非燃烧模式，等离子体是通过将外部产生的正离子喷入冷的等离子体中来维持。在复合模式下，等离子体则是通过将来自热等离子体极间区域的离子转移至冷等离子体极间区域来维持的。

事实上，1970年以前，热离子转换的基本物理认识及其性能已经研究的较为透彻了。后续的研究也都是基于之前的基础研究成果来开展的。近年来，也有了一些新的发现。研究证明，在较低的温度下，向铯蒸气中加氧气，抑制电极表面的电子反射，当运行在复合模式下，可以明显地提升转换器的性能。还有研究表明，热离子转换器中的激发态的铯（Cs）原子，形成铯-里德伯物质团，可以降低收集器的发射功函；而且，由于里德伯物质本身的长寿命特性，使得低功函可以维持很长一段时间，这样可以提高低温状态转换器的效率。

5.3.3　TOPAZ－I核反应堆电源

（1）任务背景

20世纪60年代早期，苏联就开始了对热离子转换的反应堆电源TOPAZ（在俄语中，TOPAZ是在活动层转换的热离子试验的简称）的研究。1970年，TOPAZ的首个地面原型样机完成了测试。TOPAZ使用热离子转换，初期功率为6 kW，效率为5.5%，使用的反应堆是热离子反应堆。

1982—1984年，TOPAZ电源系统与自动控制系统一起开展了2次自动模式下的测试，为飞行测试做准备。第一次试验用的热离子燃料元件（TFE），使用单晶钼发射器组合体，涂层为单晶钨；第二次试验用的单晶钼发射器组合体 TFE。第一次测试了约 4 500 h，第二次约 7 000 h。测试结果与设计十分吻合。

经过二十多年各种地面试验和设计的改进，首颗使用 TOPAZ 核反应堆电源系统的卫星于 1987 年发射。1987 年，苏联发射了两颗使用 TOPAZ 反应堆的 Plasma - A 试验卫星（宇宙-1818 和宇宙-1867），卫星运行在 800 km 左右高度的圆轨道上。第一颗星在轨运行了 142 天，第二颗星在轨运行了 342 天。两颗星的反应堆电源均是按照计划通过地面指令关闭的，卫星质量约 3 800 kg。Plasma - A 试验卫星是打着 RORSAT 的名号发射的（图 5 - 26）。

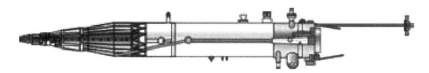

图 5 - 26　Plasma - A 试验卫星示意图

TOPAZ 由库尔恰托夫原子能研究所（IAE）、物理与动力工程研究所（IPPE）、NPO 红星、机器建造中央设计局（现称为 NPO Energiya）等单位联合研制。

（2）电源系统

TOPAZ 电源系统包括热离子反应堆转换器，铯蒸气供给系统和控制鼓驱动单元，反应堆屏蔽，辐射器，与卫星服务舱相连的框架（图 5 - 27）。自动控制系统安装在密封的服务舱中，并通过电缆与核电系统连接，如图 5 - 28 所示。

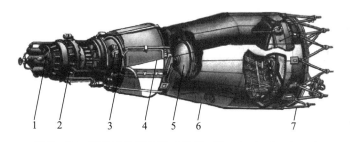

图 5 - 27　TOPAZ 构形图（来源：Kurchatov Institute）

1—系统和控制驱动单元；2—热离子反应堆转换器；3—液态金属管路；4—反应堆屏蔽；

5—液态金属控制区；6—辐射器；7—支撑结构

该系统由位于侧反射体内的 12 根旋转圆柱体（鼓）提供热功率控制、反应性补偿和应急关闭等功能。铍圆柱体有扇形碳化硼盖板，被分成 4 组，每组 3 个鼓。每个组都有其独立的驱动。

铯蒸气供给系统以 10 g/d 的流速将蒸气泵入 TFE 极间空间。热工处理后的石墨陷阱吸收使用过的铯，非浓缩的杂质则被排向太空。TOPAZ 使用氢化锂反应堆屏蔽，安装在密封的钢容器内。

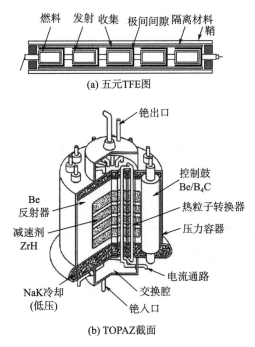

燃料　发射　收集　极间间隙　隔离材料　鞘

(a) 五元TFE图

铯出口

控制鼓
Be/B₄C

Be
反射器

热粒子转换器

减速剂
ZrH

压力容器

电流通路

NaK冷却
(低压)

交换腔

铯入口

(b) TOPAZ截面

图 5-28　五元 TFE 图和 TOPAZ 截面

自动控制系统控制热核电功率水平，维持工作区电流或冷却剂温度在额定水平，维持星上设备所需的电压为 28 V，并提供关闭热离子反应堆转换器的能力。该系统是一个用来重新分配卫星与分流负载间的直流电流的高速控制器，同时控制电压。在额定工作状态，工作区的额定电流及其电功率通过调节热功率来维持。随着效率下降，工质温度抬升至 880 K，也就是通过提高热功率来保证输出功率的稳定。随后，不再维持电流，自动控制系统需要限制工质温度。热功率几乎保持恒定，而工作区的电流将降至一定数值，在这个数值，星上供电网络的电压会超过允许的水平，从而导致电源系统关闭。在一些特殊的紧急情况下，电源系统也可以关闭，同时电源系统还可经地面遥控指令关闭。

在寿命初期，TOPAZ 约产生 6 kW 的电功率，效率约为 5.5%。包括核电源单元、自动控制系统和耦合服务线路在内，系统总质量约 1 200 kg，设计寿命为 4 400 h（合 183天）。核电单元长 4.7 m，最大直径为 1.3 m，具体信息见表 5-4。

表 5-4　TOPAZ-Ⅰ核反应堆电源系统主要技术指标

序号	参数名称	参数值	备注
1	输出电功率/kW	5～6	
2	电源类型	直流	
3	电压范围/V	5～30	
4	设计寿命/d	183 天（发射器使用钼，使用钨寿命可以更长一些）	
5	反应堆输出热功率/kW	109	

续表

序号	参数名称	参数值	备注
6	热电转换效率/%	5.5	
7	燃料和堆型	五元热离子燃料元件 TFE,UO$_2$,超热堆	
8	冷却剂	NaK - 78	
9	反应堆出口冷却剂最高温度/K	880	
10	散射器面积/m^2	约 7	
11	功率转换	热离子	
12	质量/kg	1 200	
13	尺寸	核电单元长 4.7 m,最大直径为 1.3 m	

（3）反应堆和能量转换设计

使用铀燃料，阴极（发射器）使用钨或钼合金，阳极（收集器）使用铌合金，绝缘器使用氧化铍，外部包壳使用不锈钢，铯蒸气用在电极间的空隙中。在工作期间，慢化剂中会有部分氧气泄漏，铯可以持续地清除氧气。在一年的工作时间里，约使用 1 kg 铯。

堆芯包含 79 个热离子燃料元件（Thermionic Fuel Element，TFE）和 4 个氢化锆（ZrH）慢化剂盘（Moderator Disc）。TFE 和工质通道都安装在慢化剂盘的开口位置，形成一套含 5 个共中心列的系统。使用了带有 3 层收集器栈的五元 TFE，裂变气体从发射极组合体向极间的空隙排放。TFE 电气上是连接在一起的，这样形成了含 62 个 TFE 的工作区和含 17 个 TFE 的泵区。在泵区 TFE 是并联的，用于为核电单元热排散系统的传导型电磁泵注入能量。这个区的 TFE 在铯蒸气中两端均连接在一起。工作区的终端电气输出电压为 32 V，功率为 6 kW。泵区的电流约 1 200 A，电压为 1.1 V。在反应堆转换器到达额定电功率水平前，电磁泵通过启动单元的一个位于辐射屏蔽后面的高电流电池来提供能量。

TFE 包含约 96% 浓缩度的 UO$_2$ 燃料颗粒。在 TFE 棒的两端是 BeO 颗粒，用作轴向中子反射体。TOPAZ 反应堆是超热中子能谱。ZrH 盘有一个特殊的涂层，可以压制。

（4）热控设计

单个电路钠钾热排散系统包含一个具有负载承载能力的辐射器，同时也用作结构的一部分。辐射器设计成由平行放置的 D - 型管组成的系统。管子都被焊接在辐射器的 O - 环收集器上，并通过负载承载元件来支撑。管子的平表面焊接至钢辐射器上，辐射器有高发射率的涂层。辐射器的面积是 7 m^2，在工质温度为 880 K 时，可保证排散至少 170 kW 的废热。

（5）核安全设计

使用 TOPAZ 的航天器运行在 800 km 高度以上的圆轨道上，这个轨道可以为放射性材料和裂变产物提供足够的衰变时间（350 年）。而且，仅在航天器达到安全轨道后，反应堆才会进入临界。

5.3.4　TOPAZ-Ⅱ叶尼塞（Yenisey）核反应堆电源

（1）任务背景

在 1965 年左右，与 TOPAZ 项目并行地进行了另一个核反应堆电源项目——Yenisey 热离子核反应堆电源系统。与 TOPAZ 同一时期开始研发的 Yenisey 反应堆，由于 Yenisey 的功率、质量、尺寸与 TOPAZ 类似，所以西方称之为 TOPAZ Ⅱ。TOPAZ Ⅱ 一元热离子空间核反应堆电源系统是从其 20 世纪 60 年代的基础上逐步发展起来的。1971 年 苏联进行了 TOPAZ Ⅱ 的第一次电测，随后系统不断改进并最终于 1989 年被苏联政府停止。TOPAZ Ⅱ 反应堆热功率为 135 kW，最大电功率为 5.5 kW。

TOPAZ-Ⅱ 完成了完整的地面测试，包括各种部件和系统的非在线测试、全尺寸模拟件的机构和热物理测试、射前准备流程的测试和电源系统原型测试。上述实验均是在非核状态进行的，由电加热器代替核燃料。此外，在 1975—1986 年，还进行了 6 次带核试验，最后 3 次的测试时间分别为 12 500 h、8 000 h 和 4 700 h，所有的 TFE 都保持满功率运行，电气特性参数稳定，变化不超过 ±3%。试验最终因为液态金属电路不完整而都终止了。最终 TOPAZ-Ⅱ 也没能实现上天应用。

美国国防部在 1990 年还启动了一个热离子系统评估测试项目，后来改为 TOPAZ 国际项目。在这个项目的支持下，美国和俄罗斯一起组装了一个不带核的 TOPAZ Ⅱ 反应堆系统，并开展了测试，同时为美国的空间核反应堆电源专家提供培训。

1992 年初，美国战略防御倡议组织（Strategic Defense Initiative Organization，SDIO，也就是后来的弹道导弹防御组织 BMDO）购买了两部俄罗斯设计制造的 TOPAZ Ⅱ 核反应堆电源。按照 SDIO 的安排，新墨西哥联盟（公司）负责反应堆的无核测试、性能评估、安全评估。应用物理实验室 APL 负责提出一个任务并设计一颗使用 TOPAZ Ⅱ 作为电源的卫星。项目名称为核电推进空间测试项目（Nuclear Electric Propulsion Space Test Program，NEPSTP），卫星名称就叫 NEPSTP。但是此项目在 1993 年底就被取消了。

与 TOPAZ-Ⅰ 相比，TOPAZ-Ⅱ 最大的优势在于，在电气加热的设置下，可以在满温的情况下对整个系统进行测试。这是因为采用了一元燃料元件，才使它变成了可能。

（2）电源系统

图 5-29 给出了 TOPAZ-Ⅱ 的整体视图。从图 5-30 可以看出，所有的设备都布置在一个单元里。反应堆在顶部，紧接着是辐射屏蔽，所有其他设备都在屏蔽的阴影范围内。TOPAZ-Ⅱ（图 5-30）和 TOPAZ-Ⅰ 的结构和设计十分类似。主要区别为：TOPAZ-Ⅱ 热离子反应堆转换器使用了一元 TFE（TOPAZ-Ⅰ 为五元），发射器单元的外径为 19.6 mm，收集器外径 23.7 mm（TOPAZ-Ⅰ 则分别为 10.0 mm 和 14.6 mm）。TOPAZ-Ⅱ 的主要技术指标见表 5-5。

表 5 - 5　TOPAZ - Ⅱ 的主要技术指标

序号	参数名称	参数值	备注
1	输出电功率/kW	约 6	
2	电源类型	直流	
3	电压范围/V	28~30	
4	设计寿命/年	3	
5	核测试验证过的寿命/年	1.5	
6	反应堆输出热功率/kW	寿命初期 115，末期 135	
7	热电转换效率	寿命初期 5.2%，末期 4.4%	
8	燃料和堆型	一元热离子燃料元件 TFE，37 个 TFE 96% UO_2，超热堆	
9	冷却剂	NaK - 78	
10	反应堆出口冷却剂最高温度/℃	550	
11	发射极最高温度/℃	1 650	
12	功率转换	热离子	
13	质量/kg	1 061 kg，反应堆 1 000 kg	
14	尺寸/m	反应堆长 3.9 m，最大直径 1.4 m	

图 5 - 29　TOPAZ - Ⅱ 外形图

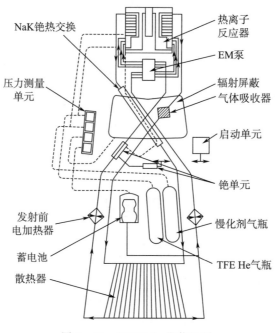

图 5-30 TOPAZ-Ⅱ截面图

（3）反应堆和功率转换设计

TOPAZ-Ⅰ设计和试验的经验表明，膨胀和元间的泄露是限制系统寿命的重要因素。一元 TFE 可以解决这两个问题，部分是通过使用一个高空隙率（High Void Fraction）来完成的。还有一个限制寿命的主要因素是 ZrH 慢化剂中的氧气泄露，速率大约为每年 1%。而且，设计上仅有剩余反应性（Excess Reactivity）（TOPAZ），燃料的燃耗也会限制寿命，特别是在反应堆冷却后重启时。另一个问题是氧气收气剂。铯供给系统需要改进，但这些好像并不怎么影响寿命。

堆芯有 37 个 TFE，慢化剂是 ZrH，慢化剂被不锈钢加热器包裹，这个加热器有 37 个圆形的通道，用于容纳 TFE 和 NaK 工质。TFE 外壳和加热体壁之间的工质通道缝隙采用开槽的表面。50% 的 CO_2，50% 的氦和其他痕量气体充盈在慢化剂/轴向反射体区域，帮助阻止 ZrH 中氧气的泄露，同时增加 ZrH 到容器外表面和工质通道的热传递效率。

薄壁、不锈钢圆柱反应堆容器将 TFE、慢化剂加热体、轴向铍金属中子反射体包容在一起。它支撑堆芯和 TFE，同时为铯蒸气，氦气和 NaK 工质提供空间。在反应堆容器外、径向反射体内部，有 12 个控制鼓，其中 3 个用在安全系统中，其余 9 个都用作控制，通过一个共同的机构来驱动。径向反射体组合体通过两个融合在一起的张紧带连接在一起。控制鼓的轴承和驱动链通过二氧化钼润滑。

每个 TFE 内的燃料是高度浓缩的（96%）UO_2，以颗粒的形式堆积在发射器的腔体中。每个燃料颗粒高约 8 mm，外径约 17 mm。燃料颗粒有一个中通的孔，直径为 4.5 mm 或 8 mm，直径的选择取决于在堆芯中的位置，用于帮助平滑径向的功率曲线。燃料高度为 355～375 mm，最高燃料温度约为 1 775～1 925 K，终止温度约为 1 575 K。

一元 TFE 截面图如图 5 - 31 所示。

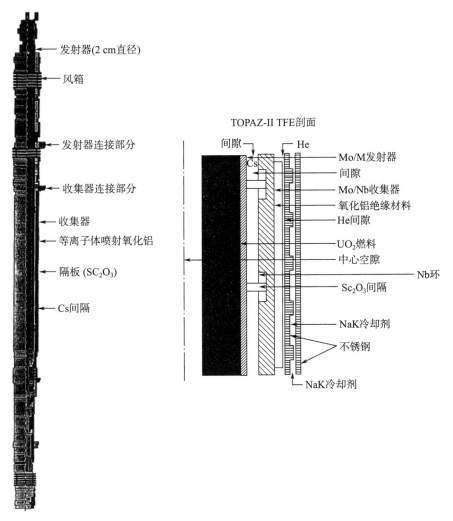

图 5 - 31　一元 TFE 截面图

　　TFE 位于热离子反应堆转换器核心管内，和管之间的空隙用氢填充。堆芯有 37 个 TFE，用 O - 环通道进行冷却，安装在 ZrH 慢化剂盘的孔上。工作区有 34 个 TFE，泵区有 3 个。工作区终端的功率，在 30 V 电压的情况下，可以从 4.5 kW 变化至 5.5 kW。

　　TOPAZ - Ⅱ 有再生的铯供给，并向反应堆外排放裂变气体。发射器作为热电子的源包含燃料、裂变产物。发射器张力限制系统寿命，所以发射器的机械特性特别重要。使用单晶钼合金和单晶钨 184 涂层用作发射器材料，钨涂层可以提高热离子性能。发射器温度约 1 873 K。

　　燃料堆两端的 BeO 提供轴向反射功能。BeO 有中通的孔，与燃料中的孔匹配。BeO 颗粒堆积高度为 55 mm，它们用来补偿燃料加载量的变化。堆芯（含 BeO 和反射体）高度是 485 mm。

多晶钼用作收集器材料，收集器管与发射器共轴。一般希望使用高的收集温度，来减小辐射器尺寸；低温会减小热离子的反向发射，并保证慢化剂中氧气的分解压力在范围内。反应堆出口温度是 925 K，进口温度则为 825 K。

收集器和发射器之间的极间热离子空隙，宽约 0.5 mm。发射器和收集器表面之间的极间空隙中有氧化钪隔离器，防止燃料膨胀导致发射器变形而引起的发射器与收集器短路。

收集器再向外，是收集器绝缘器和内部工质管之间的氦气空隙。氦气提供到冷却剂的良好热传递能力，同时维持热离子燃料元件的电绝缘。氦气瓶安装在辐射器区域，保证整个寿命期间氦气的供应。

TFE 结构其他部分使用不锈钢，一方面可以支撑 TFE，另一方面可以保证热量到 NaK 工质的有效传递。

燃料是直接从内部排向太空的。铯供给系统将铯蒸气提供给极间空隙，并将所有的气体排放至太空，铯排放量约为 0.5 g/d。

（4）热控设计

与 TOPAZ - Ⅰ 一样，TOPAZ - Ⅱ 也使用单电路热排除系统，使用了传导型电磁泵，在启动阶段由大电流电池提供电能。TOPAZ - Ⅱ 使用易熔的 NaK 工质来排散废热。在发射期间，必须确保 NaK 处于液体状态。直流传导泵，通过 3 个并联的 TFE 来供电。冷却剂管路分为 2 组，每组有 3 个通道。

管和翼片组成的辐射器用来散热，形状为截头圆锥体。圆锥的表面由钢管组成，直接焊接至辐射器顶端和尾端的圆形多面体上。铜的翼片都焊接至这些管子。为了提高翼片的发射率，使用了粘接性能好、热阻高的玻璃涂层。

（5）核安全设计

设计采用一个截头圆锥形状的阴影屏蔽用作辐射衰减，两头的盖都下凹且呈球面，屏蔽的侧面是薄壁钢。在两个端盖之间填充 LiH，用于中子屏蔽。4 个冷却剂管穿过屏蔽，其角度设计来可以使辐射流动最小化。一个阶梯状的、穿过屏蔽的通道包含控制鼓驱动轴。

TOPAZ - Ⅱ 最初的设计是用来支持同步轨道任务的。所以，苏联的设计人员并没有考虑在轨运行后的处置问题。如果要应用到 LEO 再入发生，很难保证反应堆能够在足够高的高度完全解体，并完全消散。为了满足美国的安全理念要求，需要进行一系列的修改，包括增加一个再入热屏蔽来避免再入时解体；在一些 TFE 的环面添加可移除毒物或在发射期间移除燃料，以避免土埋和水淹的情况下出现反应堆超临界状况。根据计划，如果要用到美国的航天任务中，航天器的轨道必须足够高，给裂变产物充分的衰减时间。

另一个安全担忧是，堆芯的延迟正温度系数。这个系数已经通过试验确认了，TOPAZ 反应堆已经在实验上证明是可控的。延迟正温度系数效应，主要是由于温度升高时慢化剂能谱辐射穿透力增强造成的，这会导致更少的慢化剂捕获和更多的燃料捕获。这个正反馈时间常量相对于控制系统来说特别长（约 330 s），它的形成是因为大热容和高热阻造成的。延迟正温度系数的一个效应是，减少后备反应性（后备反应堆的要求非常低，为 65 分）。这个反应堆有一个独特的特点，那就是启动引发的解体事故是不可能发生的。

TOPAZ-Ⅱ有一个内置的安全特征，可以安全地关闭反应堆，那就是 ZrH 慢化剂加热后会释放氧气，并引发反应堆的关闭。

5.4　朗肯发电空间核反应堆电源

5.4.1　概述

朗肯循环是常见的热力学循环形式之一，在工业中有较多的应用。朗肯循环是用于预测蒸汽机性能的一种数学模型。朗肯循环是将热转化为机械功的一种理想化的热力学循环。热从外部送入一个闭环回路。在 20 世纪 90 年代，以蒸汽机形式存在的朗肯循环，提供了地球约 90% 的电能。

在空间核电源的应用中，美国较早地开展了朗肯能量转换系统的研究，研制了多个基于朗肯系统的核电源系统，开展了多次系统级试验，使技术得到了较大的发展，但最终均未在轨应用。进入星球大战和新世纪后，朗肯循环在 SP-100、JIMO 等重大项目的竞争中均处于下风，没有得到新的发展。苏联/俄罗斯和欧洲在基于朗肯转换的核电源系统研制方面，也未见报道。

朗肯循环是最基本的动力循环，它结构简单，但是效率较低。现代大、中型气动力装置所采用的循环都是在朗肯循环的基础上改进得到的。

在美国所开展的朗肯发电空间核反应堆电源项目中，SNAP-2 和 SNAP-8 是仅有的两个开展过工程堆研制及试验的项目。SNAP-2 是 SNAP 计划的第一个空间堆电源项目，其发展过程与 SNAP 计划早期的发展有很大的关系。1957 年 10 月，苏联 Sputnik 发射三周后，第一个 SNAP 临界装置就开始测试了。SNAP 试验堆（Experimental Reactor）于 1959 年开始运行，SNAP-2 工程堆（Developmental Reactor）于 1961 年开始运行。1960 年 5 月，AEC 和空军联合启动了用于核辅助电源轨道测试的空间系统简化研制计划（SNAPSHOT）。计划发射 4 颗星，其中 2 颗搭载 SNAP-10，2 颗搭载 SNAP-2。1963 年，由于空军计划的调整，预算削减，SNAP-2 反应堆电源项目被取消（其功率转换系统将继续研制）。SNAP-2 项目取消后，转型为汞-朗肯项目（Mercury Rankine Program，MRP），主要研发用于实现核涡轮发电空间电站能力所需的元器件和系统技术（不包括热源，不论是反应堆还是同位素）。最初的目的是研发并预鉴定一个电功率为 3~5 kW 的 PCS 模块的原型模块元件（10 000 h），后来项目的研究目标又做了大的调整。最终，汞-朗肯项目也于 1966 年 10 月被淘汰，只留下 2 个 10 000 h CRU（组合转动单元，Combined Rotating Unit）-Ⅴ 寿命测试继续开展。包含 1964 财年，SNAP-2 反应堆项目（包括 CRU）共耗资 6 000 万美元，试验情况表见 5-6。

表 5-6　SNAP-2 试验情况

序号	参数名称	试验堆 SER	工程堆 S2DR	备注
1	临界	1 959.9	1 961.4	
2	关闭	1 960.12	1 962.12	
3	热功率	50 kW	65 kW	
4	热能	225 000 kW	273 000 kW	
5	试验时间	648 ℃时 1 800 h 482 ℃以上 3 500 h	648 ℃时 2 800 h 482 ℃以上 7 700 h	

SNAP-50/SPUR 项目是美国开展的大功率朗肯发电空间核反应堆电源项目，但是没有开展试验。1962 年，AEC、NASA 和空军三方花重金资助了 SNAP/SPUR（空间核单元反应堆，Space Nuclear Unit Reactor）。SNAP/SPUR 也称 SNAP-50。其目的是研制一个额定功率为 300 kW（可升级至 1 000 kW）、寿命达 10 000 h、不含屏蔽比质量达 9 kg/kW 的空间核反应堆电源系统。1965 年，部件设计，材料、燃料和元件研制完成，项目组提交了一份继续开展工作的请求，提出在 1975 年早期提供一套鉴定过的系统用来在轨飞行试验测试。但是，考虑到后续的项目研制工作经费过于庞大，且由于可靠性等问题尚无法应用在瞄准的载人空间飞行任务，且短期内没有其他具体的、明确的航天任务应用，最终被政府否决。SNAP-50/SPUR 直至项目结束，尚未来得及开展大型的系统级试验。

5.4.2　发电原理

（1）朗肯循环基础

朗肯循环的效率受限于工质蒸发的高热量。除非压力和温度达到蒸汽沸腾器的超临界水平，这个循环可以工作的温度范围很小：蒸汽涡轮机进入温度一般是 565 ℃（不锈钢的蠕变极限），蒸汽压缩机温度在 30 ℃左右。所以，尽管理论上蒸汽涡轮机的最大卡诺效率可达 63%，但实际现代燃煤发电站的整体热效率仅有 42%。由于蒸汽涡轮机入口温度太低，所以在组合循环汽轮机发电站中，朗肯循环一般都用作底层的循环，用于回收废热。

朗肯循环中的工质一般是闭环且重复使用的。电站中冒出的翻滚液滴由制冷系统产生，是废热（低温）排散的一种方式，可以让其他的热（高温）转换为有用功。排散的废热用 Q_{out} 表示。水经常被用作工质。蒸汽通过压缩工作至液态，涡轮机出口的压力降低了，供给泵需求的能量仅占涡轮输出功率的 1%～3%，这有助于朗肯循环获取高的效率。但是，涡轮吸入的低温蒸汽会部分抵消这一优势。

朗肯循环共有 4 个过程，可以通过图 5-32 中的 4 个序号来表示：

1）过程 1-2：工质泵入，压强变大。因为工质在这个阶段为液态，所以泵所需的输入能量很小。

2）过程 2-3：高压液体进入沸腾器，这里外部的热源以一个常值的压力对其加热，直至变成干的饱和蒸汽。

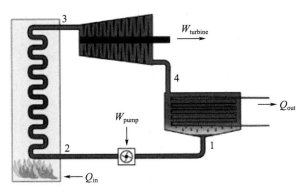

图 5 - 32　朗肯循环的 4 大组成部分

3）过程 3 - 4：干的饱和蒸汽在涡轮机中膨胀，产生功率。这将降低蒸汽温度和压强，还会出现少量的冷凝。

4）过程 4 - 1：湿的蒸汽进入冷凝器，在常值压强下变为饱和液体。

在理想的朗肯循环中，泵和涡轮机是等熵的，也就是泵和涡轮机的熵不增加，因为净输出功最大化。在这种理想情况下，图 5 - 33 中过程 1 - 2 和 3 - 4 就是垂直的线段，更接近卡诺循环。

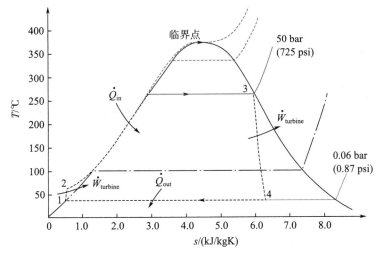

图 5 - 33　0.06～50 bar（1 bar 约为 1 个大气压）压强范围内典型朗肯循环的 T - s 图

（2）主要计算公式

公式中变量的意义如下：

$\dot{Q}$　　　　　　　　　　热流速（能量/时间）

$\dot{m}$　　　　　　　　　　质量流速（质量/时间）

$\dot{W}$　　　　　　　　　　机械功（能量/时间）

η_{therm}　　　　　　　　热力学效率

η_{pump}，η_{turb}	压缩（供给泵）和膨胀（涡轮机）的等熵效率
h_1，h_2，h_3，h_4	焓
h_{4s}	等熵焓
p_1，p_2	压缩过程前后的压强

简单的朗肯循环效率可近似表示为

$$\eta_{\mathrm{therm}} = \frac{\dot{W}_{\mathrm{turb}} - \dot{W}_{\mathrm{pump}}}{\dot{Q}_{\mathrm{in}}} \approx \frac{\dot{W}_{\mathrm{turb}}}{\dot{Q}_{\mathrm{in}}}$$

η_{therm} 是循环的热力学效率，是净输出功率与热输入的比值。由于泵的功一般是涡轮输出功的 1%，于是有

$$\frac{\dot{Q}_{\mathrm{in}}}{\dot{m}} = h_3 - h_2, \frac{\dot{Q}_{\mathrm{out}}}{\dot{m}} = h_4 - h_1$$

当考虑涡轮和泵的效率时，可以有如下修正

$$\frac{\dot{W}_{\mathrm{pump}}}{\dot{m}} = h_2 - h_1 \approx \frac{v_1 \Delta p}{\eta_{\mathrm{pump}}} \approx \frac{v_1 (p_2 - p_1)}{\eta_{\mathrm{pump}}}$$

$$\frac{\dot{W}_{\mathrm{turb}}}{\dot{m}} = h_3 - h_4 \approx (h_3 - h_4)\eta_{\mathrm{turb}}$$

η_{turb} 可近似表示为 $(h_3 - h_4)/(h_4 - h_1)$。

（3）非理想的朗肯循环（图 5 - 34）

在实际的电站循环中，泵的压缩和涡轮的膨胀都不是等熵的。也就是说，这些过程是不可逆的，在两个过程中熵是增加的。这就增加了泵需要的功率，减少了涡轮机输出的功率。

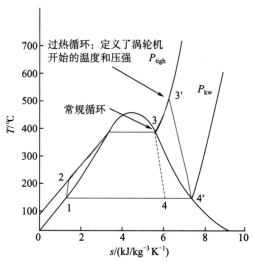

图 5 - 34　非理想朗肯循环

（4）朗肯循环的变体

朗肯循环的整体热力学效率可以通过提高平均热输入温度$\left(\overline{T}_{\text{in}} = \dfrac{\int_{2}^{3} T\, ds}{Q_{\text{in}}}\right)$来提升。增加蒸汽的温度进入超热区域（Superheat Region）是完成这个任务的一种简单方式。很多变体都是设计来完成这个任务的。

常见的变体有再加热（Reheat）朗肯循环、再生（Regenerative）朗肯循环、有机（Organic）朗肯循环和超临界（Supercritical）朗肯循环。

5.4.3　SNAP-8 核反应堆电源

（1）任务背景

SNAP-8 是美国开展的第二个空间核电源系统。1959 年，NASA 提出需要一个电功率为 30 kW 及以上的电源，用于电推进和行星际通信。NASA 和 AEC 共同开展此项研究，这是 SNAP-8 反应堆电源研究的开始。1960 年，SNAP-8 项目正式启动。NASA 负责功率转换设备和整个系统的集成，而 AEC 负责反应堆。通用航空喷气（Aerojet-General）公司是 NASA 的主承包商，而 AEC 则继续选择 AI。

设计采用 Hg 朗肯循环电功率转换，产生 30～60 kW 且寿命 1 年以上的电源。SNAP-8 基于 SNAP-2 NaK 冷却、U-ZrH 燃料堆与 Hg 朗肯循环功率转换结合的系统概念来开展，一共研制了两个系统：SNAP-8 试验堆（S8ER）和 SNAP-8 工程堆（S8DR）。在两次系统试验的事后检验中都发现燃料包覆有碎裂（Cracked fuel cladding）。S8ER 和 S8DR 两个系统测试完成后，项目组认为还需对燃料棒和热工水力进行改进。1972 年，SNAP-8 项目停止。

事实上，在 SNAP 计划后期，随着美国航天技术不断发展，NASA 和空军对空间核电源的功率和寿命需求逐步提高。1970 年左右开展的基于 SNAP-8 技术的 5 kW 电功率反应堆热电系统和先进 ZrH 反应堆项目就体现了这些需求。5 kW 反应堆热电系统项目要求寿命达到 5 年以上，先进 ZrH 反应堆项目则要求电功率达到几百千瓦至兆瓦量级（表 5-7）。

表 5-7　SNAP-8 试验情况

序号	参数名称	试验堆 S8ER	工程堆 S8DR	备注
1	临界	1 963.5	1 968.6	
2	关闭	1 965.4	1 969.12	
3	热功率	600 kW	600/1 000 kW	
4	热能	5 100 000 kW	4 300 000 kW	
5	试验时间	704 ℃时 1 年,400～600 kW	7 500 h	

（2）电源系统

SNAP-8 的输出功率设计是可以调节的，变化范围为额定功率的 $10\%\sim100\%$。功率通过自动控制器来调整，这个控制器可以得到反应堆冷却剂的出口温度，并调整控制鼓的位置来维持合适的出口温度。

如果反应堆寿命与预测的一样，使用 Hg 朗肯转换的 SNAP-8 系统（图 5-35）在反应堆出口温度为 660 ℃时，输出电功率可达 50 kW，并可连续工作 40 000 h（合 4.56 年）。SNAP-8 主要技术指标见表 5-8。

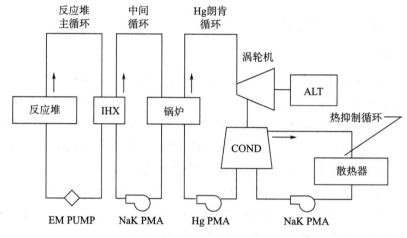

图 5-35　SNAP-8 系统

表 5-8　SNAP-8 主要技术指标

序号	参数名称	参数值	备注
1	电功率/kW	30～50	
2	电源类型	交流	
3	效率/%	8	
4	热功率/kW	600	
5	反应堆	U-ZrH,热堆	
6	主冷却剂	NaK-78	
7	功率转换	Hg 朗肯	
8	反应堆出口温度/K	975	
9	沸腾温度/℃	577	
10	涡轮机入口温度/℃	677	
11	压缩温度/℃	371	
12	辐射器温度/℃	304	
13	辐射器面积	167 m², 4.18 m²/kW	
14	不含屏蔽质量	4 536 kg,136 kg/kW	
15	寿命/h	10 000	

（3）反应堆设计

S8ER 的设计与最终设计有较大差异，以 S8DR 为例来介绍其设计。

S8DR 设计的目标：热功率为 600 kW，冷却剂出口温度为 704 ℃，工作寿命为 12 000 h。1969 年 1 月反应堆开始测试，1969 年 12 月在运行 7 000 h 后提前终止运行，原因是发现燃料包覆有裂开的情况。

堆芯容器使用 316SS 加工而成，长 66.65 cm，内径 23.4 cm，厚 0.266 7 cm。堆芯含有 211 个燃料元件，排列成一个三角阵列，燃料元件中心点距离 1.45 cm。内部的反射体安装在圆形堆芯容器和三角燃料阵列的空隙中。包括 30 个经 316SS 包覆的 BeO 内部反射体与 12 个小一些的 316SS 的嵌条（Filler Rod），一个 0.1 Ci 的 Po-Be 源安装在容器的顶端。

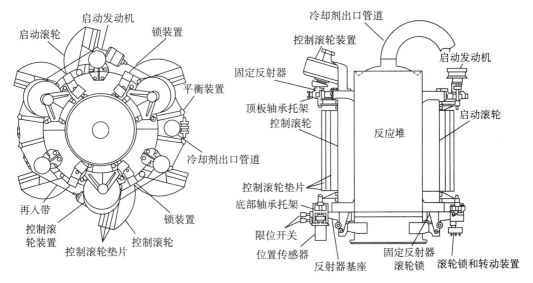

图 5-36　SNAP-8 反应堆和反射体组合体

冷却剂使用的是 NaK-78。冷却剂通过流量分配器（Flow Distributor）进入低端，通过抑制盘（Baffle Plate）进入 420 个燃料元件间的三角点冷却剂通道。冷却剂沿着通道向上运动，从上端的格盘出来。各个通道的冷却剂在上端会合后，经反应堆出口管排出。

S8DR 使用 ZrU 合金，U 含量为 10.5%，^{235}U 富集度为 93.15%，燃料也进行了氢化处理。燃料棒直径 1.34 cm，长约 41.91 cm。燃料包覆使用 N 镍基合金，长 43.51 cm，厚 0.025 cm，内径 1.37 cm。燃料包覆内部使用一个陶瓷障碍（SCB-1）来阻止 H 在包覆中的扩散。一种可燃的毒物（Sm_2O_3）也应用在了包覆内部，以补偿长期的反应堆损失。

S8DR 有一个自动控制器来调整控制鼓的位置，从而达到调节输出功率的作用。整个反射体系统设计成了两半，每一半都由堆芯容器底部的铰链支点固定装置来支撑。反射体的两部分都设计用来承载堆芯容器顶端的支撑壁。它们由薄的钢制张紧带固定在其位置上。这个设计可以保证在轨运行时，反射体可以从反应堆中抽出。反射体组合体包含一个 Be 层，将堆芯容器和 6 个可移动的反射鼓包围，Be 层厚 8.89 cm，长约 45 cm。外部的

Be 连接至堆芯容器，并在空间上间隔开来，这样它们可以给控制鼓旋转提供半圈的空间。反应堆的控制由 6 个 Be 直圆柱体旋转来实现。控制鼓半径为 11.4 cm，名义厚度 7.94 cm，S8DR 燃料元件如图 5-37 所示。

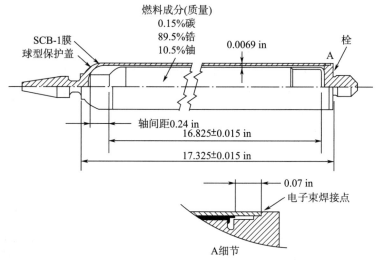

图 5-37　S8DR 燃料元件

3 个控制鼓用作启动鼓，另外 3 个用于将反应堆带入临界并维持恒定的功率水平。反射体组合体设计将 Be 的温度限制在 732 ℃以下。

（4）功率转换设计

SNAP-8 选用的是汞朗肯循环的功率转换。事实上，一开始 NASA 同时在研发 4 型的动态功率转换系统用于空间：有机朗肯、SNAP-8 汞朗肯、钾朗肯和布雷顿循环。1970 年 4 月，项目组决定继续开展汞朗肯功率转换系统的研发，其他都不再支持。两个系统级的使用都采用的汞朗肯，所以本节我们仅介绍这一转换形式。

汞朗肯系统测试了 7 320 h，没有更换任何部件。每个主要的部件至少测试了 10 000 h。功率转换系统启动、停止了 135 次用于检验它的灵活性和耐用性。事后检验表明，除一个元器件例外（在汞泵中发现了一些气洞），其他元器件的外形均良好。

（5）热控设计

NaK 用来做热控工质，主、辅热传递工质用的都是 NaK 合金。最后的热排散是通过空气爆炸热交换器来实现的。电磁泵用来实现冷却剂在通道内的流通。

（6）核安全设计

通过断开张紧带，弹出反射体，可以迅速地将反应堆关闭。在下述三种情况中会执行这种操作：接收到自毁指令，冷却剂出口温度下降，再入加热。如果反射体被弹出反应堆，除非堆芯淹没在水或其他慢化材料中，反应堆是不可能进入临界的。

成形自毁炸药是 SNAP-8 的另一个安全特色。它保证在发射和进入轨道运行前反应堆不会进入临界。只有在收到地面指令后，炸药才能被引爆。在航天器成功入轨后，自毁系统就会被弹出（图 5-38）。

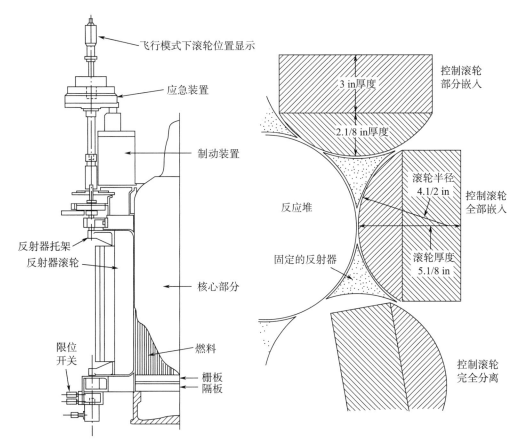

图 5 - 38　S8DR 反射体和控制鼓

5.5　布雷顿发电空间核反应堆电源

5.5.1　概述

　　闭环布雷顿循环可以与反应堆、同位素、太阳能热源耦合，为空间电源提供高效率、长寿命和可扩展的潜力。

　　从 20 世纪 60 年代开始，NASA 就一直开展闭环布雷顿循环（Closed Brayton Cycle，CBC）功率转换技术的研究。20 世纪 60 年代和 70 年代，NASA 和工业界研发了 10 kW 布雷顿转动单元和 2 kW 迷你布雷顿转动单元，演示验证了技术可行性和性能。20 世纪 70 年代早期，NASA 李维斯（Lewis）研究中心开展了先进功率反应堆（Advanced Power Reactor）项目的研究，计划采用布雷顿循环。20 世纪 80 年代，研究中心为自由号空间站研制了一个 25 kW 闭环布雷顿循环太阳能动态电源系统，该技术作为 2 kW 太阳能动态地面测试演示验证项目的一部分在 20 世纪 90 年代进行了演示验证。从 21 世纪初开始，NASA 一直寻求研发用于空间反应堆应用的闭环布雷顿循环。JIMO 任务就选择了电功率为 100 kW 级闭环布雷顿循环系统与一个气冷裂变反应堆结合的电源方案。目前，闭环布雷顿循环技术主要面向月球和火星基地，用于建立裂变表面电源（Fission Surface Power，FSP）。表面基地的需求促使 NASA 支持了多个闭环布雷顿循环相关的技术研发项目，包括：50 kW 交流发电机测试单元，20 kW 双布雷顿测试回路，2 kW 直接驱动气体布雷顿测试回路和 12 kW FSP 功率转换单元设计。美国早期布雷顿循环的研究由 NASA Lewis 研究中心牵头，后期包括现在的研究主要由 NASA 格伦（Glenn）研究中心牵头，而 NASA 马歇尔空间飞行中心（MSFC）则一直在参与相关的研究和测试工作。

俄罗斯的相关研究报道较少。但是从可获取的资料中发现，21 世纪初俄罗斯研究人员在 RD - 0410 的基础上设计的核电源推进系统 NPPS 使用了布雷顿循环，燃料则计划使用氙和氦，系统电功率为 50 kW，推力为 68 kN。俄罗斯 2010 年左右开展的载人火星飞船研究也计划采用布雷顿循环核反应堆电源系统，反应堆电源输出总电功率约为 2.25 MW。

5.5.2　发电原理

布雷顿循环是一种热力学循环，是燃气轮机（内燃机的一种）和吸气式喷气发动机的工作原理，也称焦耳循环。布雷顿循环与朗肯循环的工作过程类似，都包括等熵压缩、等压冷凝、等熵膨胀和等压吸热 4 个过程。二者的区别在于，工质在布雷顿循环中不发生集态改变。

（1）布雷顿循环

基础的布雷顿循环热机模型如图 5 - 39 所示，可抽象为 3 个基本组成部分：压缩机、燃烧室、涡轮机，可以看作是一个开放的循环方式。但在实际应用中，工质往往得到循环利用，而构成一个相对封闭的闭环系统，废热通过热交换器等方式排出系统（图 5 - 40）。

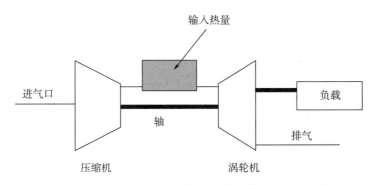

图 5 - 39　布雷顿循环热机模型

布雷顿热机的工作流体为气体，在发电过程中燃料室可以使用热交换器来替代（图 5 - 41）。

布雷顿循环的 4 个过程如下：

1）过程 1 - 2：在压缩机中等熵压缩；

2）过程 2 - 3：恒压下加热；

3）过程 3 - 4：在涡轮机中等熵膨胀；

4）过程 4 - 1：恒压下热排散。

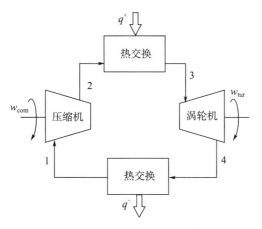

图 5 - 40　气体涡轮机电站模型

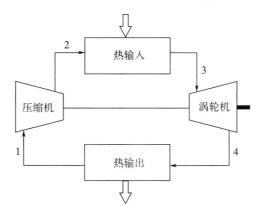

图 5 - 41　布雷顿气体循环

（2）效率计算

布雷顿 $p - v$ 和 $T - s$ 图如图 5 - 42 所示。状态 1 - 2 的数学模型，应用质量平衡方程表示

$$\sum_{\text{in}} \dot{m}_{\text{in}} = \sum_{\text{out}} \dot{m}_{\text{out}} \Rightarrow \dot{m}_1 = \dot{m}_2 = \dot{m}$$

用能率平衡方程

$$\frac{\mathrm{d}E_{CV}}{\mathrm{d}t} = \dot{Q}_{CV} - \dot{W} + \sum_{\text{in}} m_{\text{in}} \left(h_{\text{in}} + \frac{V_{\text{in}}^2}{2} + g z_{\text{in}} \right) - \sum_{\text{e}} m_{\text{e}} \left(h_{\text{e}} + \frac{V_{\text{e}}^2}{2} + g z_{\text{e}} \right)$$

进行一些理想化的假设，有

$$\dot{W}_{\text{compressor}} = \dot{m}(h_1 - h_2)$$

状态 2 - 3 的数学模型，用质量平衡方程表示有

$$\sum_{\text{in}} \dot{m}_{\text{in}} = \sum_{\text{out}} \dot{m}_{\text{out}} \Rightarrow \dot{m}_2 = \dot{m}_3 = \dot{m}$$

应用能率平衡方程

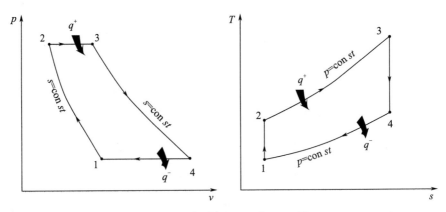

图 5-42　布雷顿 p-v 和 T-s 图

$$\frac{\mathrm{d}E_{CV}}{\mathrm{d}t}=\dot{Q}_{CV}-\dot{W}+\sum_{\mathrm{in}}m_{\mathrm{in}}\left(h_{\mathrm{in}}+\frac{V_{\mathrm{in}}^2}{2}+gz_{\mathrm{in}}\right)-\sum_{\mathrm{e}}m_{\mathrm{e}}\left(h_{\mathrm{e}}+\frac{V_{\mathrm{e}}^2}{2}+gz_{\mathrm{e}}\right)$$

根据理想化假设，有

$$\Rightarrow\dot{Q}_{\mathrm{in}}=\dot{m}h_3=\dot{m}h_2$$

$$\Rightarrow\frac{\dot{Q}_{\mathrm{in}}}{\dot{m}}=h_3-h_2$$

状态 3-4，采用类似于 1-2 的方法，有

$$\frac{\dot{W}_{\mathrm{turbine}}}{\dot{m}}=(h_3-h_4)$$

状态 4-1，采用类似于 2-3 的方法，有

$$\frac{\dot{Q}_{\mathrm{out}}}{\dot{m}}=(h_4-h_1)$$

布雷顿循环的热效率

$$\eta=\frac{\dot{W}_{\mathrm{turbine}}/\dot{m}-\dot{W}_{\mathrm{compressor}}/\dot{m}}{\dot{Q}/\dot{m}}$$

将上述各式代入，有

$$\eta=\frac{(h_3-h_4)-(h_2-h_1)}{h_3-h_2}$$

下面我们来计算理想气体布雷顿循环的效率，这样可以给出布雷顿循环性能的上限。假设在循环中没有摩擦引起的气压下降，没有不可逆的因素，向周围的热扩散也忽略不计。等熵过程理想气体方程为

$$P_1V_1^K=P_1V_2^2\quad 或\quad T_2=T_1\left(\frac{P_2}{P_1}\right)^{\frac{(k-1)}{k}}$$

布雷顿循环中，有

$$\frac{V_1}{V_4} = \frac{V_2}{V_3}、\quad \frac{P_1}{P_2} = \frac{P_4}{P_3}、\quad \frac{T_1}{T_4} = \frac{T_3}{T_2}$$

利用理想气体比热方程

$$\mathrm{d}h = C_p(T)\mathrm{d}T$$

式中　C_p——定压比热容。

这样布雷顿循环的热效率可以用温度来表示

$$\eta = \frac{(h_3 - h_4) - (h_2 - h_1)}{h_3 - h_2}$$

$$\eta = \frac{C_p(T_3 - T_4) - C_p(T_2 - T_1)}{C_p(T_3 - T_2)}$$

还可以得到压强比与效率的关系式

$$\eta = 1 - \frac{1}{(P_2/P_1)^{\frac{(k-1)}{k}}}$$

（3）再生（Regenerative）布雷顿循环（汽轮机）

再生布雷顿循环（图 5-43）是利用涡轮排出的废热来为压缩机中的气体加热。排出气体和压缩机气体的热交换在再生器中实现。

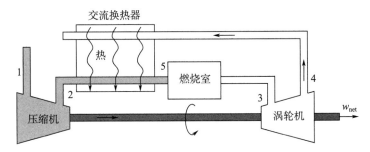

图 5-43　再生布雷顿循环

可再布雷顿生循环 T-s 如图 5-44 所示。

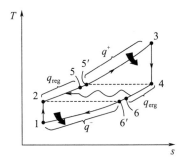

图 5-44　再生布雷顿循环 T-s 图

其效率可表示为

$$\eta = \frac{(h_3 - h_4) - (h_2 - h_1)}{h_3 - h_{5'}}$$

（4）空间布雷顿发电机

空间布雷顿发电机是气体涡轮机的一个闭环版本。通常使用惰性气体作为工作流体（一般为氦和氙的混合物），工质通过压缩机和涡轮与转动的交流发电机耦合。涡轮机和压缩机安装在一个单独的轴上，这个轴使用气体叶片轴承（Gas Foil Bearing）。热输入通过直接的气体加热或热交换器来实现。工质加热后，在涡轮机中膨胀、冷却，然后在压缩机中加压。再生器可用热涡轮废气，在其回到热源之前预热工质，从而提高循环效率。气体冷却器将布雷顿的废热传递至辐射器。交流发电机提供三相的交流电，并可通过电源管理和分配分系统来完成向用户端的转换。

布雷顿热机发电需要使用高速旋转的涡轮机，通常转速为 40 000 r/min。如此高的转速使得涡轮零件的机械压力增加，增加了涡轮失效的概率。同时，布雷顿发电对入口温度要求很高，这进一步增加了涡轮零件的失效风险。

5.5.3　JIMO 空间核反应堆电源系统

（1）任务背景

JIMO 是普罗米修斯工程的核心，也是这一时期核动力航天器的典型代表。JIMO 主要用于探测木卫二和其他木星的卫星，于 2002 年年底立项，并于 2005 年终止。JIMO 的空间反应堆电源系统选用的是布雷顿功率转换技术，大部分电能都用于电推进。NASA Glenn 研究中心则负责布雷顿转换系统的设计以及整个空间反应堆电源系统的设计，DOE Naval Reactors Prime Contractor Team （NRPCT）负责完成反应堆舱的设计。2005 年 3 月，从技术、安全、可靠性和严格的进度要求等多方面综合考虑，NRPCT 推荐了气冷堆与布雷顿能量转换系统直接耦合的方案获得 DOE 的海军反应堆部批准。

JIMO 航天器整个组成如图 5 - 45 所示。航天器的头部是反应堆舱，由一个与发电用的布雷顿涡轮交换机直接耦合的高温气冷堆组成，输出电功率为 200 kW。反应堆的后部是一个辐射屏蔽区，实现反应堆的圆锥状阴影屏蔽，减少对 DSV 其他部分的辐射。反应堆的控制和监测出反应堆仪表和控制区完成，这个区的组成部分散布在反应堆周围以及平台受保护的区域。反应堆舱后面是平台舱，整个构形显著特点是一个 43 m 长的主杆结构。主杆用于安装热排散区的热辐射板，同时也将平台的电子设备与反应堆隔离。最后部是平台区，包含主要的电子设备。主推进由离子和霍尔推力器完成，安装在两个可展开的推进板上，构成了电推进区。对接段也包含在平台舱中。

在项目终止前，已完成项目评估，并正在开展概念设计前的准备工作，包括燃料和包覆系统材料选择、电站参数选择用于确定热平衡的基线、反应堆舱布局的基线。

虽然 JIMO 任务停止了，但是闭环布雷顿功率转换技术的研发一直在继续，NASA Glenn 研究中心一直在推进该工作。

（2）电源系统

JIMO 的功率需求和质量限制，使得必须选择高的工作温度，进而需要选择小型的、快中子能谱的反应堆。反应堆的工作温度（1 000～1 700 K）是目前常用的结构材料尚无法长

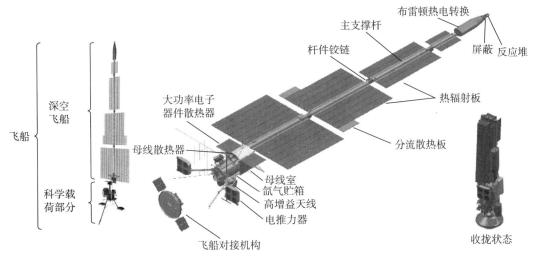

图 5 - 45　JIMO 航天器组成图

期承受的。反应堆燃料元件和其他部件的高温材料，有些还没研发出来，有些特性还没摸透，有些则是加工经验很有限。已有的燃料系统都不能满足 JIMO 高温、长寿命的要求。此外，要在发射失败时保证安全，小尺寸以及反应堆内部高的裂变铀燃料加载需要更多的工程化设计。

　　美国的核测试基础设施也很有效，但不足以支持空间堆的研制或其他全新的核堆的研制。没有能开展结构材料、燃料材料和集成后燃料系统测试的快中子能量谱测试堆，来支撑 JIMO 反应堆（图 5 - 46）的应用研究。快中子反应堆测试设施在日本、俄罗斯、法国和印度都有。但是，在这些国家开展这些测试存在一些问题。而且，美国在新反应堆材料开展核物理测试的能力也很有限。核物理测试是预测堆芯中子行为特征必不可少的项目，而中子行为特征是保证反应堆成功运行，以及证明反应堆在集成、运输和发射过程中能保持安全关闭必须的数据。地面测试队的建设也需要反应堆物理鉴定、寿命测试、系统集成测试和控制系统鉴定。后续的空间堆研发计划必须充分考虑美国核设施现有的状况、使用其他国家实施的挑战和鉴定核材料和系统不断迭代的特点。

　　普罗米修斯工程评估了 5 种空间核反应堆电源系统概念：1）直接循环、气冷堆＋布雷顿；2）热管冷却反应堆＋布雷顿；3）液态锂冷却反应堆＋布雷顿；4）液态锂冷却反应堆＋温差；5）低温、液态金属冷却反应堆＋斯特林。系统概念选择的评估主要针对 JIMO 任务的满足程度，参数包括能力、可靠性、交付能力、费用和安全性。最终选择了1）的概念。

　　之前，一直认为液态金属冷却堆适合于空间核电源。使用惰性气体冷却反应堆避免了基础性和潜在失效的问题，那就是固态金属冷却剂的在轨遥控控制解冻，以及长期运行过程中暴露在超高温、高化学反应金属冷却剂环境下的材料性能退化问题。而且，惰性气体冷却堆的工程研制测试较为简单，布雷顿技术被认为相对成熟，有一定的工程和制造基础，与其他概念相比，使用布雷顿技术需要新研发的部件要少一些。JIMO 空间堆电站基本组成如图 5 - 47 所示 。

图 5 - 46　JIMO 反应堆舱（空间堆电源系统示意）

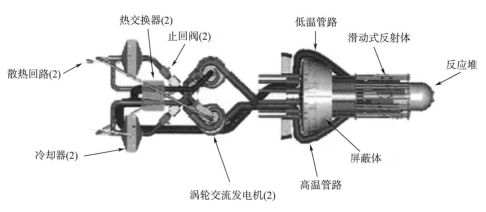

热交换器(2)　　　　　　　低温管路　　滑动式反射体

止回阀(2)

散热回路(2)　　　　　　　　　　　　　　　　　　反应堆

冷却器(2)　　　　　　　　　　　　　　　屏蔽体

涡轮交流发电机(2)　　高温管路

图 5 - 47　JIMO 空间堆电站基本组成

空间核电站（Space Nuclear Power Plant，SNPP）包括反应堆舱、热排散部分（Heat Rejection Segment，HRS）、功率调节和分配（Power Conditionning and Distribution，PCAD）三大部分。

惰性气体（HeXe 气体混合物）用来冷却堆芯，并将能量传输至布雷顿系统。JIMO 空间核电源系统主要技术指标见表 5 - 9。

表 5 - 9　JIMO 空间核电源系统主要技术指标

序号	参数名称	参数值	备注
1	电功率/kW	200 量级	要求具有可扩展性
2	效率/%	20	
3	热功率/MW	约 1	
4	反应堆	气冷快堆，UO$_2$ 或 UN	
5	反应堆出口温度/K	1 150	
6	寿命	近期满足 15 年在轨运行要求，设定长期的 20 年目标	
7	适用环境	应满足包括月球、火星、木星、土星、天王星、海王星等几乎所有的太阳系内环境	
8	总质量	含余量总质量约 6 182 kg。不含余量则为 3 309 kg，其中屏蔽 448 kg，功率转换 1 085 kg，反应堆 1 569 kg	

（3）反应堆设计

反应堆包括使用圆柱燃料针元件的堆芯，反应堆容器用于引导冷却剂流、为堆芯和反应性控制装置提供结构支撑。可移除的中子吸收安全棒，在发射或运输意外事故中保证反应堆的关闭。反应堆控制驱动机构用于移动反射体和安全棒。气体直接在燃料元件上流动，燃料元件或者在开放的格子阵列中，或者穿过燃料针插入块的通道。

燃料元件包含陶瓷燃料颗粒、用于包容膨胀的气缝、用于改进材料兼容性的包覆衬里和阻止裂变气体逃逸的包覆。在每个燃料元件的一端，由裂变气体高压区来包容颗粒中释放的燃料颗粒。所有的燃料元件仅在支撑结构的一端连接，以保证燃料元件和结构间的差别生长。由几种难熔金属和 SiC 用于包覆。反应堆燃料使用 UO$_2$ 或 UN，在项目结束前，堆芯的构形设计方案还没有最终确定。

反应堆容器包围堆芯，固定和可动的反射体则围绕着容器。反应堆容器通过进入的气体来制冷，以保证温度在材料的极限之下。可动的反射体是分块的，用于控制堆芯的反应性，以启动反应堆并维持寿命期间需要的工作温度。仪器仪表用于检测中子辐射通量、温度、冷却剂压力和控制位置。反应堆应使用至少一个安全棒。

反应堆冷却剂出口温度限制在 1 150 K，为了能够使用常规的材料用于反应堆和能量转换系统，减少燃料元件包覆的压力负载。

JIMO 堆芯和燃料元件概念如图 5 - 48 所示。

（4）热电转换设计

热的气体在涡轮机中膨胀，它通过一个杆连接至压缩机和交流发电机。交流发电机将涡轮功率转换为电能。在通过涡轮机后，气体通过一个可再生的热交换器（换热器）和气体冷却器。然后，冷却的气体被泵回，通过换热器，再通过压缩器回到堆芯。热量从气体冷却器到废热辐射器的传递通过带泵的液体回路（水或 NaK）。布雷顿交流发电机的高频、三相电，通过 PCAD 调节后，送至后端。卫星上过剩的功率通过一个可控的寄生负载辐射器（Parasitic Load Radiator，PLR）来处理。PLR 用作一个可变的负载来补偿航天器电负载需求的变化，并用于控制涡轮机的速度和产生的电频率和电压。

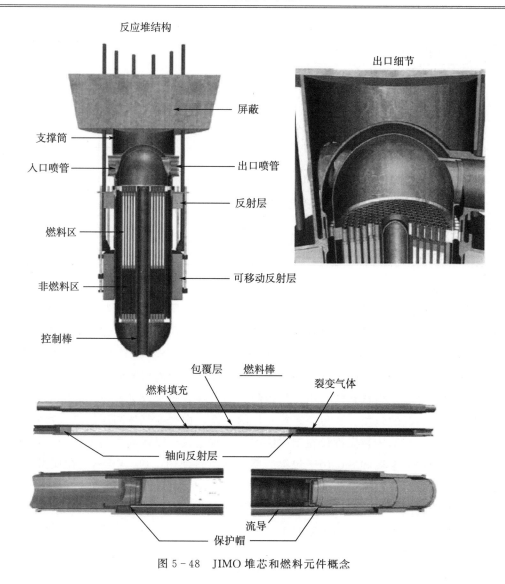

图 5 - 48　JIMO 堆芯和燃料元件概念

5.6　斯特林发电空间核反应堆电源

5.6.1　概述

　　斯特林循环是外燃机的工作模型，目前使用并不多。斯特林循环在低温制冷机、小区热电混合生成设备和太阳能盘式电力系统中有较多的应用。

　　美国开展基于斯特林转换的空间核电源研究已经有较长的历史了。在 SP - 100 计划概念选择阶段，斯特林方案就被列入三大技术途径之一开展进一步的遴选。虽然最终因为技术不成熟没有入选，但是，SP - 100 计划继续支持了斯特林转换的技术研究。在 JIMO 的核电源系统概念选择中，斯特林方案又被列入五大技术途径之一。20 世纪末至 21 世纪初，美国开展的安全性高、经费可承受的裂变机器项目（SAFE），选用了斯特林机用来发电，此项目以空间推进为目的。2007 年启动的 FSP 项目经过概念选择研究后，确定使用斯特林转换。除在空间核反应堆电源系统中有所应用外，斯特林转换还在美国的 RTG 研究中占有一席之地，是近年来研究较为活跃的几种动态转换 RTG 技术之一。近期美国空间应用有关斯特林转换的相关研究，主要由 NASA Glenn 研究中心牵头负责。

其他国家的相关研究尚未见报道。

5.6.2　发电原理

（1）斯特林循环

斯特林循环利用单相气体流体将热能转换为电能。斯特林循环的 4 个步骤为：等温压缩、通过能量输入进行等容压缩、通过涡轮机进行的等温能量释放以及向再生器或辐射器的等容热排散。斯特林循环的 T-S 和 P-V 图如图 5-49 所示。

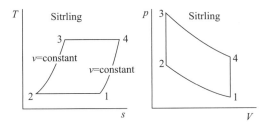

图 5-49　斯特林循环的 T-S 和 P-V 图

朗肯和布雷顿循环热机永远无法达到理想热机的效率，这是因为这些循环要么只在最高循环温度时接收热量，要么仅在最低温度时放热。理想的热机应该在这些热交换过程中保持恒温。斯特林机在与膨胀、压缩等相关的热交换过程中维持恒定的温度，所以理论上有能力达到最大的卡诺效率。理想斯特林循环过程如图 5-50 所示。

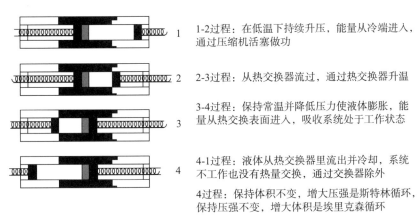

1-2过程：在低温下持续升压，能量从冷端进入，通过压缩机活塞做功

2-3过程：从热交换器流过，通过热交换器升温

3-4过程：保持常温并降低压力使液体膨胀，能量从热交换表面进入，吸收系统处于工作状态

4-1过程：液体从热交换器里流出并冷却，系统不工作也没有热量交换，通过交换器除外

4过程：保持体积不变，增大压强是斯特林循环，保持压强不变，增大体积是埃里克森循环

图 5-50　理想斯特林循环过程

图 5-51 给出了斯特林发电原理。斯特林循环吸热和放热均在恒定的温度下进行，利用一个可渗透的热物质（称作再生器），来加热和冷却工作流体，而不用与机器外部的系

统交换能量。再生器是系统效率提高的关键。原则上，它对经过的工质流体进行冷却，在过程中从流体吸热，并将能量存储起来，在冷的流体反向流过时将能量再传递给流体。在斯特林循环中，工作流体的再生加热和冷却在体积不变的情况下进行。

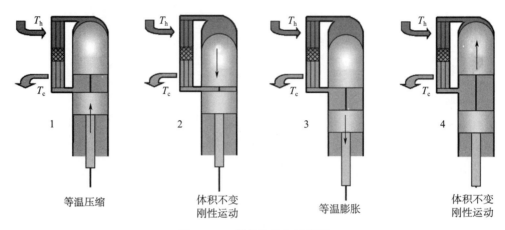

1　等温压缩　　　2　体积不变刚性运动　　　3　等温膨胀　　　4　体积不变刚性运动

图 5-51　斯特林发电过程图

（2）在外燃机中的应用

斯特林循环是外燃机的工作模型。外燃机是一种外燃的闭式循环往复活塞式热力发动机，有别于依靠燃料在发动机内部燃烧获得动力的内燃机。燃料在气缸外的燃烧室内连续燃烧，通过加热器传给工质，工质不直接参与燃烧，也不更换。

由于外燃机避免了传统内燃机的震爆做功问题，从而实现了高效率、低噪音、低污染和低运行成本。外燃机可以燃烧各种可燃气体，如天然气、沼气、石油气、氢气、煤气等，也可燃烧柴油、液化石油气等液体燃料，还可以燃烧木材，以及利用太阳能等。只要热腔达到 700 ℃，设备即可做功运行，环境温度越低，发电效率越高。外燃机最大的优点是出力和效率不受海拔高度影响，非常适合于高海拔地区使用。

但是，斯特林发动机还有许多问题要解决，例如膨胀室、压缩室、加热器、冷却室、再生器等的成本高，热量损失是内燃发动机的 2～3 倍等。所以，还不能成为大批量使用的发动机。由于热源来自外部，因此发动机需要经过一段时间才能响应用于气缸的热量变化（通过气缸壁将热量传导给发动机内的气体需要很长时间）。这意味着：发动机在提供有效动力之前需要时间暖机，发动机不能快速改变其动力输出。热气机尚存在的主要问题和缺点是制造成本较高，工质密封技术较难，密封件的可靠性和寿命还存在问题，功率调节控制系统较复杂，机器较为笨重。目前有报道，斯特林发动机已经开始研究在计算机主板的散热风扇上使用，通过北桥芯片的发热来带动斯特林发动机，以此来给硬件降温，目前还处于研究阶段。

（3）主要的问题

在实际循环中，气体工质压力非常大，电功率为 25 kW 的系统压力达 10～18 MPa。热交换器和再生器的压力会泄露，导致热端和冷端的热会泄露。如何设计既易于制造，又具有可接受的寿命，是高温热交换器和再生器研发的最大问题。

斯特林机的独特问题是，在吸热和放热的过程中要保持工质流体恒温。解决这个问题，目前有两种途径。第一种途径是利用自由活塞，活塞带有翼片，可以在匹配的翼片之间滑动，这些匹配的翼片又与恒温的圆柱体连接。这些翼片保证了恒温源、热沉和工作流体之间大的换热面积。第二种途径是，工质选用气体。这种气体应具有高的热导率、低密度、低粘滞性并在加热后体积会有大变化。氢气是最理想的工质，但是氢气是易燃的，具有一定的危险性。

斯特林转换虽然是效率很高的热力学循环，但是它的缺点是只适合于小功率的小型发电机。斯特林发电机扩展到大功率很困难，因为斯特林循环效率的关键是热的捕获和循环再利用，本质上限制了它所能运行的速度和体积。

5.6.3　裂变表面电源

（1）任务背景

普罗米修斯计划和 JIMO 任务取消后，2006 年 NASA 和 DOE 马上就启动了裂变表面电源（Fission Surface Power，FSP）项目。项目目的是研制系统级的技术，为美国的太空探索政策提供裂变表面电源的选项。为了达到上述目的，主要工作定位为，在一个与运行高度相关的环境中，对裂变表面电源技术进行系统级的演示验证，达到 NASA 规定的技术成熟度水平 6（TRL6）。项目还需向美国政府成功地表明，裂变表面电源系统的研制成本是负担得起的。

目前，FSP 的研究成果为 2005 年启动的探索系统框架研究（Exploration Systems Architecture Study，ESAS）提供支撑。NASA 开展了多种任务框架研究，为美国的太空政策（如前期的 Vision for Space Exploration）实施路径选择提供评估的材料。

项目一开始，是开展可负担得起的系统研究，用于确定可负担得起的系统的设计特征。对技术选择和涉及变量进行评估后，政府的研究小组确定了一个基于可负担得起和风险可控的参考概念。低风险的方案优先级要高于性能更高的方案。最终研究结论为，在 2020 年前 FSP 系统可以研制出来，完成飞行鉴定并送到月球表面，整个项目将耗资约 14 亿美元。在第一套飞行系统在轨运行后，后续的系统估价约为 2.15 亿美元。

2008 年，该项目纳入 NASA 探索技术研发计划（Exploration Technology Development Program，ETDP）。2008—2010 年，FSP 项目的重点是概念定义和探路者（Pathfinder）技术研发。概念定义对权衡研究进行细化，研究出一个参考概念，用于指导技术研发和验证，目前此工作已完成。FSP 的探路者技术研发包括元器件研究，以及在开展全尺寸系统技术演示验证的设计、制造、测试之前所需的元器件和分系统级演示验证，此工作即将完成。具体的领域包括反应堆仿真（包括一个电加热源和液态金属热传递回路）、液态金属电磁泵、功率转换单元、热排散辐射器和集成后的反应堆模拟器/功率转换测试。FSP 项目的另一个重要任务就是开展系统级技术演示验证单元（Technology Demonstration Unit，TDU）的研制、总装和测试。

该项目目前的工作重点已经转移至 TDU。目前 TDU 的主要部分已经到位，部分部件正在加紧研制，系统级的演示验证试验即将在热真空罐中开展。FSP 在月球和火星表面如图 5-52 所示。

月球表面

火星表面

图 5-52　FSP 在月球和火星表面

（2）电源系统

根据项目立项的要求，系统设计都必须围绕"负担得起"这个主题来开展。项目组初期遴选了 6 种可行的概念用于进一步研究。所有识别出的这些可行概念都是用低温（＜900 K）反应堆热源和常规的材料，这样可以保证能够得到可负担得起的解决方案。这 6 个概念是液态金属冷却反应堆＋斯特林/布雷顿/温差或有机朗肯功率转换，或者气冷堆＋布雷顿，或者热管冷却反应堆＋斯特林。项目组对照项目初期开展的负担得起研究提出的任务需求和研制约束，对这些概念的性能和费用进行了评估。2008 年，NASA 总部的一个管理评审小组选择液态金属反应堆＋斯特林功率转换的方案，作为 FSP 初步参考概念，并推荐布雷顿作为备选功率转换方案（在斯特林技术研制遇到不可预见的困难时启用）。

参考概念为液态金属冷却、快能谱反应堆，斯特林功率转换，水热排散。反应堆使用 UO_2 燃料针，放置在一个六边形中，外部为径向的反射体和控制鼓。热通过泵式的 NaK 反应堆冷却回路传递至斯特林功率转换器。堆芯结构和冷却剂管路选用不锈钢材料，用于降低费用和研制风险。径向反射体是使用不锈钢外壳的铍（Be）。控制鼓使用 Be 和碳化硼，也被封闭在不锈钢中。

FSP 参考概念可产生 40 kW 的净功率，满功率服务寿命不少于 8 年，系统可用于月球或火星表面的所有位置（从赤道到极区）。用于月球表面（可应用至火星表面）的 FSPS 参考概念见图 5-53。FSPS 通过 4 个主要部分来定义：1）反应堆模块；2）功率转换模块；3）热排散模块；4）功率管理和分配（Power Management and Distribution，PMAD）模块。反应堆通过裂变产生核热。热功率从反应堆传递至功率转换模块，废热从功率转换模块传递至热排散模块。功率转换模块产生的单相交流电通过 PMAD 处理后，变成直流，送至用户负载。PMAD 为功率转换模块启动以及与反应堆和热排散相关的辅助负载供电。PMAD 也提供主要的通信链路，用于系统的测控和健康监测。堆芯位于地下 2 m 的位置（保证在 100 m 半径内辐射小于 5 rem/y）位于系统的底部，一个向上的屏蔽用于保护设备免受直接的辐射照射。NaK 泵、斯特林转换器和水泵都安装至一个 5 m 高的桁架结构上，桁架与屏蔽的上端面连接。2 个堆成的辐射器翼通过结构从桁架上展开。每个辐射器翼高约 4 m，长约 16 m，距离月面高度约 1 m。在压紧状态下，FSPS 尺寸约为 3 m×3 m×7 m（高）。

之所以选择埋在月壤下的构形，是因为它可以将辐射屏蔽的质量最小化。埋在地下的反应堆可以放置在基地较近的位置，来缩短传输电缆的长度，从而简化了 PMAD 的设计。系统的构形可以根据实际任务的需要进行调整，液态冷却反应堆、斯特林转换系统和水冷热排散系统都是一样的，其他部分可以适当调整。

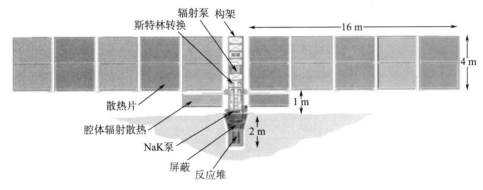

图 5 - 53 应用于月球表面的 FSPS 概念图

系统采用了备份的元器件和并行的流体回路，保证在意外情况下仍能输出部分电能。反应堆（Rx）产生 186 kW 的热功率，燃料针包覆的峰值温度为 860 K。它使用 2 个冷备份的电磁主泵，将 850 K 的 NaK 送到一对中间热交换器（Intermediate Heat Exchanger，IHX）中。IHX 是一个 NaK 到 NaK 的热交换器，为一回路 NaK 和斯特林转换器提供缓冲，同时可以修正 NaK 流速，进而达到调整斯特林转换器并温降，这里的温降与反应堆流体的温降独立。有效的斯特林热端循环温度为 778 K。二回路 NaK 包含一个中间电磁泵（IP），与一级 NaK 泵的设计类似。

每个斯特林转换器（Stir）由两个轴向相反的斯特林热机和两个线性交流发电机组成，系统框图见图 5 - 54。热电转换的效率预计为 26%。每个交流发电机输出电功率 6 kW（共 8 个发电机），电压 400 Vac，频率 60 Hz 的电至 PMAD。一个本地功率控制器（Local Power Controller，LPC）放置在离反应堆 100 m 远的地方，将 400 Vac 的电转换为 120 Vdc，并传输至电负载接口（Electrical Load Interface，ELI）。48 kW 的毛输出电功率，可包容 3 kW 电损失和 5 kW 的系统寄生负载，为用户负载提供 40 kW 净电功率。寄生负载辐射器将用户负载不需要的功率消散掉，这样系统就可以以恒定的功率来工作，从而减小了热控系统的复杂度。PMAD 包含一个电功率为 5 kW 的光压阵列和 30 kW/h 电池，用于系统启动，同时作为备份电源（参数见表 5 - 10）。

热排散模块包含 4 个水工质热传输回路和 2 个辐射器（Rad）翼（每个翼有 2 个回路）。辐射器翼接收来自斯特林转换器的 420 K 的热水，并使用一个机械辐射器泵（RP）以 390 K 的温度将工质返回，这样每个回路可以排散约 35 kW 的热。斯特林冷端循环温度为 425 K。整个热负载约为 140 kW，FSP 系统辐射器的总面积 185 m²（热沉温度250 K，10％面积余量）。每个辐射器翼有 10 个子板，每个大约宽 2.7 m、高 1.7 m。

系统总质量（不考虑余量）约为 5 820 kg。

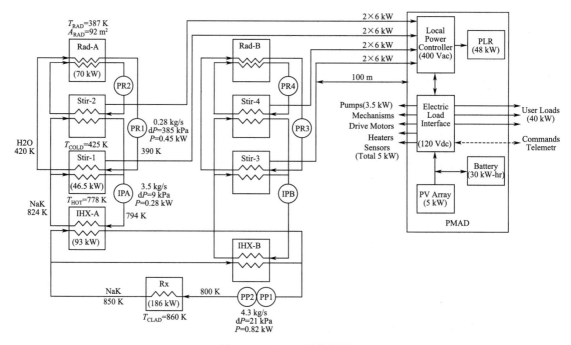

图 5-54 FSPS 系统框图

表 5-10 FSP 空间核电源系统主要技术指标

序号	参数名称	参数值	备注
1	电功率/kW	40	具有 10 kW 至 100 kW 的扩展性
2	效率/％	21.5	
3	热功率/kW	186	
4	反应堆	快堆，UO₂	
5	反应堆燃料包覆峰值温度/K	860	
6	反应堆冷却剂	NaK-78	
7	反应堆出口最高温度/K	约 850	
8	寿命	满功率运行至少 8 年	
9	适用环境	可用于月球或火星表面的所有位置(从赤道到极区)	
10	辐射	保证在 100 m 半径内辐射小于 5 rem/y	
11	尺寸	在压紧状态下，FSPS 尺寸约为 3 m×3 m×7 m(高)。展开状态时，每个辐射器翼高约 4 m，长约 16 m	
12	系统总质量(不含余量)	总质量 5 820 kg，反应堆 1 440 kg，功率转换 411 kg，热排散 767 kg，屏蔽 2 080 kg	

（3）反应堆设计

反应堆模块包含堆芯、反射体、热传输、仪器仪表和控制、辐射屏蔽和热控（图 5 -
55 和图 5 - 56）。研制一个可负担得起的 FSP 反应堆系统最重要的因素是，在已确定的材
料和可获得的技术范围内工作。参考 FSP 使用一个不锈钢、UO_2、NaK 泵式冷却反应堆。
在此项目，安全性和任务成功是设计考虑的重中之重。

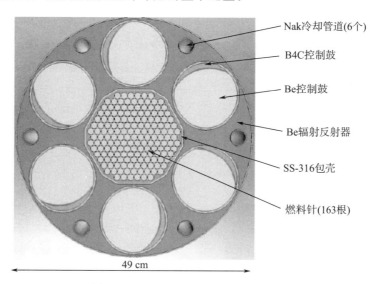

图 5 - 55　FSPS 反应堆模块径向截面

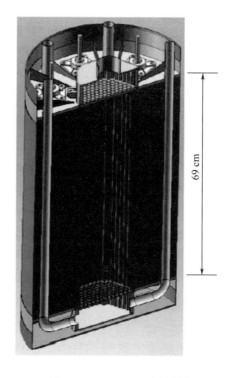

图 5 - 56　FSPS 反应堆轴向视图

　　FSP 反应堆使用一个整体上反应性为负温度系数的设计。由于比质量并不是系统设计最重要的考量因素，所以项目组选用了 UO_2，而不是 UN，因为前者价钱更低，使用也更广泛（因而风险更低）。

　　堆芯包含 163 根 SS/UO_2 燃料针，每个外径为 1.28 cm，SS - 316 包覆厚度为 0.051 cm。UO_2 富集度 93%，燃料和包覆之间的空隙为 0.006 5 cm。燃料柱的高度为 48 cm。在燃料针里，每一端有 9 cm 的 BeO 颗粒，作为轴向反射体。径向反射体选用 Be，包壳使用 SS - 316。径向反射体直径 49 cm。控制鼓直径为 13.5 cm，由 Be 和一个 112°香蕉形 B_4C 吸收剂弧组成，B_4C 最大厚度 1 cm。

　　（4）功率转换设计

　　功率转换模块从围绕斯特林加热器头的 NaK 热交换器开始（图 5 - 57），功率转换设备除了斯特林功率转换器外还有热端热交换器。参考设计 FSP 斯特林转换器包含 2 个轴向反向、带线性交流发电机的自由活塞斯特林机，它们共享一个热力学膨胀空间。总长 1.2 m，最大直径 0.3 m。设计是基于 Sunpower 公司 1 kW EG - 1000 转换器的，内部工质为氦。

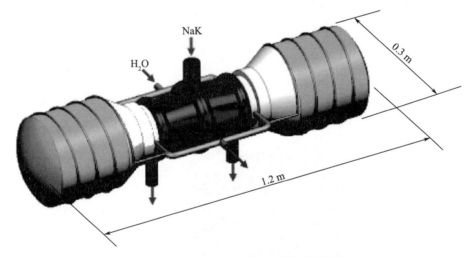

图 5 - 57　FSPS 12 kW 双反斯特林转换器

　　（5）热控设计

　　热排散模块包含水工质热传输、辐射器板和展开机构（图 5 - 58 和图 5 - 59）。系统共包含 4 个回路，每翼 2 个。每个水回路包含一个机械泵和体积累加器。废热在斯特林机中收集，通过水工质送至辐射器多面体。多面体为预埋在辐射器板中的热管蒸发器部分提供热接口。

　　（6）系统测试

　　FSP 技术演示验证单元（Technology Demonstration Unit，TDU）是一个端到端的测试系统（图 5 - 60），将反应堆模拟器（Rx Sim）、功率转换单元（PCU）和热排散系统（HRS）放置在热真空中开展系统级的测试。TDU 的目的是，使用一个非核热源，演示验证裂变表面电源系统的主要部件。Rx Sim 包含一个电阻热源和 2 个液态金属（NaK）热

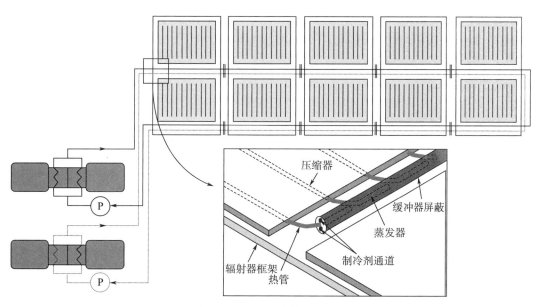

图 5 - 58　FSPS 热传输示意图

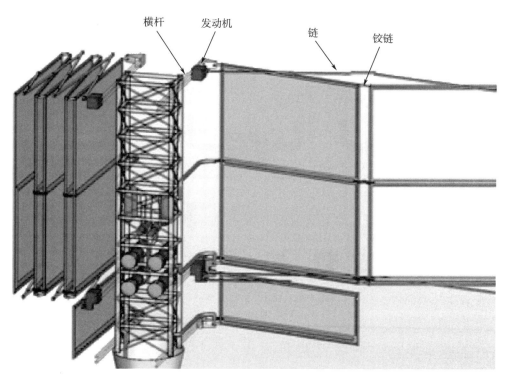

图 5 - 59　FSPS 辐射器展开机构

传递回路。它模拟反应堆的热接口和期望的动态响应。PCU 利用来自液态金属的热能产生电能，并将废热排至 HRS（图 5 - 61）。HRS 包含一个泵式水冷回路，与挂在热真空罐中的垂直辐射器板耦合。

除反应堆外，系统的其他部分均使用真实的全尺寸设备。

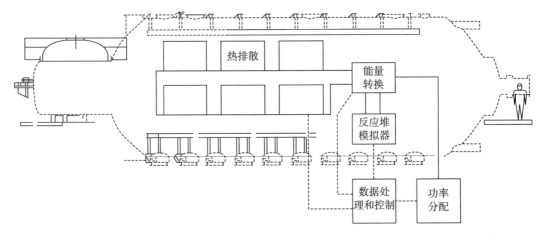

图 5-60　TDU 测试布局

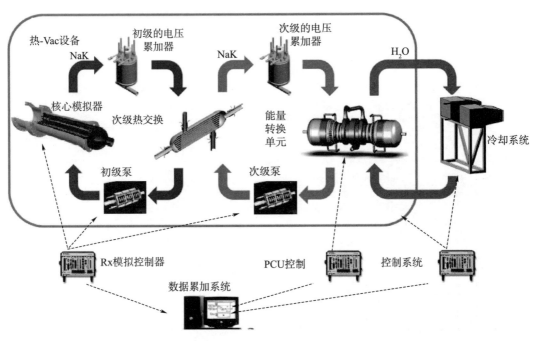

图 5-61　FSPS 系统级测试示意

5.7　磁流体发电空间核反应堆电源

5.7.1　概述

磁流体（MHD）能量转换是目前电磁能量转换研究的主要方向。磁流体转换，是利用离子化气体或等离子体在磁场中运动，产生感生电流。

磁流体作为一种发电效率可大大超过热机转换发电的技术，长期以来受到了研究者们的关注。在 20 世纪，磁流体发电主要以民用发电应用为主，技术上选用化学燃料的开环磁流体发电技术。从 20 世纪后期开始，磁流体发电转而以空间、水下等军事应用为主，使用气体或液态金属工质的闭环磁流体发电技术成为主流。

由于尚属于新技术，空间磁流体发电技术目前仍处于基础研究阶段，并已经开始向工程研究阶段转化。目前，尚未见到有关空间应用磁流体发电机工程化研制的报道。

目前，美国的空间核反应堆磁流体发电技术的研究主要由 NASA 的马歇尔航天中心牵头负责。

5.7.2　发电原理

MHD 发电机将工质的内能转化为电能，理论上与热机转换发电具有一定的相似性。在热机发电机中，通过涡轮叶片和与其相连的机械联动装置，工质能量转化为固体导体的运动。但是，MHD 将工质本身作为导体，并在喷管中膨胀、运动。两类发电，都是导体在磁场中运动产生电动势和电流。热机转换发电机通过电刷将电流传导至外部负载。这个过程在 MHD 中是通过电极完成的。与热机转换发电机不同的是，虽然同样都工作在高温中，但是 MHD 却没有活动部件。

（1）MHD 发电基础

图 5 - 62 中，等离子体朝 $+x$ 方向运动，速度为 u，标量电导率为 σ，B 为磁场。使用右手法则，$U \times B$ 方向为 $+y$，$U \times B$ 就是干生电动势，所以法拉第电流 $J = \sigma(U \times B - E)$，$E$ 为电场。$J \times B$ 产生 $-x$ 方向的 F。$F = J \times B$ 定义为霍尔电流。霍尔电流是由霍尔效应引起的，带电粒子在磁场中随机漂移时就会产生霍尔效应。MHD 的基础是利用 J 和 F 来发电，功率定义为 $P = JE$。MHD 是从离子化气体中直接提取焓。利用法拉第电流发电的 MHD 称为法拉第发电机，利用霍尔电流发电的称为霍尔发电机。

霍尔 MHD 发电机产生高电压、低电流的电能，需要使用固体电极来收集电流。法拉第 MHD 发电机则产生低电压、高电流的电能，需要使用分段式的电极来收集电流。

（2）MHD 发电机构成

MHD 发电机包含一个很大的磁体，安装在燃烧通道周围，这个磁体称为鞍形线圈。磁体的质量与输出功率有一定的比例关系。在燃烧通道的起始端，有一个燃烧器，在这里燃料和氧化剂混合并燃烧。在通道内壁则是电极，这些电极与负载相连。通道内还有测量温度、压强、速度和熵的探测器。在通道末端，会有一个扩散器和种子回收装置。

（3）MHD 发电机分类

MHD 发电机根据电流产生机制的不同，可分为法拉第 MHD 和霍尔 MHD 两类。当前研究的最为有效的 MHD 发电机设计为霍尔效应盘式发电机，当前 MHD 发电机的效率和质量密度纪录都是此类发电机保持的。根据工质是否在回路内回收再利用，可分为开环和闭环 MHD 发电机。根据所使用工质的不同，可以将其分为气体和碱金属磁流体发电机，理论上说气体工质可以获得比碱金属更高的效率，而且由于避免了在轨解冻工质的问题，使得气体工质磁流体更加适合在空间应用。根据能量来源的不同，又可分为核能、太

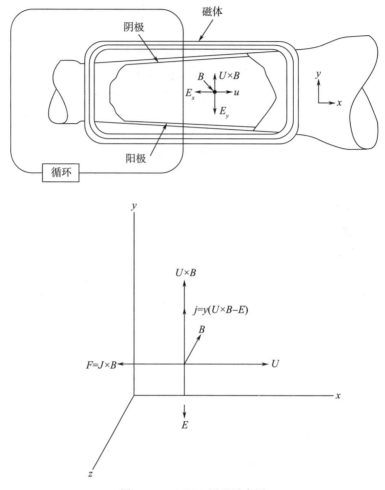

图 5 - 62　MHD 原理示意图

阳能、化学能磁流体发电机。核能和太阳能 MHD 发电机是目前研究的重点。

（4）效率

与其他热能装置一样，磁流体发电也是把燃料在高温下燃烧所释放的热能部分转化为电能。然后把剩余热量释放到环境中去。然而，由于在磁流体发电中提高了供热温度，同时降低了排热温度，因此，热能转化效率得到了很大提高。

从原则上说，等离子化的气体和液态金属都可以作为磁流体发电装置中的工作流体，并且这两种工作流体都有其优点和局限性。在利用液态金属作为工作流体的磁流体发电装置时，可以很容易地产生交流电，并且能量密度也要比等离子气体磁流体发电装置高出一个数量级。然而，等离子气体磁流体发电装置可以很容易地通过喷管得到高速的工作气体，能够得到较高的直流电压，并且可以获得比液态金属磁流体发电装置更高的转化效率。

根据卡诺定律，磁流体发电之所以能够达到更高的转化效率，从根本上说，是由于它可以在更高的温度下工作（约 2 550～2 700 ℃）。燃煤的磁流体-蒸气电站的发电效率可以达到 50％左右，远远大于传统的燃煤火力电站的效率。当磁流体通道中的温度达到 2 700 ℃时，磁流体发电的潜在效率可以达到 60％。在如此高的工作温度下，以磁流体为基础的联合循环中，需要解决复杂的材料问题和设计问题。

（5）工程应用

MHD 发电具有高效率和清洁程度好等显著的特点，且发电部分无活动部件，适合在空间和水下等特殊环境中应用。航天器对质量、体积、效率和寿命等要求很高，相比于静态转换和热机转换发电机，MHD 发电机更适合在航天器上应用。由于无活动部件，核潜艇中如果能够应用 MHD 发电机，将使潜艇的噪声降到非常低。

民用磁流体发电之所以没有大规模发展。主要有两个原因：1）火力超临界发电技术提前突破，使得 MHD 短期内没有市场；2）使用燃油或燃煤的 MHD 排渣问题不好解决，会导致通道受到破坏，同时也存在一定的污染问题。

通道特别是电极特别容易受到腐蚀和热损坏。腐蚀是由等离子的速度和熔渣效应造成的。在 3 000 K 的高温下会损坏电极。材料是 MHD 发电机首先需要解决的问题，除材料外，在如此高温下通道内的热损失也是一个问题，直接影响发电的效率。另外，磁体高昂的价格也是设计需要考虑的问题。

高温电离也存在问题。离子化热，用 eV 表示，也称为离子势能。大部分的气体都含有很高的离子势能。这个问题可以通过添加碱金属来解决，因为碱金属的离子势能低。气体一般在 4 000 K 以上才能够较好地电离，而碱金属在 2 000 K 左右就能电离。添加不到 1％的碱金属，就可以将气体的离子化温度降至 3 000 K 左右。

近年来，各国大力发展以军事应用为目的的核能磁流体发电机，可以很好地避免排渣问题，使得上述所提出的工程化问题在很大程度上变得容易解决。

在空间应用中，磁体也是一个问题。如果选用超导磁体的话，温度维持会很困难。特别是在月球、火星等星体表面环境温度很高的情况下，超导磁体的温度维持是一个难题。

5.7.3　发展历程及主要项目

（1）发展初期

磁流体发电是一项发展历史很长的技术，在法拉第发现电磁感应的时候就意味着磁流体发电概念的开始。但是，很长的时间里科学家们并没有关注这种能量转换方式，而是都热衷于开展热机的研究，直到 1910 年第一批关于 MHD 发电的专利才出现，但是这些专利都没有弄清楚离子化方法以及工质的电特性。在科学家（特别是天文学家）试图理解某些天文现象的努力中，磁流体动力学逐渐成为一项独立的科学。在二战期间及战后，可控核聚变的研究使得等离子体知识越加丰富。20 世纪 40 年代，美国西屋电气公司建设了一个大型的、精密的 MHD 发电机，但是试验最终失败了，因为当时对离子化气体的特性了解地还不够。

（2）民用化学燃料磁流体发电

1959 年，一个试验 MHD 发电机在 AVCO 公司建成，可产生 11.5 kW 的电功率，气体和磁场之间可以发生足够强的相互作用，并产生较为明显的压降。等离子体为 3 000 K 的氩气。20 世纪 50 年代和 60 年代，理论计算和分析都认为磁流体发电短期内能够取得快速的成功。美国开展了一项雄心勃勃的、大规模的项目。尽管取得了进展，但是这些大规模的项目并没有成功。科学家们转而开展小型的试验研究来解决诸多的问题。1964 年，田纳西州的阿诺德（Arnold）工程研发中心开始研发一个 MHD 发电机用于高焓风力通道的发电，项目名称为 LORHO，设计产生 20 MW 峰值电功率。项目一直持续至 20 世纪 80 年代，最终的试验产生了 18 MW 的峰值电功率，持续时间约为 10 s。1963 年，Avco - Everett 研究实验室曾建成了世界上第一座大型的 MHD 发电机，产生了 32 MW 的功率，持续时间几秒钟，发电机被称为 Avco Mark V。美国能源部于 20 世纪 80 年代主要支持了 CDIF（部件研发和集成设施）项目，最终于 1992 年建成了 50 MW 示范电站，测试运行 4 000 h，项目于 1993 年停止。

除美国外，20 世纪 60—90 年代，世界上众多国家都开展了磁流体发电技术的研究，一度掀起磁流体发电机研究的热潮，发电机可持续工作的时间也扩展至上千小时。这一阶段主要研究国家有苏联、英国、法国、德国、波兰和日本。美国和苏联是开展相关研究最多的国家。这一时期，苏联主要研究天然气 MHD，美国主要研究燃煤 MHD，日本则研究燃油 MHD。

俄罗斯建成的 500 MW 的 U500 磁流体发电机，效率为 48.3%。日本建成的磁流体发电装置，功率从 100 kW 到 5 MW。中国完成了 2 MW 和 170 kW 的磁流体发电机。

在 20 世纪末，民用化学燃料磁流体发电机的研究几乎完全停滞，排渣问题和火力超临界发电技术提前突破而没有大规模应用。

（3）空间磁流体发电

虽然在民用领域没有大规模应用，但是磁流体发电的高效率、无活动部件和清洁等显著特点使得其特别适合在空间核电源中应用，世界范围内的研究也逐渐转向空间应用。空间核能磁流体发电系统的概念，最早是由 R. J. Rosa 在 60 年代提出的，并被后人不断完善。该系统出反应堆、磁流体发电机、压缩机、散热器、热交换器等组成。在现今核能技术、超导技术、磁流体技术日益成熟的条件下，核能磁流体发电是用于深空探索的、可以使系统质量能量比（用于区分技术水平的参数）降到极低的一种发电方式。

在美国 SNAP、SP - 100、普罗米修斯和目前正在开展的 FSP 等所有重大核电源研究项目中，MHD 都作为一种重要的空间核电源能量转换技术的选项而存在。早在 1965 年，SNAP - 50/SPUR 项目组就专门对 SNAP - 50/SPUR、MHD、布雷顿、蒸汽和热离子发电技术进行了系统的比较研究。后续的历次重大研究中都有 MHD 的身影，但是 MHD 因为技术尚未成熟等原因均未被选中。但是其高效率的优点使其一直都没有逃离科研人员的视野。相信在技术成熟后，MHD 将很有可能在未来的重大计划中获胜。

美国 Lewis 研究中心早在 20 世纪 70 年代就开展了闭环磁流体发电机试验设施的建设，并较早地开展了相应的试验。其目的主要是为测试 MHD 发电机的相关参数，开展部件级的研究和试验。据报道，该中心开展过 400 h 无故障的发电试验，试验测得法拉第电压 70 V，电流 20 A；霍尔电压 250 V，功率输出约 300 W。试验装置使用氩气工质和铯"种子"，选用的是法拉第发电机。

在星球大战时期，美国西屋公司开展了空间开环磁流体发电的研究，用于支持空间核电源。该项研究可以为 500 s 内的空间定向能武器应用提供 100 MW 的电能。该系统总质量 13.6 t，其中使用的工质氢及相关设施重 6.26 t，核电转换效率为 37.5%。NASA 的马歇尔中心设计的方案采用氦氙冷却，其中氩作为电离"种子"。反应堆热功率为 5 MW，出口温度为 1 800 K，系统转换效率为 55.2%。

1987 年，美国能源部 DOE 授予 TRW 空间技术公司一份 MHD 空间电源系统研究的合同。该项目名称为空间电源 MHD 系统工程（Space power MHD system project）。项目研究的目的是，开展空间 MW 级 MHD 电源系统用于 SDIO 任务的可行性评估，并解决可能影响 MHD 电源系统未来在轨应用的技术不确定性。项目瞄准 100 MW、500 s 的目标开展了系统设计和测试。MIT 等离子体聚变中心负责开展超导磁体的设计，西屋公司负责功率调节系统的设计，系统使用盘式磁流体发电机。

1990 年左右，美国能源部授予 HMJ 公司一份闭环盘式 MHD 系统研究合同，此系统以 NERVA 项目所使用的反应堆为热源。该项目也是面向 SDIO 的 MW 级短时能源需求，同时也可用作长时间、稳态空间电源。HMJ 公司会同 STD 研究公司、西屋电气和 SeiTec 公司共同设计了系统方案。系统使用氢气为工质，铯用作种子，输出电压在 20～100 kV 范围。根据分析，在非平衡电离的情况下，系统焓提取效率可高达 40%。报告中大量使用了日本东京工业大学开展的非平衡电离闭环磁流体发电研究成果。

1993—1995 年，在美国 DOE 的资助下，佛罗里达大学开展了有关高温气冷堆与 MHD 结合的空间核电源系统概念的分析研究。系统设计输出电功率为 100～400 MW，使用闭环线性磁流体发电机，反应堆使用特高温气冷堆 UTVR，闭环系统运行在一个直接闭环朗肯循环中，发电机入口温度约 4 000 K。

1998—2002 年，在美国 DOE 的资助下，佛罗里达大学开展了有关液态蒸汽反应堆与 MHD 发电机耦合的核电源系统（VCR‐MHD）的研究。该研究以 MHD 发电为背景，重点研究反应堆的燃料和工质的选择，开展了大量系统的分析，该反应堆出口温度为 4 000 K，可以看作是 1993—1995 年开展研究的后续。MHD 发电机可以选择盘式和线性的。当选用盘式 MHD 时，输出电功率为 200 MW，反应堆热功率为 1 100 MW。

2011 年美国马歇尔航天中心 Ron J. Litchford 和日本长岗工业大学 Nobuhiro Harada 联合发表论文，提出利用非平衡 He/Xe 工作等离子体来实现 MW 级空间核能闭环磁流体发电系统，系统总效率高达 55.2%，反应堆工作温度为 1 800 K。最后，Litchford 对设想的磁流体发电系统提出了发展计划：阶段一，进行原理验证，探究发电机通道中等离子体保持稳定的条件。通过各种电离方法来模拟反应堆的电离效果，通过预电离室和加速喷管来模拟 MHD 发电通道。阶段二，进行发电试验，发电通道进口和出口半径分别为 0.05 m 和 0.2 m，管道高度小于 0.02 m，盘的整个高度，包括绝热层和支持结构，预计小于 0.1 m。发电机出口应该连接排出器来保持设备较低的背压。试验过程中，He/Xe 混合气体应先使用电子加热器加热到 1 050 K，再使用额外的弧形加热器把温度加热到 1 800 K。阶段三，致力于完整的闭环系统建造，使用模拟的非核热源进行连续的发电试验以验证发电机性能。主要的目标是要验证闭环系统的性能和稳定性、开机和关机操作、输出控制、系统可靠性和耐用性等。最后，将 CCMHD 与真正的反应堆相连，进行满负荷的地面试验，原理图如图 5 - 63 所示。

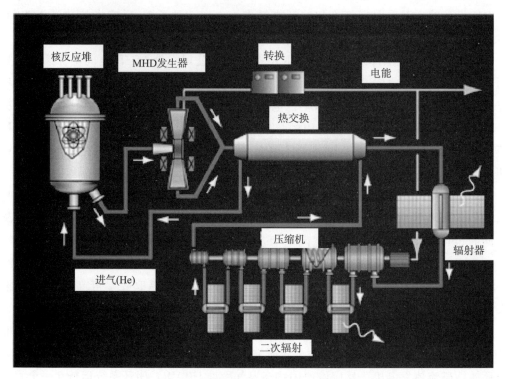

图 5 - 63　Litchford 提出的核能布雷顿 CCMHD 空间发电系统原理图

据悉，日本长岗工业大学的学者 Nobuhiro Harada 已进入美国马歇尔航天中心开展核能闭环磁流体发电系统的研究。由此可以推断，美国 NASA 马歇尔航天中心目前正在开展面向空间应用的闭环核能磁流体发电系统的研发工作。

在闭环磁流体发电方面，日本一直都在开展相关的研究，取得了很多较好的研究成果，也得到了国际上的认可。虽然其一直以商业发电的名义在开展研究，但是其研究的技术很容易转化为军事和空间应用。日本的主要研究机构是东京工业大学能源科学系的 Yoshihiro Okuno 和 Hiroyuki Yamasaki 所在的试验室，以及长岗工业大学的 Nobuhiro Harada 试验室，其中后者是从东京工业大学毕业后才开始的相关研究，且其现已转至 NASA 马歇尔航天中心继续研究工作。东京工业大学的闭环磁流体发电技术在世界范围内是领先的，其建立了一整套完整的试验设施，包括激波管试验设施、Blow - Down 设施和闭环试验设施（图 5 - 64 和图 5 - 65）[Okuno，2006]，既可开展短时脉冲式的发电试验，也可开展系统级的长期的连续发电试验。

图 5-64　东京工业大学的试验设施

图 5-65　东京工业大学的大功率民用盘式磁流体发电机样机

在空间应用方面，俄罗斯仍在研究开环核能磁流体发电系统。2008 年俄罗斯科学家发表的一篇文章提出使用 IVG-1 反应堆和法拉第 MHD 相结合的方式来构建空间核电源设施，电功率为 20 MW，热功率 220 MW。闭环磁流体发电方面未见俄罗斯的相关报道。

美国和日本等国目前都在开展面向空间应用的磁流体发电技术研究，取得了较大的进展，但是相关的研究成果很少公开发表。

5.8　空间核反应堆电源新技术——碱金属温差发电 AMTEC

碱金属温差发电的概念最早由美国福特汽车公司科学实验室于 20 世纪 60 年代末提出，是一种基于钠离子在 β'' 氧化铝固体电解质（BASE）中导电特性的热再生化学电池。碱金属热电转换工作原理如图 5-66 和图 5-67 所示。一个闭环容器被分为与热源相连的高温高压区和与之相连的低温低压区 2 个部分。这 2 个部分由离子导电特性远好于电子导电特性的 BASE 所分隔，高温高压区中为液态的钠，而低温低压区保持在钠的饱和压力，大部分为蒸汽钠，少部分为液态钠。BASE 的低压侧表面覆盖着具有优良电子导电性能的多孔电极薄膜，外电路通过引线接在 BASE 两侧的高温液态钠和多孔电极薄膜之间。正常工作时，高温高压侧液态钠的钠原子不断吸热而电离，电离产生的电子被阻滞在阳极界面的高温液态钠一侧，而电离产生的钠离子则进入阳极界面的 BASE 一侧，从而在阳极界面产生了一个方向为 BASE 到高温液态钠的电场。而在低压侧 BASE 中的钠离子不断与阴极多孔薄膜中的自由电子复合，成为多孔薄膜表面的吸附钠原子，然后吸热从多孔薄膜表面脱附成为气态钠原子，从而在阴极界面区产生了方向由多孔薄膜到 BASE 的电场。在外电路接通时，外电路中是电子流在流通，BASE 中是离子流在流通。热电能量转换过程，正是钠离子在 BASE 中从阳极侧向阴极侧的迁移过程中实现的。所获得的电能就等于钠离子在该迁移过程中的吸热。在 AMTEC 中，温度降几乎全部发生在低压蒸气空间。冷凝后的液态钠通过电磁泵或毛细力的驱动得以循环使用。

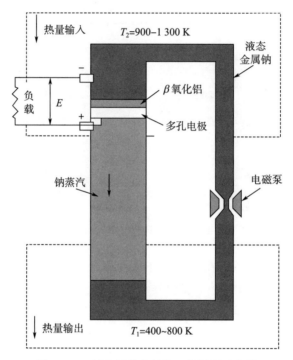

图 5 - 66　碱金属热电转换工作原理示意图

　　事实上，除 Na 之外，K 也是特别适合用于 AMTEC 的碱金属。AMTEC 一般工作的热端温度为 1 000～1 100 K，所以 AMTEC 既可与热管堆耦合，也可与气冷堆耦合。

　　AMTEC 系统可以应用于核能、太阳能及化石能等多种形式热源，适用的热源温度范围为 900～1 200 K，系统的循环热效率可达 20% 左右。过去几十年的研究在长寿命电极和高转换效率等关键技术问题方面取得了重大进展。W/P_t 与 W/R_h 和过渡金属氮化物、碳化物两族电极被认定适合在高功率密度条件下长期工作，这两类材料长期工作都可获得接近 0.5 W/cm^2 的功率密度。这一突破使得在 1 100～1 300 K 运行时能量转换效率可接近 20%。利用数千小时高温实验数据对这些材料的晶粒生长进行模拟分析表明，这些电极可以正常运行不少于 10 年。

　　美国福特汽车公司科学实验室设计开发了单管和多管组合的 AMTEC 模块。其 36 管模块的总输出功率达到了 550 W，其他大部分的实验结果是来自输出功率不大于 25 W 的

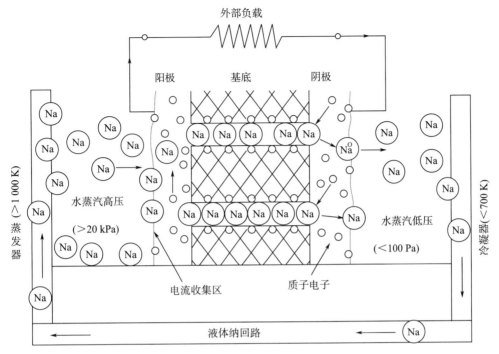

图 5 - 67　碱金属热电转换工作原理

单管装置。美国 JPL 进行的多管模块实验已经在高温下运行超过了 1 000 h，而其单管实验在 1 050 K 的温度中运行了超过 1 900 h，效率达到 13%，在最大效率时输出功率为14 W。在这些实验装置中，大部分都采用电磁泵来驱动钠流动，只有几个小功率装置是利用毛细力驱动的。这种利用毛细力驱动的装置非常适合用作无重力作用的太空能源。

　　我国 AMTEC 技术研究是从 1994 年起步，由中科院电工所与中科院上海硅酸盐研究所合作，在国内率先开展钠工质碱金属热电能量直接转换技术的应用研究。单管实验器件重复运行多次，累计热运行达 17 h，峰值功率达 8.85 W，功率密度为 0.7 W/cm²，最大电流密度达 1.11 A/cm²。

　　目前对于 AMTEC 技术来说，大部分的基础原理性问题已经解决，需要解决的主要是实用化所带来的系统设计和性能问题，如系统效率的提高、电输出特性在运行过程中的退化等。当前地面 AMTEC 装置的目标效率接近 20%，目标功率密度接近 20 W/kg。

参 考 文 献

［1］ VOSS S S. SNAP reactor overview. August 1984. （Air Force Weapons Laboratory）．（AD – A146 831/AFWL – TN – 84 – 14）.

［2］ ROCKLIN S R，JOHNSON J L，LEPISTO L L，MIKE M，WILLARD R M. SNAP 10A power conversion system design and test. NAA – SR – 11955，1966.

［3］ MOHAMED S，El – Genk. Deployment history and design considerations for space reactor power systems. ACTA ASTRONAUTICA. 2009（64）：833 – 849.

［4］ IAEA. The role of nuclear power and nuclear propulsion in the peaceful exploration of space. Vienna，2005.

［5］ AFTERGOOD S. Background on space nuclear power. Science & Global Security，1989，volume 1： pp. 93 – 107.

［6］ TIMASHEV S V，KULANDIN A A. Soviet space power technology. WL – TR – 95 – 2040. March 1995. Wright Laboratory Technical Report.

［7］ SCOTT F Demuth. SP 100 space reactor design. Progress in Nuclear Energy，2003，42（3）： 323 – 359.

［8］ UREDA B F. Snapshot launch operations. IEEE Transactions on Nuclear Science. February 1966.

［9］ NIKOLAI N PONOMAREV – STEPNOI，VLADIMIR A PAVSHUK ，VENIAMIN A USOV. Russian experience in development of nuclear power system and nuclear thermal propulsion systems of the first generation as the basis for development of advanced power and propulsion complexes for peaceful exploration of near and deep space，2005. IAC.（IAC – 05 – C3. 5 – C4. 7. 09）.

［10］ GARY L BENNETT et al. Status report on the U. S. space nuclear program. October 2 – 6， 1995. 46th International Astronautical Congress. Oslo，Norway.（IAF – 95 – R. 1. 03）.

［11］ BUDEN D. Summary of space nuclear reactor power systems（1983 – 1992）. In A Critical Review of Space Nuclear Power and Propulsion，1984 – 1993，M. S. El – Genk，editor，American Institute of Physics，Woodbury，New York，1994.

［12］ Wikipedia. 2014. http：//www. wikipedia. com/.

［13］ SRM University. PH0101 Unit – 5 Lecture 4. 2013.

［14］ JARRETT A A.（Atomics International）. SNAP 2：summary report. July 27，1973. AI – AEC – 13068.

［15］ Atomics International. SNAP8：summary report. September 24，1973. AI – AEC – 13070.

［16］ Pratt & Whitney Aircraft. Design no. 5 of SNAP – 50/SPUR reactor test systems，1964.

［17］ COLETTE GRUNDY，HOWARD CHAPMAN. The national nuclear laboratory，project MEGAHIT， and safety and regulations. Vienna：UN，Committee on the Peaceful Uses of Outer Space，Scientific and Technical Subcommittee session，2014.

［18］ 胡汉平，程文龙. 热物理学概念（第 2 版）［M］. 北京：高等教育出版社，2013.

［19］ NASA. SBIR 2006 Phase I Solicitation. X8. 02 Space Based Nuclear Fission Power Technologies. 2006.

［20］ MASON L（NASA Glenn Research Center）. A summary of closed brayton cycle development activitites at NASA. Supercritical CO2 Power Cycle Symposium，2009.

［21］ ZAKIROV V，PAVSHOOK V. Russian nuclear rocket engine design for Mars exploration. Tsinghua Science and Technology，2007，12（3）：256 – 260.

［22］ DORNEY D，SCHUMACHER D，SCIMEMI S. A study for mars manned exploration. May 07，2012. NASA Marshall Space Flight Center. M12 – 1597，M12 – 1763.

［23］ DAVISON H W，KIRCHGESSNER T A，SPRINGBORN R H，YACOBUCCI H G（NASA Lewis Research Center）. Advanced – power – reactor design concepts and performance characteristics. Jan. 1974. NASA TM X – 2957.

［24］ JPL. Prometheus Project：final report. 982 – R10461，2005.

［25］ WOLLMAN M J，ZIKA M J. Prometheus project reactor module final report，April 24，2006. SPP –67110 – 0008.

［26］ PALAC D T，MASON L S，HOUTS M G，HARLOW S. Fission surface power technology development update. Jan. 2011. NASA/TM—2011 – 216976.

［27］ Fission Surface Power Team（NASA and DOE）. Fission surface power system initial concept definition. Aug. 2010. NASA/TM—2010 – 216772.

［28］ PALAC D T. Fission surface power system（FSPS）project final report for the exploration technology development program（ETDP）. Jan. 2011. NASA/TM—2011 – 216975.

［29］ FENG L L. MAE431 – Energy system presentation. topic：Introduction to Brayton Cycle. 2013.

［30］ KELLY H. Application of solar technology to today's energy needs. Chapter IX：Energy conversion with heat engines. 1996.

［31］ SMITH J L（MSFC）. Magnetohydrodynamic power generation. May 1984. NASA – TP – 2331.

［32］ SOVIE R J，NICHOLS L D（NASA Lewis Research Center）. Closed cycle MHD power generation experiments in the NASA Lewis facility.

［33］ Applied Technology Division，TRW Space & Technology Group. Space power MHD system. Third quarterly technical progress report. March 1988.

［34］ JACKSON W D（HMJ Corporation）. Disk MHD conversion system for NERVA reactor. January 13，1992. Report No. 92 – HMJ – 117.

［35］ ANGHAIE S，SARAPH G. Conceptual design analysis of an MHD power conversion system for droplet – vapor core reactors. 1995. DOE/ER/75871 – 77.

［36］ ANGHAIE S. Development of liquid – vapor core reactors with MHD generator for space power and propulsion applications. Aug. 2002. DOE project no. DE – FG07 – 98ID 13635.

［37］ Pratt & Whitney Aircraft. Comparison of SNAP – 50/SPUR system with MHD，Brayton，boiling reactor and thermionic systems. April 1965. CNLM – 6249.

［38］ PAVSHUK V A，PANCHENKO V P（Russian Science Center Kurchatov Institute）. Open – cycle multi – megawatt MHD space nuclear power facility. Atomic Energy，Vol. 105，No. 3，2008.

［39］ LITCHFORD R J，HARADA N. Multi – MW closed cycle MHD nuclear space power via nonequilibrium He/Xe working plasma. Proceedings of Nuclear and Emerging Technologies for Space 2011. Albuquerque，NM，2011.

[40]　OKUNO Y. Studies of closed cycle MHD electrical power generation at Tokyo Institute of Technology, 2006.

[41]　MASON L S, SCHREIBER J G (Glenn Research Center) . A historical review of Brayton and Stirling power conversion technologies for space applications. Nov. 2007. NASA/TM—2007-214976.

[42]　Curtis D. Peters. A 50-100 kW gas-cooled reactor for use on Mars. SANDIA REPORT. SAND 2006-2189, 2006.

[43]　MOHAMED S EL-GENK. Space nuclear reactor power system concepts with static and dynamic energy conversion. Energy Conversion and Management, 2008 (49): 402-411.

[44]　LONGHURST G R, et al. Multi-megawatt power system analysis report. November 2001. Idaho National Engineering and Environmental Laboratory. INEEL/EXT-01-00938. Rev. 01.

[45]　MASON L S (Glenn Research Center) . A comparison of Brayton and Stirling space nuclear power systems for power levels from 1 kilowatt to 10 megawatts. NASA/TM-2001-210593. Jan. 2001.

[46]　SHANNON M BRAGG-SITTON, et al (Idaho National Laboratory) . Ongoing space nuclear systems development in the United States. INL/CON-11-22580, 2011.

[47]　MOHAMED S EL-GENK, JEAN-MICHEL P TOURNIER. AMTEC/TE static converters for high energy utilization, small nuclear power plants. Energy Conversion and Management 45 (2004): 511-535.

[48]　VOSS S S, REYNOLDS E L. An overview of the nuclear electric propulsion space test program (NEPSTP) satellite. 1994. AIAA-94-3818-CP.

[49]　WINTER J M (Lewis Research Center) . The NASA CSTI high capacity power program. NASA Technical Memorandum 105240 (NASA-TM-105240) . Prepared for the Conference on Advanced Space Exploration Initiative Technologies (Cosponsored by AIAA, NASA and OAI) . AIAA-91-3629. September 4-6, 1991.

第6章 同位素电池

6.1 简介

同位素电池（Radioisotope Thermoelectric Heater，RTG）基于放射性同位素（一般为 ^{238}Pu），由 3 个基本要素组成：提供热能的同位素热源、把热能转化为电能的能量转化器、散热器（提供冷端环境）。外加吸收层、屏蔽、绝热层、电压变换和功率调节装置等。

目前，仅美国和苏联/俄罗斯独立设计并生产了 RTG，并在轨成功应用。其中，美国是第一个在轨使用 RTG 的国家。目前，欧洲也正在开展 RTG 的研制，但是尚未实现在轨应用。

RTG 是目前发展最为成熟的空间核动力装置。尽管研究人员进行了很多技术探索，但是目前在轨使用的仍然是基于温差发电原理的同位素电池。所以，与空间核反应堆电源相比较而言，同位素电池的发展历程路径较为单一和清晰。下面我们以美国为主来介绍 RTG 的发展历程。

6.2 研究进展

6.2.1 美国

美国已用于空间任务的同位素温差电池中，输出电功率从 2.7～300 W，质量从 2～56 kg，最高效率已达 6.7%，最高质量比功率已达 5.36 W/kg，设计寿命为 5 年。这些同位素电池为阿波罗登月计划、飞向外层行星的旅游者飞行器、海盗号火星着陆器、伽利略飞船及探测土星的卡西尼行星际飞船等提供了长寿命的电源。目前，尚有 31 个同位素温差电池在空间轨道上运行，早期发射的同位素温差电池的工作寿命已超过 30 年。

（1）初创时期

20 世纪 50 年代开始的 SNAP 计划是美国早期同位素电池研发的主要支持项目。事实上，作为 SNAP 计划的一部分，美国的 3M（Minnesota Mining and Manufacturing）公司在 1958 年就已经研制出了 RTG 的原理样机。

由于担心核辐射问题，美国国防部一直热衷于太阳能发电。但是当时，蓄电池的一系列问题导致太阳能装置失败了，国防部不得不开始考虑核动力。为了获得军方的支持，并尽快在轨应用，AEC 的航天核安全委员会在 1960 年制定了一系列空间核安全准则，并通过试验证明，无论是 RTG 还是核反应堆，在再入大气时都会完全烧毁，其所导致的核辐射人类均可以接受的。

1961 年 5 月 25 日，肯尼迪在国会提出了登月计划，也就是后来的阿波罗计划。登月计划为核动力的发展提供了机会。也就是在 1961 年，美国的第一颗载有核动力装置的卫星发射并成功在轨运行。1961 年 6 月 29 日，美国第一颗也是世界上第一颗核动力航天器发射升空。这颗卫星隶属于美国海军，卫星代号为子午仪 4A，是一颗导航卫星，用于全天候监视轮船和飞机。随后，又连续发射了多颗子午仪系列核动力航天器。

受到阿波罗计划的支持，在这一时期，AEC 对 RTG 的资助有增无减。RTG 技术取得了长足的进步，并为在登月项目中的应用打下了基础。从阿波罗 12 号开始一直到阿波罗 17，RTG 均得到了应用。通过这一期间的发展，RTG 技术已经完全成熟，并可在不同类型的任务上使用。

阿波罗任务成功后，美国在太空竞赛中取得胜利，国内重点开始转移。而且随着太阳电池技术的成熟，RTG 的应用领域逐渐受到压缩。美国进而将 RTG 的应用逐步转移至深空探测领域。

在早期，美国开发并在轨应用了 SNAP - 3B、SNAP - 9A、SNAP - 19、SNAP - 27 等多型 RTG。SNAP - 19 RTG 是首个满足空间安全性要求的 RTG，如图 6 - 1 所示，使用了一个全新设计的热功率为 645W 的热源（抗撞击热源），热源材料由 ^{238}Pu 金属改为 ^{238}PuO$_2$ 意图微球，熔点由 650 ℃ 提高至 2 230 ℃，化学和物理稳定性好，难溶于氢氟酸、硝酸等强酸。在发生意外事故时，即使包壳受损，^{238}Pu 还会以气凝胶的形式散入大气，避免人体吸入。同时，改进包壳安全设计，在一些意外事故，如发射场火灾、火箭事故、再入、坠海、高速撞击地面等事故中，可保证不发生放射性物质扩散。

美国早期设计的标准 RTG 都采用基于铅的碲化物技术。SNAP - 19，质量为 15 kg 左右，寿命初期输出功率为 40 W，比功率为 2.5～3 W/kg。采用的热电转化材料为 PbTe/TAGS，热端温度为 580 ℃，转化效率为 6.2%。同位素材料采用 PuO$_2$Mo 金属陶瓷燃料，外层包裹材料由三层材料构成 Ta - 10W、T - 111、PT - 20RH，再入烧蚀热屏蔽材料采用 AXF - Q 型石墨和热解石墨，使热源在再入大气层时可以完整地回收，其外层为隔热层和 Mg 外壳和散热翅片。SNAP - 19 分别用于先驱者 10、11 号（各 4 个装置）和海盗号 1、2 号（各 2 个装置），在深空环境和火星大气环境下都很好地为航天器提供了电力。

SNAP - 27 装置质量为 31 kg，1 年后能够以 16 V 电压提供 73 W 的电力，比功率为 2.3 W/kg。SNAP - 27 的温差电换能子系统由 442 对 Pb - Te 3P/3N 元件构成，每 221 对串联后再将其并联之。电偶密封在换能器中，充氩气 172 kPa，用粉状 Min - K 材料绝热。

为了满足大功率的深空探测需求，美国于 20 世纪 70 年代末期研制了新一代的 RTG：MHW（Multi - Hundred Watt）RTG，如图 6 - 2 所示。其装置质量为 38.5 kg，功率为 158 W，比功率达到 4.1 W/kg。燃料使用 24 个分别为 100 W 热功率的 PuO$_2$ 球，每个球用铱壳包封，外层采用石墨再入保护层。采用的热电转化材料为高温材料 SiGe，热端温度达到 1 000 ℃ 左右，效率达到 6.6%。MHW - RTG 于 1976 年 3 月随 LES 8/9 通信卫星首次发射并在轨成功应用，后续还在旅行者 1 号和 2 号行星际探测器（3 个装置）上得到了应用。

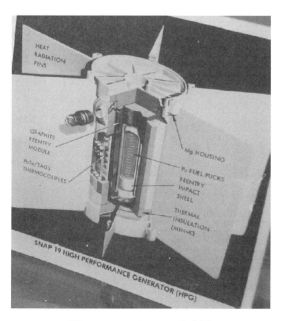

图 6 - 1　SNAP - 19 示意图

图 6 - 2　MHW - RTG 示意图

（2）星球大战时期

在此期间美国的同位素电池完成了模块化工作。但是由于中止了 ^{238}Pu 的生产线，导致原料短缺，同时送往太阳系边界的旅行者 1/2 号（1977 年）已经踏上旅途，在技术上美国航天的重点转向了航天飞机的研制，受此种因素的影响，深空探测任务的频次与 20 世纪 70 年代前相比也大幅度下降。

同位素电池作为初创时期的产物，成熟度和可靠性相当高。虽然星球大战时期美国的空间核技术发展重点偏向了其他领域。但是，由于其成熟度和可靠性高，同位素电池还是在深空探测中找到了应用，得到了一定的发展。

为了进一步满足深空探测对于大功率的需求，美国在 20 世纪 80 年代研制了一种新型的、大功率的同位素电池系统，即通用热源 RTG（General - Purpose Heat Source RTG，GPHS - RTG）。从探测木星的伽利略卫星开始，美国的核动力航天器转而使用 GPHS - RTG，淘汰了前期多种类型的 SNAP - RTG。每个 GPHS - RTG 可以提供 300 W 的功率，功率质量比可达 5.3 W/kg。

在静态转换 RTG 方面，美国还为多种未来可能的任务开展了不同类型静态 RTG 的研究。这些研究包括，使用更先进的热电材料，在 RTG 中使用热光电替代热电单元，碱金属热电转换（AMTEC）等。为了冥王星快车任务，美国能源部自主了热光电、斯特林和 AMTEC 的研究。研究人员还试图研究长寿命、功率可达 1 kW 的 RTG。

静态转换没有活动部件，但是效率较低，一般在 5%～10%。动态 RTG 的效率可以将效率提高 2～3 倍。运动部件可以是涡轮发电机（布雷顿循环或朗肯循环），或者是线性振荡器（斯特林循环）。研究显示，在 1～10 kW 量级，动态 RTG 质量功率比最低。在 20 世纪 70 年代中期，能源部支持了布雷顿和朗肯循环的系统，因为它们可能会被用到国防部和 NASA 的型号任务中。这两种循环的地面演示验证系统都完成了建设和测试。后来，能源部继续支持了朗肯循环的研究。经过一段时间的停滞，1987 年，能源部又重新开始了动态 RTG 的研制，但是此时又采用布雷顿循环。NASA 与能源部独立开展了动态 RTG 的研究，NASA 支持的是自由活塞斯特林功率转换，应用背景是冥王星快车（Pluto Express）。斯特林转换在低功率时可以取得较高的效率，比较适合功率需求不高、但是对质量要求高的深空探测任务。

尽管开展了大量的研究，但是动态转换 RTG 从未在航天器上使用过。

（3）新世纪

进入新世纪，作为普罗米修斯工程的重要组成部分，同位素电池系统研究取得了一些进展，并得到了应用。

作为 NASA 同位素电池系统研究项目的一部分，NASA 支持了包括布雷顿、斯特林、热电和热光电在内的 10 项功率转换技术的研究。同位素电池系统研究分为三类：1）创新性的功率转换研究；2）100 W 级功率转换技术研究；3）毫瓦/瓦量级的功率转换技术研究。MMRTG 是这一时期同位素电池系统研究中最具代表意义的系统，也是唯一得到型号在轨应用的系统。GPHS - RTG 使用的 SiGe 材料不适合在行星大气中使用，而且已经停产了。为了保证任务的需求得到满足，需要一种既可以在行星际间真空环境，又可以在行星大气环境中输出大功率电能的同位素电池。NASA 启动了多任务同位素热电发电机（Multi-Mission Radioisotope Thermoelectric Generator，MMRTG）项目。MMRTG 设计寿命为 14 年，寿命初期输出电功率为 125 W，寿命末期电功率为 100 W。火星科学实验室（Mars Science Laboratory，MSL）是第一个使用 MMRTG 的型号。

6.2.2　苏联/俄罗斯

苏联也较早地开始了同位素电池和热源的研制，且在轨均有应用。苏联对 ^{210}Po 电池的研究始于 1961 年，并于 1962 年 3 月由 MMMB（Ministry for Medium Machine Building）研制成功出第一个实验模型"L-106"，使用了 1 850 Ci 的 ^{210}Po 燃料。1963 年由 EMP "先锋"、全俄无机材料研究所、苏呼米物理与工程研究所和物理与动力工程研究所共同参与完成了第二个具有实用性的实验模型 Limon-1。该模型使用了约 7 000 Ci 的 ^{210}Po 燃料。其后 MMMB 又成功研制了猎户座-1 型 ^{210}Po 电池和 11K 型 ^{210}Po 热源。1965 年 9 月，苏联猎户座-1 和猎户座-2 首次使用同位素热电转换器，并成功在近地轨道运行。燃料使用 ^{210}Po，输出电功率约为 20 W。

20 世纪 70 年代中期，苏联对使用 ^{238}Pu 作为燃料的同位素电池系统进行研制，以支持长期的火星探索。此系统名称为 VISIT，输出电功率约为 40 W。但是 VISIT 一直没有上天，仅停留在地面测试和工程模型研制。这一时期，俄罗斯解决了同位素电池和热源的关键技术，也启动了 ^{238}Pu 生产线。1992 年，俄罗斯为 ESA Leda 月球项目的着陆器设计、生产并测试了一种热功率为 100 W、寿命末期电功率为 3.75 W 的 RTG。但由于 Leda 项目搁浅，此 RTG 也未能在轨应用。

20 世纪 90 年代末期，俄罗斯为火星-96 项目中的着陆探测器研制了 RTG。RTG 电功率为 200 MW，名为 Angel。预计使用 2 个 RTG。但是火星-96 发射失败，RTG 没能在轨成功运行。

近年来，俄罗斯正在积极研制火星等外层行星使用的同位素温差发电器。直到现在，俄罗斯仍然保留着 ^{238}Pu 和同位素电池的研制能力，而且它是目前世界上唯一一个具有 ^{238}Pu 生产能力的国家。

6.2.3　其他国家

为支持深空探测任务，ESA 于 2010 年左右启动了同位素电池和热源的研发工作。同位素电池使用斯特林转换，计划于 2017 年具备生产能力。ESA 所提出的要求是：同位素电池功率优于 100 W，效率为 15%～30%，寿命大于 20 年；同位素热源功率为 5 W，寿命大于 20 年。此外，还提出了所有原材料和燃料都可在欧洲境内获取的要求。计划使用 ^{241}Am 作为燃料，并在英国完成此燃料的生产。

我国在 20 世纪 70 年代曾开展过同位素电池方面的研究工作，成功研制以 ^{210}Po 为同位素热源的温差发电器，热功率为 35.3 W，电功率为 1.4 W，并进行了模拟空间应用的地面试验。进入 21 世纪后，我国还成功研制了百毫瓦级^{238}Pu RTG 和 5 W 级 RTG。在探月二期中，我国从俄罗斯引进 5 枚^{238}Pu 同位素热源（RHU），用于月夜期间为设备和探测仪热控提供热能和电能。

6.3　典型同位素电池

目前使用的同位素电池均是基于温差发电原理的。本节介绍目前仍在使用的基于温差发电原理的两型同位素电池 GPHS‐RTG 和 MMRTG。

6.3.1　GPHS‐RTG

为了进一步满足深空探测对于大功率的需求，美国在 20 世纪 80 年代又研制了新一代RTG，即 General Purpose Heat Source RTG（GPHS‐RTG），组装图见图 6‐3。其主要特点是设计了通用同位素热源模块 GPHS，可用于未来的多种热电转换装置，增加了设计的灵活性和安全性。

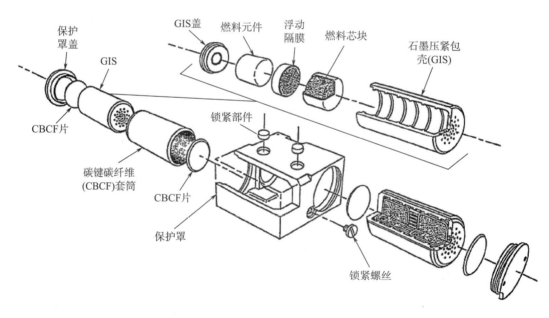

图 6‐3　GPHS‐RTG 组装图

GPHS‐RTG 的基本结构为燃料容器（Fueled Clad），内部为 PuO_2 球，外部为包封带放气孔的铱外壳，见图 6‐4。两个燃料容器封装在一个柱形的石墨防撞击容器（Graphite Impact Shell）中。每个 GPHS 又包括两个这样的柱形容器，外面包覆碳纤维隔热层（Carbon Bonded Carbon Fiber），整个 GPHS 的最外层为再入大气热保护层（Aero Shell），保证整个模块在遇到意外时的安全性。

GPHS‐RTG 中每个燃料容器包括 151 g 的燃料，提供 62.5 W 的热功率，整个模

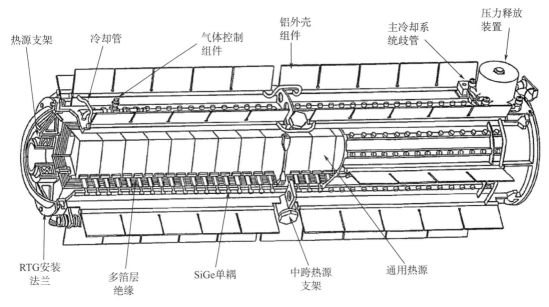

图 6-4　GPHS-RTG 结构图

块质量为 1.6 kg，能够提供 250 W 的热功率。GPHS-RTG 装置采用了 18 个标准的通用热源 GPHS，共提供 4 500 W 的热功率。质量为 55.9 kg，功率为 285 W，比功率达到 5.2 W/kg。整个装置的直径为 42.2 cm，长为 114 cm。采用的热电转化材料为高温材料 SiGe，热端温度为 1 000 ℃ 左右，效率高达到 6.8%。外壳翅片材料采用铝。GPHS-RTG 已经用于伽利略号（2 个）、尤利西斯号（1 个）、卡西尼号（3 个）和冥王星探测器新视野号（1 个）。

6.3.2　MMRTG

在伽利略号和卡西尼号任务成功之后，NASA 开始将注意力转向"更快、更好、更廉价"的小型探测器，为了找到一个可以在空间和火星表面都运转良好的 RPS（GPHS-RTG 只能在真空环境中良好运行，而且尺寸过大，功率有限，限制了其在中小型探测器上的使用），NASA 和美国能源部 DOE 开始合作开发 MMRTG 和先进高效率的斯特林放射性同位素发生器（ASRG）。

由 Rocketdyne 和 Teledyne 制造的 MMRTG，基于曾在 SNAP-19 使用的碲化物热电技术（碲化物技术已经在 Nimbus-3 和先驱者 10/11 上以及飞往火星表面的海盗号上有过成功的应用）。第一个运用 MMRTG 的是火星科学实验室上的好奇号火星车。

MMRTG 直径为 64 cm、高 66 cm、质量 43 kg、功率 120 W、功率质量比 3 W/kg。MMRTG 用来为火星车提供 110 W 的功率，输出电压 28～32 V，集成 8 个多用途热源模块，转化器使用 16 个热电转化模块共计 48 个基于碲化物的热电元件，使用寿命至少 14 年。MMRTG 模块化的设计使其可以满足很大范围的功率需求。

MMRTG 初始输出功率为 110 W，质量为 45 kg，外部直径约为 64 cm，长为 66 cm，

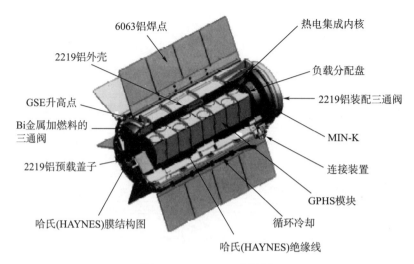

图 6-5　MMRTG 剖视图

比功率 2.9 W/kg。热电转化材料分为两种：一种是与 SNAP-19 相同的 PbTe/TAGS，热端温度和冷端温度分别为 550 ℃ 和 165 ℃；另一种是与 GPHS-RTG 相同的 SiGe，热端和冷端温度分别为 1 000 ℃ 和 300 ℃。外壳翅片采用质量轻、导热好的 38％铝-62％铍合金，表面喷涂高发射率热控涂层。

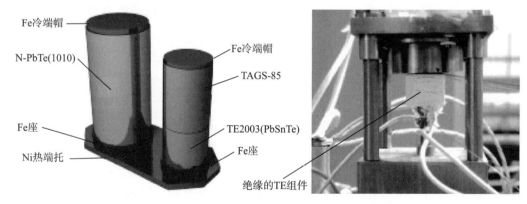

图 6-6　MMRTG 密封结构示意

MMRTG 是一个用气体密封的 RTG。热能被转化器通过薄薄的金属衬层封闭起来。钚-238 衰变产生的氦直接排到 MMRTG 的外部并保存起来。密封起来的转化器内有氩气，防止热能的流失并保护热电元器件。排气孔和保护气的设计使 MMRTG 可以在空间和大气层中正常运转。

6.4　同位素发电新技术

6.4.1　斯特林发电

同位素斯特林发电的原理与核反应堆空间电源是一致的。斯特林转换效率高，被认为是较为适宜用在同位素电池上的动态转换方式，长期以来都受到了各国的重视。斯特林同位素发电机（SRG）和先进斯特林同位素发电机（ASRG）项目是美国开展的较为典型的斯特林发电同位素电池项目，下面予以介绍。

SRG（图 6 - 7）是一种通过机械方式进行同位素热电转换的装置。其关键热电转化部件是自由活塞斯特林热机和直线交流发电机，GPHS 产生的热能驱动斯特林热机运动，再驱动直线交流发电机产生电力，最后通过直流变换装置（效率约 86%）用于航天器的供电。其中热机热端设计温度约为 650 ℃（受热机热端材料限制），冷端设计温度约为 46 ℃（受散热装置的质量限制）。SRG 最大的优点在于转化效率高，可以达到 22% 以上，在与 MMRTG 相同的输出功率下，只需约 1/4 的同位素燃料（1 kg ^{238}Pu），即 2 个 GPHS 热源模块，可以节约大量的核燃料和散热面积。通过装配两套斯特林热电转化装置，即可实现110 W 的功率输出。系统质量为 34 kg，尺寸为 88.9 cm×26.7 cm，比功率为 3.2 W/kg。设计寿命至少为：火星环境条件下 3 年，深空环境下100 000 h。

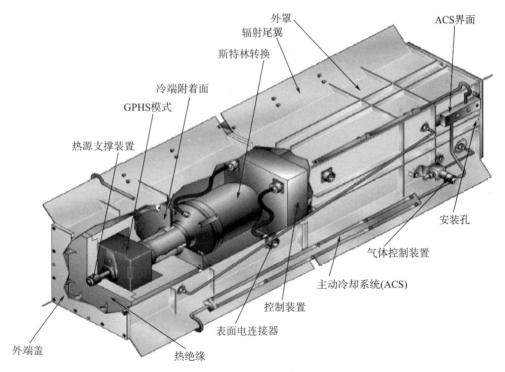

图 6 - 7　SRG 示意图

ASRG 的热电转化采用先进、高效、动态的斯特林热电转化系统，见图 6-8。这一过程的转化效率是目前使用的热电装置效率的四倍，可以达到 30% 以上，比能量为 7 W/kg。ASRG 在产生和 MMRTG 相同能量的情况下仅使用 1/4 的钚-238，由 NASA 和 DOE 研发。

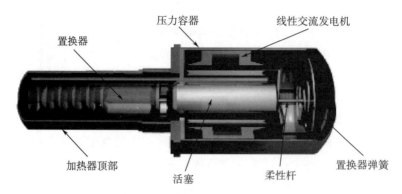

图 6-8　先进的斯特林转化器

ASRG 利用一台先进的斯特林活塞发动机，它主要有两部分：转化器和自由活塞，由 GPHS 产生的热能驱动热机做直线往复运动将热能转化为电能，再通过直流变换装置将交流变为直流。用氦作为工质，被密封在转化器的附件中。

图 6-9 为 GPHS 两个热源中的一个剖面图，每一个 GPHS 外面都被保温层包覆，最大限度地减小热量的散失，从而使进入转化器的热能最大。ASC 有置换剂的一面对着 GPHS 模块，而温度较低的一面通过适配法兰与舱室相连。保证舱室和其上的散热片有足够的散热量。在地面存储和发射台操作过程中，由于气体控制阀的原因存在一定的气压，舱体内的气体可以辅助散热。这些气体由泄压装置排泄到真空中使转化器达到最大功率。

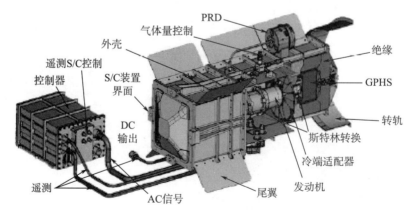

图 6-9　ASRG 剖面图

斯特林转化器的操作交流电压频率为 102.2 Hz，控制器将交流电流转化为直流电流，为 28～34 V 的总线供电。当 ASRG 没有和飞行器连接时，通过分流保证 ASRG 有一定的负载。控制器同样保证两个指向相反的斯特林转化器的置换剂/活塞运动同步，减少对飞行器和精密电子仪器的干扰。当一个 ASC 不运行的时候，ASRG 仍可输出 45% 的功率。ASRG 的健康监测通过飞行器的电信号传输给地面。ASRG 有自主的控制系统，控制器通过电子器件连接每一个 ASC，外加一个多余的回路，增加系统的可靠性。图 6 - 10 为对一个 ASRG 单元进行测试。

图 6 - 10　NASA 的格伦研究中心正在对一个 ASRG 单元进行测试

6.4.2　热光伏发电

热光伏（TPV）能量转换是通过光伏电池将热源的热辐射能转化为电能输出，其基本原理与光伏电池完全相同，即利用半导体 PN 结的光电转换特性。当 PN 结受到光子辐照时，能量不低于能隙的光子将在其中产生多余的电子—空穴对，并通过漂移和扩散作用分离至结的两端，逐渐使 N 区富余电子，使 P 区富余空穴，从而在结的两端形成电势差。图 6 - 11 给出了热光伏能量转换系统的示意图。热光伏系统与光伏系统的最重要区别在于辐射体的温度和系统的几何尺寸。光伏系统主要接受来自太阳光或可见光（400～800 nm）的能量，而热光伏系统主要是利用红外辐射（800～2 000 nm）的能量。热光伏系统辐射面与电池的距离只有几厘米，单位面积电池所接受到的辐射功率远大于光伏电池，输出电功率相应较大。随着新型光伏电池技术的发展，也促进了热光伏发电技术的应用。

TPV 适合在高温下工作，理论上温度越高效率越高，只有在温度达到 1 500 K 以上才能有较高的效率。以电功率为 40 kW 级的核反应堆电源系统为例，若使用 TPV 要达到 10%～20% 的工作效率，则工作温度需要在 1 500～2 000 K，所需的电池尺寸约为 2 m×2 m，质量约为几百千克。

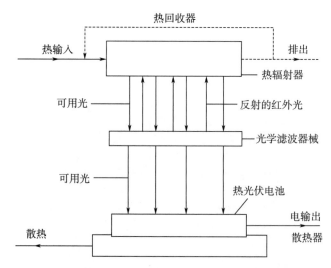

图 6-11 热光伏能量转换系统示意

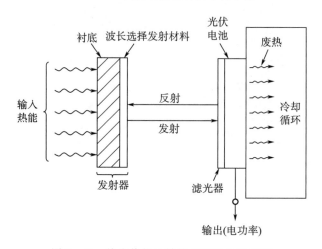

图 6-12 热光伏能量转换原理及电池实物

　　早期的研究多集中在能隙高的硅电池，最近的研究集中在低能隙光伏电池，如 GaSb，GaInAs，InAs，AlInAs，InAsP，Ge 等应用在温度 1 000 K 左右的静态热电能量转换系统中。目前只有 GaSb 电池兼顾了使用性能和加工性能。Woolf 计算了 GaSb 电池温度在 300～400 K，辐射源温度在 1 473 K 时的最佳能隙约为 0.73 eV，对于波长 1 500～1 600 nm 的红外辐射，GaSb 电池可能的转换效率接近 35%。Day 和 Morgan 分别基于 GaSb 给出了放射性同位素核热源的 TPV 能量转换系统的概念设计。采用了类似同位素温差热电偶发电系统的设计，只是由 TPV 电池代替了传统的 SiGe 温差热电偶发电器。设计热源温度 1 473 K，电池温度 350 K，系统效率 12%～14%，功率密度接近 10 W/kg，其中对电池的冷却采用了热管技术。对于 TPV 系统，要获得较高的系统效率就需要应用窄能隙滤波器使得能隙范围内的红外线可以通过而到达 TPV 电池，并将其他波长全部反射回辐射器。虽然目前用于 TPV 系统的滤波器研究还处于探索阶段，但随着滤波器材料的发展，实际系统效率有望达到 20%。将 TPV 技术应用于核能领域还需要解决热光伏电池长期保持光学空穴有效性的能力，转换器元件需要保持高效冷却以维持在 350 K 左右。此外，据放射性实验估算，作为核能量转换装置，GaSb 电池工作 10 年将有 8%～10% 的功率损失。

目前，对热光伏系统的理论研究远多于实验研究，无论国内还是国外，更多的还只是进行 TPV 理论上的设计或数值模拟，理论效率可达 20%～30%，而实验效率大多数不到 5%。但是随着光伏材料技术的发展，有理由相信热光伏系统的能量转换效率可以接近 20%。

6.4.3　小型同位素电池技术

为了实现多种用途，更灵活的应用同位素电池技术，美国目前正在进行多种小型同位素电池的概念研究，功率范围从数十毫瓦到数十瓦量级，用于未来小型廉价的航天任务，也可以用于一些监测设备和小型的自主设备。

数十毫瓦量级的小型 RTG 主要继承 RHU 标准热单元技术，采用 1 个模块作为热源，开发出质量轻、尺寸小、效率高的小型 RTG，用于未来的多种任务。数十瓦量级的小型 RTG 主要继承 GPHS 燃料模块技术，目标输出功率为 18 W，质量为 3～5 kg，效率为 7%，作为未来小型深空探测器的首选电源系统。美国已开发了 40～80 mW、0.1～nW 和 10～20 W 等 3 个系列的小型同位素电池产品。

参 考 文 献

［1］ 马世俊，杜辉，周继时，朱安文．核动力航天器发展历程（上）［J］．中国航天，2014（4）：
31-35．

［2］ 马世俊，杜辉，周继时，朱安文．核动力航天器发展历程（下）［J］．中国航天，2014（5），
32-35．

［3］ 蔡善钰，何舜尧．空间放射性同位素电池发展回顾和新世纪应用前景［J］．核科学与工程，2004，
24（2）：97-104．

［4］ 张建中，王泽深，任保国，等．同位素电池在探月及深空探测工程中应用的战略研究［J］．中国
电子科学研究院学报，2007，2（3）：319-323．

［5］ 吴伟仁，裴照宇，刘彤杰，等．嫦娥三号工程技术手册［M］．北京：中国宇航出版社，2013．

［6］ Michael Short（MIT）．Lunar surface reactor PCU．2004．

［7］ IAEA．The role of nuclear power and nuclear propulsion in the peaceful exploration of space．
Vienna，2005．

［8］ AFTERGOOD S．Background on space nuclear power．Science & Global Security，1989（1）：
93-107．

［9］ TIMASHEV S V，KULANDIN A A．Soviet space power technology．WL-TR-95-2040．March
1995．Wright Laboratory Technical Report．

第 3 篇　空间核推进

第7章　核电推进

7.1　简介

核电推进（Nuclear Electric Propulsion，NEP）系统利用核能产生电能，并将电能提供给电推力器用以产生所需的推力；电推力器一般利用库伦力［如栅离子推力器（GIE）］或洛伦兹力［磁等离子流体动力（MPD）类推力器，如霍尔、洛伦兹力加速器（LFA）和可变比冲磁等离子流体动力火箭（VASIMR）等］来加速离子化的推进剂（如H^+、D^+、Li^+或Xe^+）。电推力器具有高效能、高速度增量、极高比冲（可达 10 000 s）、长寿命等特点。将核能与电推进结合的核电推进技术，将核能的高能量密度和电推进的高比冲优势结合，被认为是未来大型深远空间探测任务的优选方案。核电推进技术可以大大节约载人深空探测任务的飞行时间，进而减少航天员所受到的辐射总剂量，成为目前载人深空飞行的重要使能技术之一。核电推进可以看作是核电源和电推力器的结合。核电推进技术可以按照推力器的种类来分类，也可以按照核电源的种类来分类。

GIE 技术已经成熟并进入商业化应用阶段，如该技术在波音公司的 XIPS 系列电推力器系统中得到了应用，目前已成功应用在几十颗静止轨道通信卫星上。氙是 GIE 推进剂的实用选择。在使用氙气的 GIE 中，将推进剂离子化需要总电功率的 5%～6%。在所有的电推力器中，离子化都需要低压环境，因为正离子与电子的复合需要第三方参与，复合的速度与密度的三次方成正比。正是因为需要低压运行，所以 GIE 以及其他所有的电推力器的推力都非常小。目前大推力的 GIE 已经可以产生几分之一牛的推力了。虽然质量一般较小，但是 GIE 体积一般比较大。MPD 推力器优点是结构紧凑，但由于产生强磁场的磁体较重，因此总质量较大，而且还存在电极腐蚀的问题，尚不能满足持续几个月以上的任务需求。考虑到电推力器推力低，为了达到加速航天器的目的，有两种使用方式。一是配置少数几个推力器，在整个任务期间长时间工作；二是配置几十甚至上百个电推力器模块，进行短时工作，此时需要非常高的电功率。高功率（高电压）GIE 的一个关键问题就是加速栅的寿命；而 MPD 类推力器的关键问题则是阳/阴极的腐蚀问题。这些问题都是由高能离子冲击所引起的。除了低推力外，核电推进还有其他一些缺点。其中之一就是热电转换效率较低，废热难以排散。目前商业化的 GIE 电推力器比冲约为 5 000 s，未来 10 年内甚至有望达到 15 000 s，但是其推力水平仅在 10^{-2} N/kW。VASIMR 发动机据称在保持功率不变的情况下推力和比冲可调，其实际测试达到的比冲在 5 000 s 左右，未达到预计的10 000 s。

尽管存在上面提到的一些缺点，但高比冲和易于与发电机耦合的特点使得电推力器仍然十分有吸引力，美国、欧洲以及中国、印度和日本等航天国家都在此技术上投入了大量的人力和物力。美国和欧洲在 GIE 技术上较为领先，俄罗斯则在霍尔推力器技术上领先。VASIMR 是目前为止最具有发展前景的大功率电推进技术，但是它仍处在不断发展的过程中，尚不成熟。

长期以来空间核电源和空间电推进技术是独立发展的。自 1902 年俄罗斯的齐奥尔科夫斯基和 1906 年美国的戈达德博士分别提出电推进概念以来，电推进技术发展已经走过了一个多世纪的历程，大致分为四个阶段：1）1902—1964 年为概念提出和原理探索阶段，美国、英国和德国分别研制出离子电推进样机，俄罗斯研制了霍尔电推进样机；2）1964—1980 年为地面和飞行试验阶段，美国完成汞离子电推进飞行试验，俄罗斯完成 SPT 霍尔电推进飞行试验；3）1980—2000 年为航天器开始应用阶段，俄罗斯的霍尔电推进和美国的离子型电推进相继应用，日本、德国等其他国家的电推进也开始飞行试验；4）2000 年至今为电推进技术及其应用的快速发展阶段。核电源的发展也已经走过了初创、星球大战和新世纪三个阶段。1965 年发射的美国第一颗核反应堆航天器 SNAP - 10A，也是第一颗将核反应堆电源与电推力器结合的航天器，可以认为是核电推进技术第一次在轨应用。该航天器的反应堆电源为 SNAP - 10A，电功率为 500 W，设计寿命为 1 年。离子推力器作为试验设备搭载，在轨运行了约 1 h。星球大战时期，在 SP - 100 等计划的大力支持下，美国开展了大量核反应堆电源或同位素电池与电推进系统结合的研究，开展了诸如基于 SP - 100 的、使用核电推进系统的深空探测器以及基于 TOPAZ Ⅱ 的核电推进空间测试项目（NEPSTP）的研究。进入 21 世纪以后，覆冰卫星轨道器 JIMO 任务又将核电推进系统的应用推入了一个新的阶段。

事实上，由于核电推进可以看作是核电源和电推力器的结合，其技术发展可以分别从核电源和电推力器两个方面来分析。核电源在前面章节中已经有较为详细的论述，未免赘述，本章重点介绍电推力器原理，以及电推力器与核电源结合的研究和应用情况。

7.2　电推力器

7.2.1　栅离子推力器

栅离子推力器已经在多颗航天器（如美国深空一号、休斯通信卫星、日本隼鸟号小行星探测器等）上得到了应用，飞行经验较为丰富。目前已经试验或应用的栅离子推力器栅格直径从 5～65cm 不等，推力从不到 1 mN 到接近 1 N 不等。典型的电效率是 70%～90%，比冲是 2 500 s 到 5 000 s。

图 7 - 1 给出了栅离子推力器（GIE）的原理示意。GIE 包含一个圆柱形的放电室，放电室一端是封闭的，另一端则由一系列带孔的、排列整齐的栅格组成。在放电室中，气态的推进剂被放电作用离子化，形成浓度适中的等离子体。等离子体中的正离子向栅格的方向扩散，被放电室内施加的电势能加速。这些离子束中的空间电荷被外部阴极（亦被称为中和器）提供的电子中和。

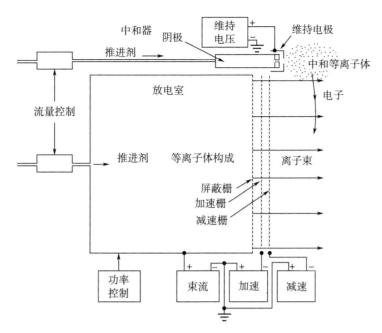

图 7-1 栅离子推力器原理示意图

放电可以使用直流（DC），阴极位于放电室封闭端中心位置处，阴极轴向中空，阳极则与阴极共轴。通过在放电室中施加一个磁场，可以提高电离效率。在考夫曼（Kaufman）型推力器中，使用一个较弱的、发散的轴向场；在会切场（Cusp-Field）几何构形推力器中，一般使用一个较强的、更聚焦的磁场。波音/休斯的 HS-601 和 HS-702 通信卫星平台使用的就是后一种方式。此外，还可以利用一个振荡器给外部线圈注入能量，并在绝缘的放电室内形成射频等离子体。上述线圈还可以用微波射频源，但这种情况一般还需要附加一个磁场。

无论是哪种设计，栅离子推力器都需要对推进剂气流进行精确的控制。理论上，任何惰性气体都可以作为推进剂，但是当前使用的大部分栅离子推力器都使用氙。这些气流来自外部的控制系统，控制系统获取的气流是恒压的，由与贮箱连接的调节器来调节（通过阀门）和输送。放电室、中和器以及阴极需要使用独立的推进剂气流。

GIE 推力器通常采用三层网格的设计。通过这种设计，推力器可以工作在加速/减速模式，可以在相同的电压下增加离子通量。推力器本体所需的电势能与离子束速度是有关的。例如，如果氙离子要被加速到 40 km/s 的速度（对应比冲为 3 500 s），需要 1.1 kV 的电压对应的电势能。这是推力器本体与内部栅格网之间的电压。第二层栅格网为加速栅格，有 −250 V 的负电压，用于聚焦离子束并提取需要的电流。随后的步骤是，减速至空间势能，在外层减速栅格网上施加一个小的负电压，将离子束与空间等离子体耦合。

在三层栅格之后，还有一个离子中和过程。利用阴极和邻近的正电极，通过直流放电的方式产生弱的外部等离子体。离子束从产生的等离子体中提取出电子，用于中和离子束中的空间电荷。这是一个自然的过程，不需要主动控制。

外层栅格还有一个重要的作用，就是减小低能电荷交换离子高速撞击加速栅格而造成的腐蚀损害。这些离子是通过离子束与中性气体原子相互作用而产生的。这些中性气体原子一部分是从放电室逃离出来的，一部分则来自中和器。低能离子被加速栅格的负电势吸引过去，减速栅格可以将很多低能离子转移走，从而降低对加速栅格的损害。

在 GIE 中，离子生成机制、离子提取和加速，以及离子束中和 3 个主要过程是独立的；在设计时，可以作为 3 个独立的部分分别开展设计工作，这是 GIE 相较于其他电推力器的一大优势。

7.2.2　霍尔效应推力器

霍尔效应推力器（Hall-Effect Thruster，HET，简称霍尔推力器），也被称为静止等离子体推力器（Stationary Plasma Thruster，SPT）。在霍尔推力器中，离子的加速都是在放电等离子体中完成。霍尔推力器在 20 世纪 50 年代发源于俄罗斯，并已经在苏联或俄罗斯的很多航天器中成功地得到应用，目前很多欧洲和美国的航天器（主要是通信卫星）也使用了霍尔推力器。

霍尔推力器典型结构如图 7-2 所示。放电过程在两个绝缘套筒（通道内外壁面）之间构成的狭窄环形通道中进行。通道两端施加了大约几百伏的放电电压。通过内外电磁线圈形成径向分布的磁场，与此同时，阴极和阳极之间的电势降产生轴向电场。通道中沿径向的强磁场与轴向电场共同作用，降低电子的迁移率，约束电子在圆周方向漂移（也称霍尔漂移）。工质（通常为氙）从阳极注入推力器通道，被做漂移运动的电子电离为离子。因为通道的特征尺度在离子回旋半径的数量级，所以可以利用霍尔效应使磁化的电子与非磁化离子的运动分离：一方面使电子有足够的停留时间来电离原子；另一方面，轴向的强电场使离子加速喷出形成推力。离子由于质量大，不被磁场约束，因此在通道内轴向电场的作用下加速喷出产生反冲推力，同时电子通过传导到达阳极，在通道内实现了稳定的离子放电过程，形成了持续稳定的推力。阳极的电势一般是 200～350 V，有些试验中甚至会高达 1 kV。

HET 工作时，经常会有放电电流的剧烈震荡，这个特点使其需要与航天器电源系统进行隔离，以免影响整星工作。同时，上述特点也会腐蚀推力器。同时，大功率的霍尔推力器需要较长的时间（小时级）才能达到热平衡，热平衡后放电室的温度很高，其主要材料陶瓷的温度通常会达到 600～800 ℃。腐蚀和高温成为影响 HET 寿命的重要因素，目前 HET 寿命一般为 6 000～8 000 h。目前在轨使用的 HET 推力一般在 mN 量级，但美国和俄罗斯均在研究推力可达 N 级的 HET。美国 NASA 457M 试验型 HET 工作时输入功率高达 72 kW。与其他电推力器相比，霍尔推力器的比冲一般较小，不太适合需要高比冲的星际飞行任务。

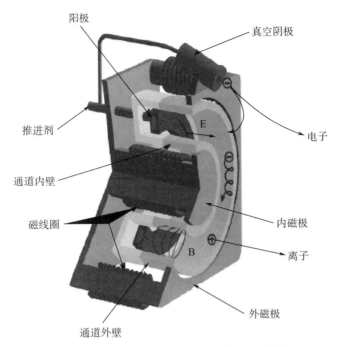

图 7 - 2 霍尔推力器的结构及工作原理简图

7.2.3 磁等离子体推力器

典型磁等离子体（Magnetoplasmadynamic，MPD）推力器的原理图如图 7 - 3 所示。在放电室的一端是一个钨质的阴极，放电室则由难熔且绝缘的材料（通常是陶瓷）制成；在放电室的另一端则是一个戒指形状的阳极。一个高电压、极低感应系数的源（通常是电容），作用在阴极和阳极上，像脉冲阀一样控制推进气体吹入阴极。由于感应系数低，放电电流上升非常快，功率瞬间消耗通常达到几百千瓦甚至是几兆瓦量级。

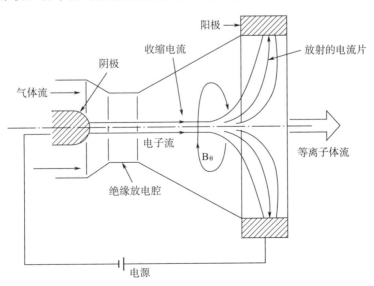

图 7 - 3 圆锥形 MPD 推力器的原理图

目前的 MPD 都是脉冲型的，放电电流瞬间上升至高达几千安培甚至到几十万安培，强大的电磁力成为控制等离子体的主要因素，驱动等离子体快速离开放电室。一个影响 MPD 应用的重要因素是电源供应问题。目前 MPD 推力器使用电容器，这些电容器体积和质量庞大，无法在航天器上实际应用。目前，MPD 尚处在试验或研发阶段，具有长寿命的实用的 MPD 推力器至少需要 10 年才能出现。

7.2.4　可变比冲磁等离子体火箭

可变比冲磁等离子体火箭（Variable Specific Impulse Magnetoplasma Rocket，VASIMR）是在查尔斯·斯塔克·德拉普尔（Charles Stark Draper）试验室和 MIT 发源的，并由前 NASA 航天员 Franklin Chang - Diaz 进行设计改进、取名并注册商标为 VASIMR。20 世纪 90 年代早期，项目转移至 NASA 约翰逊航天中心，2005 年在 NASA 的支持下成立了艾德·阿斯特拉（Ad Astra）公司，主要开展 VASIMR 及其航天器应用的研究。在 NASA 的资助下，该公司已经完成了 200 kW 电功率的 VASIMR 发动机 VX - 200 的原理样机研制，并于 2011 年完成了电性能测试和环境试验。测试数据显示，发动机效率（有效推进功率与注入射频功率之比）高达 $72\pm9\%$，是目前效率最高的电推进设备；比冲为 $4\,900\pm300$ s，推力为 5.8 ± 0.4 N。NASA 已经与 Ad Astra 公司签署协议，将在国际空间站上进行 VASIMR 发动机的试验飞行。

VX - 200 组成图如图 7 - 4 所示，VASIMR 工作原理图如图 7 - 5 所示。其主要工作过程为：首先，推进气体（氩或氙）注入一个布有电磁体的中空圆柱体中。进入推力器后，推进气体被螺旋射频天线（也称耦合器）电离后形成"冷等离子体"。基本原理是，第一个阶段，电磁波轰击气体，将氩或氙原子的电子剥离，留下由离子和松散的电子组成的等离子体继续向下一阶段运动；第二个阶段，等离子体进入一个强磁场（使用超导磁体生成），强磁场将离子化的等离子体压缩（类似于传统火箭中的收缩-扩张喷管）；第三个阶段，等离子体进入离子回旋加速加热（Ion Cyclotron Heating，ICH）区，发射的电磁波与离子和电子的轨道共振。电磁波与等离子体的共振是通过在该区域减小磁场强度，将等离子体粒子轨道运动速度减慢。ICH 区同时还会将等离子体的温度加热至 1 000 000 K；最后，扩张的磁场约束等离子体，实现高达 50 km/s 的速度并与火箭运动方向相反的方向高速喷出的目的。

VASIMR 具有几个显著的优点。第一，VASIMR 属于无电极推进，等离子体不与内壁直接作用，理论上可实现较长的寿命。VASIMR 利用磁场来加速等离子体，以获得推力。无电极推进避免了 GIE 或 HET 电极腐蚀的问题。VASIMR 各个部分内壁都有较强的磁场，等离子体无法直接与火箭内壁发生作用，所以理论上寿命可以比其他电推进方式要长。第二，VASIMR 借鉴了聚变研究中的磁约束方法，使用 ICH 来加速等离子体，使其最终可以以非常高的速度喷出火箭。第三，可变比冲。通过调整射频天线的功率以及推进气体的注入量，VASIMR 可以工作在小推力、高比冲或大推力、低比冲模式下。

同时，强磁场和大功率的特点也给 VASIMR 带来了新的问题。VASIMR 使用的超导

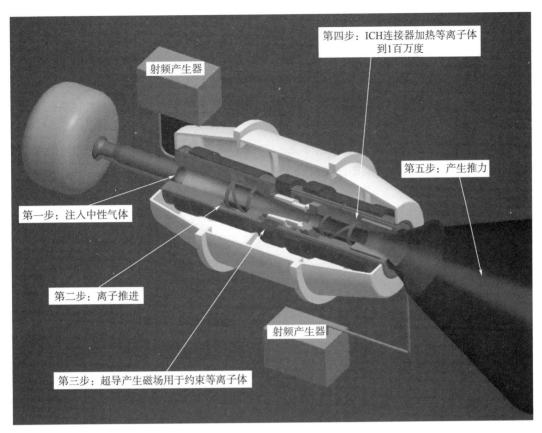

图 7 - 4　VASIMR VX - 200 组成图示意

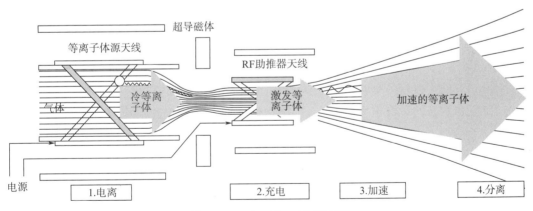

图 7 - 5　VASIMR 工作原理图

磁体，可以产生特斯拉量级的磁场。如此强的磁场会对星上其他设备造成影响，同时其与（地球）磁气圈相互作用，也会产生额外的扭矩。VASIMR 产生的大量废热，一方面需要使用新的方法有效排散，另一方面大量热量还会对其自身的材料带来额外的热应力从而影响材料的使用。

7.2.5　空间电推进技术发展趋势

空间电推进技术发展历史较为悠久，离子和霍尔两类推力器已经形成了部分型谱化的产品（主要针对 GEO 应用），为适应在轨应用所开展的长寿命设计和试验不断取得新的突破。除了满足已有的商业应用需求外，空间电推进技术还朝着大功率和微小功率两个方向发展：

1）大功率电推进技术主要是面向未来的轨道转移和深空探测需求。除传统的数百千瓦的 MPD 推力器外，美国的 HiPEP 离子推力器功率可达 34 kW、德国 RIT-45 射频推力器预期功率为 35 kW、VASIMR 电推力器 VX-200 功率达到 200 kW。

2）为适应航天器微小型化的发展趋势，微小功率的电推进技术发展也较为迅速。传统的微小功率电推进技术主要有场发射电推力器（FEEP）、脉冲等离子体推力器（PPT）等。近年来，基于离子和霍尔推力器技术的微小功率推力器，如德国的射频离子推进（RIT-2.5）、Busek 公司的 BFRIT-1、日本 μ-1 等，功率都只有数十瓦。

7.3　主要核电推进系统应用概念

7.3.1　核电推进空间测试项目

1992 年初，美国战略防御倡议组织（Strategic Defense Initiative Organization，SDIO），也就是后来的弹道导弹防御组织 BMDO）购买了两部俄罗斯设计制造的 TOPAZ Ⅱ核反应堆电源。按照 SDIO 的安排，新墨西哥联盟（公司）负责反应堆的无核测试、性能评估、安全评估。应用物理实验室（APL）负责提出一个任务并设计一颗使用 TOPAZ Ⅱ作为电源的卫星。项目名称为核电推进空间测试项目（Nuclear Electric Propulsion Space Test Program，NEPSTP），卫星名称就叫 NEPSTP 卫星。但是此项目在 1993 年底就被取消了。

NEPSTP 的主要目的是在美国境内发射一颗使用俄罗斯 TOPAZ Ⅱ的电推进卫星。NEPSTP 任务的目的被确定为三个：1）评估俄罗斯 TOPAZ Ⅱ反应堆电源系统的性能；2）评估各种不同电推力器的性能，每个推力器工作一段时间；3）测量反应堆系统和推力器引起的环境变化。

卫星设计寿命为 1 年。NEPSTP 卫星将在 3 500～40 000 km 的轨道上不断螺旋爬升。运载火箭选用泰坦Ⅱ。为了保证卫星不对其他正常运行的卫星造成影响，试验均在 3 500 km 以上的轨道上进行。为了使 TOPAZ Ⅱ与美国的平台兼容，APL 决定对其进行五项改进，包括自动控制系统、反临界装置、反应堆燃料、热控罩、再入屏蔽。美国的运载火箭也需要做一些小的改进。导致这些改进的原因是美国和俄罗斯对于核安全和发射的需求不同。

根据整星的设计要求，NEPSTP 卫星上使用的 TOPAZ Ⅱ需要提供 4.5～5.5 kW 的电功率，电压为 27 V，寿命为 3 年；整星对反应堆系统（不含反应堆控制部分）的质量要求为不超过 1 061 kg；辐射限值要求是，卫星平台处能量大于 0.1 MeV 的中子数不超过 1×10^{11} 中子/cm^2，γ 剂量是 5×10^4 伦琴。卫星使用霍尔（俄罗斯 SPT100 和 SPT199）和离子（美国和英国的）型电推力器，共 6 个。这些电推力器均使用氙作为推进气体，它们的比冲都较高（SPT100 约为 1 600 s），推力较小（约 84 mN）。

为了满足辐射剂量的要求，反应堆分系统与卫星平台部分通过隔离杆（Separation Boom）相连。除电推力器及其功率处理部件外，卫星平台包含其他所有的电子设备，如图 7-6 所示。在飞行状态下，卫星像一支箭，箭首是反应堆系统，箭尾是推进模块。发射状态下，推进模块位于卫星最低端，与运载火箭接口。推进模块是一个集成化的推进系统，包含有 700 kg 的氙推进剂，以及电推力器和传统的"冷气"发动机。卫星的姿态控制，由电推力器来提供俯仰和偏航，由"冷气"发动机提供滚动能力。卫星隔离杆的长度约为 10 m，1 年内卫星电子设备来自反应堆的辐射总剂量约为 50 krad。卫星电子设备加固后可抗 100 krad 的总剂量，考虑到反应堆带来的 50 krad 总剂量，另外 50 krad 用于应对自然空间环境的影响。

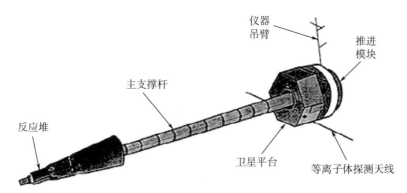

图 7-6　NEPSTP 卫星在轨构型

7.3.2　覆冰卫星轨道器的核电推进系统

覆冰卫星轨道器（Jupiter Icy Moons Orbiter，JIMO）主要用于探测木卫二和其他木星的卫星，反应堆及发电部分示意图见图 7-7。项目于 2002 年启动，2005 年 10 月由于 NASA 资金受限、发展方向转变被停止。在项目停止前，刚完成 A 阶段任务。关于探测器的详细情况见核裂变航天器相关章节。

JIMO 是普罗米修斯工程的一部分。普罗米修斯工程评估了 5 种空间核反应堆电源系统概念：1）直接循环、气冷堆＋布雷顿；2）热管冷却反应堆＋布雷顿；3）液态锂冷却反应堆＋布雷顿；4）液态锂冷却反应堆＋温差；5）低温、液态金属冷却反应堆＋斯特林。系统概念选择的评估主要针对 JIMO 任务的满足程度，参数包括能力、可靠性、交付能力、费用和安全性。最终选择了第 1）个概念。之前，一直认为液态金属冷却堆适合于空间核电源。使用惰性气体冷却反应堆避免了基础性和潜在失效的问题，那就是固态金属冷却剂的在轨遥控控制解冻，以及长期运行过程中暴露在超高温、高化学反应金属冷却剂环境下的材料性能退化问题。而且，惰性气体冷却堆的工程研制测试较为简单，布雷顿技术认为相对成熟，有一定的工程和制造基础，与其他概念相比，布雷顿需要新研发的部件要少一些。

根据初步设计，JIMO 的空间核电源系统包括反应堆舱、热排散、功率调节和分配三大部分。核电源使用惰性气体（HeXe 气体混合物）来冷却堆芯，并将能量传输至布雷顿系统，核反应堆电源输出电功率约为 200 kW，主要技术指标见表 7-1。

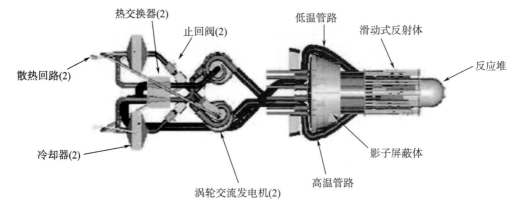

图 7-7 JIMO 反应堆及发电部分示意

表 7-1 JIMO 空间核电源系统主要技术指标

序号	参数名称	参数值	备注
1	电功率	200 kW 量级	具有可扩展性
2	效率	20%	
3	热功率	约 1 MW	
4	反应堆	气冷快堆，UO_2 或 UN	
5	反应堆出口温度	1 150 K	
6	寿命	近期满足 15 年在轨运行要求，设定长期的 20 年目标	
7	适用环境	应满足包括月球、火星、木星、土星、天王星、海王星等几乎所有的太阳系内环境	
8	总质量	总质量为 3 309 kg（不含余量），其中屏蔽为 448 kg，功率转换为 1 085 kg，反应堆为 1 569 kg	

JIMO 的电推进系统包括三种不同的推力器以及高压推进剂供应系统，巡航阶段主推进用 8 台 30 kW 离子推力器，其中 2 台为备份。轨道转移阶段用 6 台 20 kW 霍尔推力器；姿态控制用 12 台亚千瓦功率霍尔推力器，其中 6 台为备份。高压供应系统贮箱需贮存 12 000 kg 推进剂，JIMO 电推进系统主要参数见表 7-2。

表 7 - 2　JIMO 电推进系统主要参数

参数	离子推力器	高功率霍尔推力器	姿控霍尔推力器
推力/mN	646	990	40
比冲/s	7 000	2 000	1 400
消耗推进剂/kg	2 000	300	30
电源处理单元(PPU)输入功率/kW	30	20	0.7
PPU 效率/%	96	97	93
PPU 输出主电压/V	4 500	400	300
推进剂总流率/(mg/s)	9.5	51	2.9

参 考 文 献

［1］ 周成，张笃周，李永 . 空间核电推进技术发展研究 ［J］. 空间控制技术与应用，2013，39（5）.

［2］ 张天平，张雪儿 . 空间电推进技术及应用新进展 ［J］. 真空与低温，2013，19（4）.

［3］ 卿绍伟 . 壁面二次电子发射系数对霍尔推力器放电特性的影响研究 ［D］. 哈尔滨：哈尔滨工业大学，2011.

［4］ 刘辉 . 霍尔推力器电子运动行为的数值模拟 ［D］. 哈尔滨：哈尔滨工业大学，2009.

［5］ BRUNO C. In－space nuclear propulsion. Acta Astronautica，82（2013）：159－165.

［6］ CLAUDIO BRUNO. Nuclear space power and propulsion systems. Published by American Institute of Aeronautics and Astronautics，Inc. 2008.

［7］ EDGAR A，BERING Ⅲ et al. VASIMR：deep space transportation for the 21st century. AIAA SPACE 2011 Conference & Exposition，September 27－29，2011，Long Beach，California.

［8］ Ad Astra Rocket Company. Facts about the VASIMR engine and its development. July 2011.

［9］ VOSS S S，REYNOLDS E L. An overview of the nuclear electric propulsion space test program （NEPSTP） satellite. 1994. AIAA－94－3818－CP.

［10］ BYTHROW P F，MAUK B H，GATSONIS N A. Operational experiments and thruster performance plan for the nuclear electric propulsion space test program （NEPSTP）. AIAA/SAE/ASME/ASEE 29th Joint Propulsion Conference and Exhibit，June 28－30，1993/Monterey，California.

［11］ JPL. Prometheus Project：final report. October 1，2005.（982－R120461）.

［12］ WOLLMAN M J，ZIKA M J. Prometheus project reactor module final report，April 24，2006. SPP－67110－0008.

第 8 章　核热推进

8.1　简介

核热推进利用核裂变的热能将工质加热到很高的温度，然后通过收缩扩张喷管加速到超声速流，产生推力。核热推进装置具有推力大、高比冲、可多次启动等特点。与化学推进相比，核热推进的一大优势是，可以选用原子量小的气体（如氢、甲烷等）作为推进剂获得高的出口速度，而不用担心燃烧的问题。采用氢气作为工质的核热推进，比冲可达 1 000 s，速度增量大于 22 km/s，超过了第三宇宙速度，可广泛用于载人深空飞行、星际探测等任务。而化学推力器的比冲一般不超过 500 s。

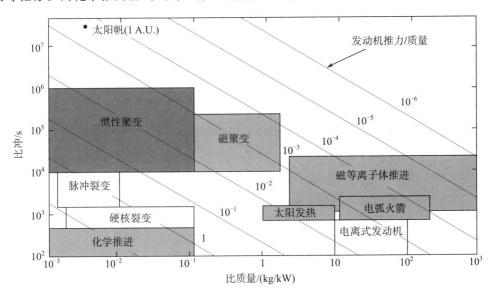

图 8 - 1　多种推进系统的性能

早在 20 世纪 50 年代，美国、苏联就开始了核热火箭发动机的研制，并开展了大规模的地面试验，大量的关键技术得到了验证，为核热推进技术的发展奠定了良好的技术基础。进入到新世纪，为了适应深空探测的需求，核热推进技术研究再次掀起了热潮。

早在 1949 年钱学森就提出了发展核火箭的设想。之后，我国在核火箭方面做了一些初步的研究，并于 1958 年在原北京航空学院设立了核火箭发动机系，到 1962 年终止。2000 年清华大学实施的国内第一座高温气冷堆（简称 HTR - 10 堆）建成，表明我国已经掌握了高温气冷堆的设计、加工、建造的高技术，可为我国发展核火箭提供有力支持。

8.2　工作原理

核热推进系统与化学推进系统的原理类似，都是通过产生的热能驱动推进剂高速喷出推力器，以获得推力。不同的是，在化学推力器中，热能是通过燃烧来获取的；而在核热推力器中，热能是通过核裂变反应产生的。

核裂变就是参与反应的原子吸收中子，分裂成碎片，释放 2 个新的原子核（平均数）以及 1～3 个自由中子。裂变碎片获得了来自核结合能释放所形成的动能，并通过与其他原子的撞击和相互作用，将动能转变为热能。中子的动能也会逐渐减小，部分转变为热能，部分中子会被其他材料所吸收，部分会逃出堆芯，部分会参与其他裂变反应。

在核热推力器中，源于核裂变结合能的动能等会因为碰撞等转变为热能。在目前的核热推力器设计中，一般选用固态的核燃料，推进剂则一般为气态。在反应堆堆芯内，这些热能会通过传导和对流将冷却剂或推进剂气体加至高温。理论上，冷却剂或推进剂加温的极限是核燃料的熔点。

图 8-2 给出了一种典型的核热推进系统的原理图。典型的核热推进系统一般包含推进剂贮箱、辐射屏蔽、供给系统、核反应堆和喷嘴。贮箱和供给系统与化学推力器类似。液态化学推进系统需要将氧化剂和燃料相混合以实现燃烧加热并喷出高温气体。核热推进系统工作方式类似，但是核热推进系统只有一种推进剂通过堆芯，并在堆芯处被加热。核热推进系统与化学推进系统主要的区别在发动机控制上，因为废气热力学条件下是与反应堆紧密耦合在一起的，与化学推进系统相比，核热推进系统有一个特殊的要求，就是反应堆的运行需要精密的、持续的主动控制。

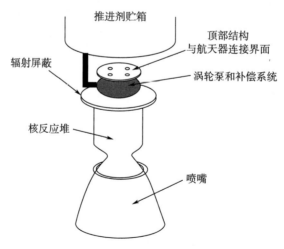

图 8-2　核热推进系统原理图

图 8-3 给出了一个核热推进用反应堆的原理图。反应堆有很多用于控制裂变反应的相关部件，较为复杂。反应堆的主要部件与化学推进系统相比，差异较大的地方有：中子反射体、压力容器、慢化剂、燃料元件组合体以及燃料控制棒。

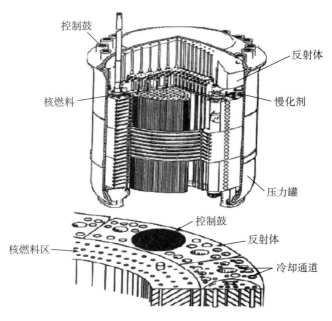

图 8-3　核热推进系统中的反应堆原理图

1）径向反射体。堆芯的外围是径向反射体。为了得到可控的链式反应堆，减小堆芯尺寸，反射体由可阻止链式反应产生的中子逃离反应堆的特殊材料制成。反射体可将中子反射回堆芯，以维持链式反应。为了维持稳态中子平衡，必须使逃离反应堆的中子的量控制在一定的水平之下，不然可能会因中子数量不够链式反应无法维持稳态而导致反应堆停止运行。反射体一般由铍制成。

2）反应堆压力容器。反应堆内部需维持一定的压强（3～8 MPa）。一般地，反应堆压力容器由铝或复合材料制成，以经受反应堆的高辐射、热流和压力。在一些反应堆的设计中，需要使用冷却的手段来保证压力容器可经受住反应堆的热流。

3）慢化剂。根据中子能量的不同，可将反应堆分为热堆、快堆。在热堆中，裂变反应中的中子能量小于 1 eV。但是，核裂变反应中所产生的绝大部分中子能量都远大于 1 eV，可达 10～15 MeV。为了将中子慢化，会使用一个慢化剂组合体，这个组合体主要由低原子质量的材料（如铍、塑料、氢化锂、石墨等）组成。在快堆中，裂变发生的能量范围更宽，从 100 keV～15 MeV。快堆中没有慢化剂，且应避免使用轻元素。

4）燃料元件组合体。燃料元件组合体（有时又称为燃料棒）包含燃料和推进剂/冷却剂流动通道。燃料产生热，热被传递至流过燃料的推进剂/冷却剂。燃料元件的构形有很多种，但都需要保证足够的表面积以更好地换热，还需保证有充分的障碍物以包容裂变产物。反射体、控制棒和慢化剂都放置在燃料周围，以维持中子正常的流动并保证对其的控制。

5）控制棒（鼓）。控制棒（鼓）包含某些吸收中子的材料（通常采用硼），以减少中子的数量。控制棒控制反应的速率，可以将反应堆关闭。这种材料也称为毒物，因为当将其插入堆芯后裂变反应发生的数量会降低。控制棒分布在堆芯周围保证中子的数量可以得到很好的控制，控制棒还需调整以满足功率水平的要求。控制棒可以轴向插入反应堆，也可采用旋转的方式来插入。对于轴向插入方式，控制棒插入深度决定中子数量。对于旋转插入的方式，控制棒一面包含硼，另一个面包含铍。当硼面入位后，中子将被吸收；当铍面入位后，中子被反射回堆芯。

6）冷却剂流通通路。在冷却剂汽化为产生推力所需的气体时，冷却剂管路将反应堆部件制冷。为了避免热冲击和沸腾问题，在进入反应堆堆芯之前推进剂必须完全汽化。

在发射过程中，控制棒完全插入堆芯，堆芯不产生任何功率，产生的辐射剂量（仅有燃料自身自然辐射）也几乎可以忽略。在这种情况下，操作人员可以在没有保护性屏蔽的情况下直接操作反应堆。根据任务安排一旦入轨，当需要启动反应堆工作时，控制棒从堆芯内取出，并将一个中子源放入反应堆以提供裂变所需的初始中子，随后裂变反应会导致反应堆热功率成指数增长并最终达到设定的功率水平。在控制棒取出以后，供给系统立即将气体注入堆芯用于冷却，并产生推力。当反应堆到达设定的满功率水平后，会调整控制棒的位置，以保证反应进入稳态（产生的中子数量等于消耗掉的中子数量）。

在任务末期，控制棒重新插回堆芯，功率成指数减小。但是，反应堆仍需要不时的进行冷却，因为长期裂变反应的产物仍会发生放射性衰变，而这种放射性衰变会产生中子和热。

8.3　发展历程

（1）美国发展历程

从 1955—1972 年，美国的火箭飞行器核发动机项目设计、建造和开展地面测试的火箭反应堆达 20 个。1960 年，NASA/AEC 联合空间核推进办公室（SNPO）成立，并负责管理核火箭计划；NERVA 计划的项目办公室（SNPO - C）就设置在 NASA 的格伦研究中心（Glenn Research Center，GRC）。通过这些项目的研究，验证了：1）高温碳基核燃料（排气温度达到 2 550 K）；2）多种推力水平（111.2 kN，244.6 kN，333.6 kN，1 112 kN）；3）发动机的可持续工作（单次工作达到 62 min）；4）满功率情况下累积寿命；5）重启的能力（在约 2 h 内经历了 28 次启动、关闭循环）。尽管取得了大量的成果，但是因为美国民众对阿波罗及其后续的月球基地及载人火星飞行任务失去了兴趣，Rover/NERVA 计划还是在 1973 年 1 月终止，从而导致 Rover/NERVA 发动机失去了在轨飞行验证的机会。Rover/NERVA 计划主要研究了固体堆芯核火箭，在内华达州核试验场的核火箭开发中心进行了多次试验。气体堆芯核火箭也是 Rover 计划的一部分，它是用气体核燃料代替 NERVA 中的固体石墨堆芯。气体核燃料能使温度达到数万度，比冲达 3 000～5 000 s。但鉴于技术上的难度，气体堆芯核火箭有待于进一步发展。

1987 年 11 月，美国核火箭发动机计划改名为 SNTP（空间核热推进）项目后，又重新开始了。SNTP 项目面向军民提出的高速拦截器、运载火箭上面级、轨道转移/机动运载器等需求，开发一种比冲为 1 000 s、推重比在 25∶1～35∶1、推力达 7～30 t 的发动机系统。项目首先是为了满足美国空军对其提出的火箭上面级推进任务。基本型设计为推力 15 t，热功率 1 000 MW。按照规划，SNTP 项目分为 3 个阶段来进行。第一阶段从 1987 年 11 月持续至 1989 年 9 月，目标是验证粒子床反应堆（Particle Bed Reactor，PBR）作为推进能量来源用于地基助推阶段拦截器（Boost Phase Interceptor，BPI）上面级的可行性。SDIO 对此项目感兴趣，并资助了这一阶段的研究。第一阶段主要进行了初步设计评审，并开展了拦截器需要的技术试验飞行测试。按照规划，第二阶段从 1989 年开始，计划 2000 年结束。最初这一阶段由 SDIO 控制，但是在 1991 年 10 月项目转移至空军后，助推阶段拦截器不再是研究重点，为更普遍的空军主导的空间任务提供发动机转而成为研究的重点。第二阶段任务的目标是，研制一个粒子床反应堆发动机原理样机。在第二阶段研究还没完成的情况下，项目于 1994 年 1 月被终止。所以，计划中的第三阶段任务——在轨验证 SNTP 系统，没来得及开始就结束了。在此期间，美国没能开展大型地面试验。SNTP 项目终止后，NASA 仍在小规模地支持其研究工作。为了克服 NERVA 质量大、推重比低的缺点，SNTP 计划主要研究紧凑、质量小的核热火箭发动机，该计划研究的对象是粒子床反应堆。

进入 21 世纪后，在空间探索倡议（SEI）的牵引下，核热火箭发动机技术得到了比较系统的推动，NASA 下属多家研究所和多家大型企业均参与了研究、设计和部件试验，并重新制定了系统的研制计划。这期间，多模式核能动力系统得到了系统的评估，对其中的多项关键技术开展了原理样机验证试验并取得了突破进展。美国还研制了高质量金属陶瓷燃料，建成了核火箭燃料元件环境效应模拟器（NTREES），可提供实际氢流速、高功率密度以及达 3 000 K 温度的燃料测试环境。NASA 完成了 30 kW SAFE 项目的试验工作，还开展了 300 kW 和 400 kW SAFE 项目的研究工作。此外，还积极开展了新型核热推进方案的探索研究和原理试验，尤其是微核燃料颗粒爆炸方案及基于磁约束等离子体微尘核裂变反应方案。

2011 年，在 NASA 的探索技术研发和验证计划（Exploration Technology Developmentand Demonstration Program）的先进在轨推进部分，重新加入了核热推进技术研发和验证的内容。核热推进部分的内容由 NASA 格伦研究中心（GRC）和 NASA 总部，会同 NASA 马歇尔航天中心（MSFC）和能源部（DOE）共同编制提出，如图 8-4 所示。根据计划，将 通 过 基 础 技 术 研 发（Foundational Technology Development）和 技 术 验 证 项 目（Technology Demonstration Projects）两条线来开展相关研究。近期研究工作将由基础技术研发来支持，并纳入了 NASA 新的核低温推进级（Nuclear Cryogenic Propulsion Stage，NCPS）项目。

（2）苏联/俄罗斯发展历程

苏联核热推进技术的研制历程比较平稳，持续时间也较长。从 1953 年开始的近 30 年时间里，苏联多家研究院、设计局、实验室均参与了研究、设计和试验；建立了大型核发

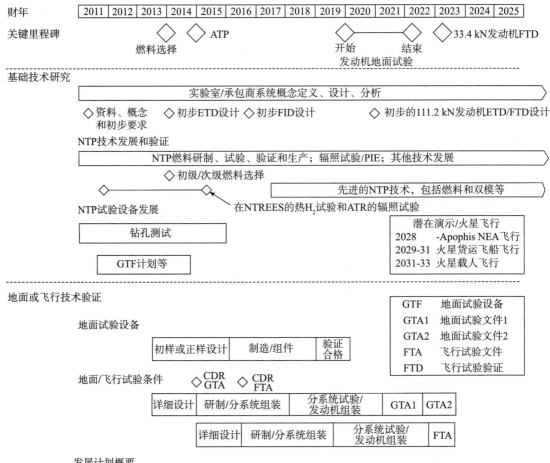

图 8-4　NASA 和 DOE 提出的核热推进技术研究设想

动机试验基地，研制了多台不同推力/不同结构方案的核热火箭发动机并开展了大量的试验，取得了重大成果。这些大规模的研究/研制/试验工作一直持续到 1980 年前后，受美国影响这些工作也停了下来。一直到 2000 年前后，俄罗斯才重新开始核热推进项目的相关研究。

与美国的技术路线不同，核火箭发动机反应堆设计概念采用了非均匀结构，堆芯部件开发所需的资金和时间更少。苏联/俄罗斯核热推进系统研究遵循了三项基本原则：核热推进系统反应堆的非均匀性原则、堆芯模块化原则、对核热推进系统的各部件（燃料组件、慢化剂、反射层、压力容器等）分别进行包括可靠性验证在内的实验性研制原则。

苏联建造了 3 座研究堆，用于开发核热推进火箭发动机反应堆。IGR 反应堆，于 1960 年开始运行，可以对燃料组件及其材料进行研究。在试验中，燃料组件安装在反应堆中央试验通道内，并位于一个水冷却的金属结构内。该反应堆对各种设计的燃料元件和组件进行试验。IVG-1 反应堆，于 1975 年开始运行，是一座中等功率（720 MW）的核火箭发动机（推力 200～400 kN）地面原型堆，可在不同功率水平下对各种类型燃料元件和组件做全规模试验。每个燃料组件都有氢气供应，从而可对特定出口温度进行试验；使用水作慢化剂，能够改变燃料组件截面与功率。IVG-1 反应堆实现了达 40 t 推力的多燃料组件试验和 200 t 推力的单个燃料组件试验。由于燃料组件在 IVG-1 反应堆中的试验获得成功，俄罗斯启动了下一阶段试验，即对反应堆进行试验，产生了 36 kN 的推力。IRGIT 反应堆，是一座核热推进原型堆。1978 年 8 月，IRGIT 通过了两个系列的燃料点火测试。燃料特性试验结构表明，设计出使核热推进装置比冲超过 900 s 的紧凑型反应堆是可能的。

苏联利用 3 座研究堆成功验证了三元碳化物燃料的可靠性。在 IVG-1 反应堆进行的约 15 次试验中，推进剂的最高出口温度为 3 100 K，对应比冲为 925 s。1970—1988 年，三座研究堆进行了 30 次点火试验，功率达 230 MW，推进剂流速达 16.5 kg/s，燃料元件最大功率密度达 25 MW/L，铀-235 丰度为 90%，铀-235 装载量为 6.7～15.9 kg，从反应堆堆芯泄露的放射性物质≤1%（质量）。2007 年有报道称，俄罗斯开发的碳化物-氮化物核燃料的化学稳定性已经在温度约 2 800 K 的 100 h 试验中得到验证，俄罗斯打算用这种燃料取代原来的碳化物设计。

在燃料组件研究取得成果的基础上，俄罗斯电力技术研究院与设计院，与俄罗斯科学中心库尔恰托夫研究所及 NII NPO Luch 在 1997—2007 年开发了许多核动力系统设计（包括用于供电的双模式系统）。不过，由于 20 世纪 90 年代以来经费缩减，所有这些设计工作仅处于科学研究阶段。在俄罗斯的数十种核推进系统设计中，开发程度最高的是 RD-0411（推力约 392 kN）和 RD-0410（推力约 35 kN）。在各类设计的基础上，俄罗斯建造了全尺寸的 RD-0410 核火箭发动机原型装置，并用电加热器进行了试验。俄罗斯还提出用乙烷作推进剂添加剂，降低氢气对燃料元件的侵蚀。为满足火星探索任务要求，俄罗斯在 RD-0410 基线设计基础上开发了核动力与推进双模式系统（NPPS）设计，即加入一个布雷顿循环发电回路。这种系统设计用氙和氦的混合物作发电工质。

表 8-1　俄罗斯核火箭发动机性能

参数	RD-0410	NPPS
真空推力/kN	35.28	68
推进剂	H_2＋乙烷	H_2
推进剂流速/(kg/s)	～4	～7.1
真空比冲/s	～900	～920
堆芯出口温度/K	3 000	2 800～2 900
燃烧室压力/10^5 Pa	70	60
铀-235 浓缩度/%	90	90
燃料组成	(U,Nb,Zr)C	U-Zr-C-N
燃料元件形成	扭曲带状	扭曲带状

续表

参数		RD-0410	NPPS
发电功率/kW		N/A	50
发电回路工作流体(质量百分比)		N/A	93％Xe＋7％He
发电回路的最高温度/K		N/A	1 500
发电回路的最大压力,10^5 Pa		N/A	9
工作流体流速/(kg/s)		N/A	1.2
热功率/MW	推电模式	196	340
	发电模式	N/A	0.098
堆芯尺寸/mm	长	800	700
	直径	500	515
发动机尺寸/mm	长	3 700	—
	直径	1 200	—
寿期	推进模式,h	1	5
	发电模式,a	N/A	2
质量/kg		2 000*	1 800**

注：* 包括辐射屏蔽和转换器，** 反应堆质量。

2006 年，俄罗斯电力技术研究与设计院恢复与俄罗斯联邦航天局（Roskosmos）和国家原子能机构（Rosatom）主要企业的合作。2007 年 4 月，电力技术研究与设计院发起召开了一次多部门参加的研讨会，会议决定，将设计工作的重点放在开发一种核动力双模式系统地面原型装置上，其电功率为 100～500 kW。与此同时，电力技术研究与设计院，与哈萨克斯坦国家核中心的核动力院一起，启动了 IVG-1 反应堆的升级改造工作。这项工作完成后，将开发一种封闭排放氢气的气体冷却回路，并将重建冷却系统，以确保反应堆长时间运行。这将使许多寿命试验成为可能，包括反应堆的燃料元件和其他部件，以及氢气出口温度超过 3 000 K 的核发动机系统（试验时间 10 h）。

2010 年 6 月，俄罗斯 Keldysh 研究中心按照总统的指示，牵头启动了使用核电源推进系统 NPPS 的航天器研发项目。此航天器的主要用途是星际拖船，将载荷从地球轨道拖至火星轨道。俄罗斯联邦航天局和国家原子能机构参与了该项目，工业界的众多重要研究机构也都参与了此项目。

8.4　主要核热推进系统应用概念

核热推进产生推力的方式大体上都相同，各类不同的核热推进系统的主要区别是堆芯的设计。下面我们按照堆芯设计的不同类别介绍主要的核热推进系统概念。

8.4.1　火箭飞行器核发动机应用概念

火箭飞行器核发动机（Nuclear Engine Rocket Vehicle Application，NERVA）计划始

于 1947 年，由美国空军和原子能委员会支持，主要目的是设计一个可以推进洲际弹道导弹的反应堆。1958 年，NASA 主导了 NERVA 计划，并将其作为空间探索计划的一部分。NASA 在洛斯阿拉莫斯科学实验室（LASL）的协助下，运行此研发项目直至 1972 年。其中，LASL 负责研发反应堆和燃料，NASA 负责给西屋和航空喷气公司提供资金开展试验用发动机建造（使用 LASL 研发的反应堆）。图 8-5 为 NERVA 发动机在内华达测试场开展的一次核热火箭发动机试验。

图 8-5　在内华达测试场开展的一次核热火箭发动机测试

最初 NERVA 计划是为了满足洲际导弹携带重型热核弹头的需要，但是随着弹头越来越小，洲际弹道导弹越来越大，很快该计划所针对的军事应用背景就没有了。NASA 接手该计划后，核热火箭的用途转向太空任务应用，但是受到经费限制，再加上 20 世纪 70 年代初航天飞机的方案逐步成形，核热火箭的应用再次被搁置。

NERVA 堆芯是蜂巢换热结构的代表。NERVA 堆芯采用六角形的燃料元件，元件轴向上有 19 个工质流道。在最初的设计中，燃料采用热解碳包覆的 UC_2 颗粒，直径约为 0.2 mm。这些燃料颗粒均匀地弥散在石墨基体中，如图 8-6，通过挤压和热处理制成燃料元件。石墨虽具有较高的熔点，但易与高温氢气发生化学反应，导致燃料元件被腐蚀以及燃料的流失。为保护石墨基体，通常采用化学方法在燃料元件的外表面和工质孔道内壁沉积一层碳化锆保护层。早期设计的 NERVA 堆芯只装有燃料元件，但由于石墨的慢化能力较差，堆芯的体积和质量均较大。为提高推重比，在后期设计的 NERVA 堆芯中加入了支柱元件，其外形尺寸与燃料元件完全相同。支柱元件不但起支撑连接燃料元件的作用，其内部的 ZrH 套管还提供了额外的中子慢化能力，有助于减小堆芯体积和质量。氢气在进入燃料元件前，首先流过支柱元件，一方面使支柱元件保持在较低的温度，另一方面为涡轮泵提供驱动力。

堆芯内元件的尺寸、数目及燃料元件与支柱元件的比例可根据核热推进所需的功率和推力水平决定。NERVA 堆一般采用铍或氧化铍作反射层，采用位于侧反射层内的转动鼓

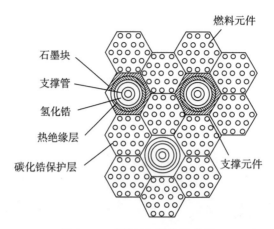

图 8 - 6   NERVA 元件示意图

作主要的反应性控制手段。在 NERVA 计划中，所设计的反应堆热功率为 $300\sim4\,100$ MW，推力为 $60\sim910$ kN。在 20 世纪 90 年代初的 SEI（Space Exploration Initiative）计划中，对 NERVA 堆芯的燃料进行了改进。新型的 NERVA 堆芯燃料不再采用包覆颗粒弥散于石墨基体的形式，而是改用熔点更高的二元碳化物（U，Zr）C 或三元碳化物（U，Nb，Zr）C 的固溶体与石墨的混合物。这种燃料一方面提高了许可工作温度，从而提高了工质温度；另一方面改善了碳化锆保护层与燃料的热膨胀系数的匹配，解决了碳化锆保护层在温度急剧变化时的破裂问题。这种改进后的 NERVA 又称为 NDR（NERVA Derived Reactor）。

8.4.2　金属陶瓷燃料反应堆（CERMET）应用概念

在 ROVER/NERVA 计划进行的同时，美国通用电气公司设计了一种采用金属陶瓷燃料的反应堆，称为 CERMET 堆，CERMET 堆的燃料采用 UO_2 弥散于高温难熔金属（如钨、铼、钼等）的形式，UO_2 的体积份额可达 60%。由于难熔金属具有较大的热中子吸收截面，CERMET 堆均设计成快堆。

CERMET 堆功率为 $2\,000$ MW，推力为 445 kN，堆芯长约 86 cm，直径约 61 cm，堆内共有 163 个六角形的燃料元件。燃料元件截面宽约 4.75 cm，轴向有 331 个直径约 0.17 cm 的工质流道。燃料元件的外表面和工质流道内壁包覆有钨铼合金，以抵抗高温氢的侵蚀。CERMET 堆的金属陶瓷燃料对裂变产物有较强的包容能力，与高温氢气的相容性较好，有较长的寿命和多次启动的潜力。但 CERMET 堆的 1 个不利因素是裂变材料装量大，且金属基体燃料的密度较大，造成整个堆芯的质量较大。为减小堆芯质量，曾提出了两种两区堆芯设计方案，一种为轴向两区设计，堆芯上部温度较低，采用密度较小、熔点稍低的钼作为基体材料，而堆芯下部温度较高，采用高熔点的钨或铼作基体材料；另一种为径向两区设计，堆芯内区采用钨或铼基体燃料，外区采用钼基体燃料。工质在堆芯内首先流过外区，然后转向通过内区，最终排出堆芯。两区设计能显著降低堆芯质量，提高系统性能。CERMET 堆也曾是 SEI 计划中的候选方案之一。

8.4.3　粒子床反应堆应用概念

粒子床反应堆（Particle Bed Reactor，PBR）概念产生于美国的 SDI（Strategic Defense Initiative）计划。PBR 的燃料元件与 NERVA 堆有很大不同，其截面如图 8 - 7 所示。PBR 采用类似于高温气冷堆的包覆燃料颗粒构成燃料床。包覆颗粒直径约为 0.5 mm，核心为 UC_2，内包覆层为热解碳，起包容裂变产物的作用；外包覆层为碳化锆，起阻止高温氢气侵蚀作用。燃料床的外侧为冷套管，一般由不锈钢或铝合金制成，上面开有工质流通孔道。工质孔道的位置和数目由元件的功率分布决定。燃料床内侧为热套管。热套管一般由碳化钽或碳化铌包覆的石墨制成，上面同样有工质流通孔道。燃料元件中的慢化剂通常选择含氢材料，并混合一定量的金属以增强换热能力。整个燃料元件制成六角形。

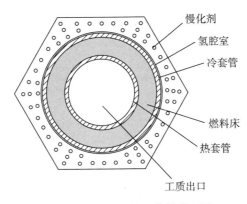

图 8 - 7　PBR 燃料元件横截面图

工质流动时，首先由堆芯下部进入慢化剂内的流通孔道，带走慢化剂内沉积的热量，而后在堆芯上部混合，再进入冷套管与慢化剂之间的氢腔室，随后径向流动，穿过冷套管、燃料床、热套管，进入元件中心的工质出口，排出堆芯，最终流过喷管，产生推力。根据需要的功率和推力，PBR 内可布置 19、37 或 61 根燃料元件。PBR 的优点在于选用了性能更好的慢化剂，减小了堆芯的体积和质量；采用包覆颗粒构成燃料床，增大了换热面积，使功率密度提高到 40 MW/L；冷却剂在燃料床内径向流动，缩短了流程，降低了流动阻力，加大了工质流速。以上优点使 PBR 的推重比可达 20 以上。

8.4.4　苏联/俄罗斯设计的堆芯方案

在美国开始核热推进研究后不久，苏联也开始了相关研究。与美国不同的是，苏联一开始就采用非均匀化的设计思想。非均匀化堆芯相对于均匀化堆芯具有以下优点：

1）减少了处于高温环境结构部件的份额，扩大了材料的选择范围；

2）慢化剂与燃料的分离使得选择慢化剂时只需考虑慢化性能的要求；

3）可更安全地对单个或数个燃料组件进行堆内考验，而不必进行全堆试验；

4）简化了堆芯的物理热工问题，减小了工质的温度不均匀性，提高了工质的出口温度。

俄罗斯设计的堆芯使用扭曲条形状的燃料元件，多个这样的燃料元件构成燃料棒束，而 6～8 个棒束轴向排列构成 1 个燃料组件，如图 8-8 所示。燃料组件插入 ZrH 慢化剂中，形成堆芯。这种由三元碳化物（U，Nb，Zr）C 制成的扭曲条形状燃料元件具有较高的换热面积和较高的许可工作温度。在堆内试验中，工质最高温度为 3 000 K 时持续了 1 h，而 2 000 K 时持续了 4 000 h。沿燃料组件轴向可调整燃料成分，以获得较好的轴向功率分布。同时，燃料组件在慢化剂内的排布也可方便调整，以展平径向功率分布。俄罗斯设计了多个核热推进方案，其中推力约 35 kN 的 RD-0410 开发程度较高，图 8-8 就是其所采用的燃料组件。在美国的 SEI 计划中，美国和独联体的工业组织（如航空喷气等以苏联的核热推进设计为基础的组织）提出了 CIS（Common wealth of Independent States）堆堆芯方案。俄罗斯最近还开发了碳化物—氮化物燃料，并在 2 800 K 条件下进行了 100 h 的试验，性能得到了验证。预计在未来的核热推进设计中，这种燃料将取代原来碳化物的设计。

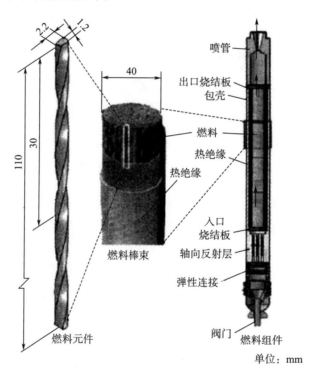

图 8-8　俄罗斯设计的燃料组件

8.5　新型核热推进概念

8.5.1　微型反应堆发动机概念

微型反应堆发动机（Miniature Reactor Engine，MITEE）是在 PBR 概念的基础上发展起来的，主要着眼于缩小核反应堆的体积、减小结构质量和提高堆芯的换热效率，同时适当减小推力（反应堆功率和功率密度均相应减小），以降低研制难度。MITEE 堆芯由 37 个六角型的燃料元件和 24 个相同形状、相同尺寸的反射层元件构成。与 PBR 不同的是，MITEE 的燃料元件取消了颗粒床结构，而是采用了类似于 CERMET 堆的金属基体燃料。这种燃料是将裂变材料 UO_2 颗粒（直径约为 0.4 mm）均匀弥散在金属陶瓷薄板（厚度约为 0.25 mm）中，并在薄板上钻有换热孔，然后将薄板卷成 35 层的圆筒，构成燃料元件的燃料区。在燃料元件中心是工质排气孔道，每个燃料元件均有出口喷管单独产生推力，然后集中在一起形成总的推进动力，并非如 PBR 仅有一大喷管，这样就大为降低了研制和试验研究的难度。小喷管质量轻，强度、工艺问题较易解决，传热和推力模拟试验均以单个燃料元件的形式进行。MITEE 燃料元件的燃料区分为外部区、中间区和内部区。外部区由铍基体制成。基体中包含有适量的石墨纤维，石墨纤维经 UO_2 浸渍。在基体上钻有控制工质流量的小孔。外部区处于低温区域。中间区是以钼金属为基体（金属粉末加约 50％ 容积的 UO_2）的烧结板，上面同样钻有小孔。孔隙率根据换热要求而定。中间区处于较高温度区域，层数约占燃料区总层数的 2/3。内部区是以钨金属为基体、其中弥散 UO_2。颗粒的高温烧结板，上面同样钻有小孔。内部区处于高温区域，层数约占总层数的 1/3。钨采用同位素 184 W，以减少对热中子的吸收。在燃料区外是慢化剂 LiH，最外面是铍合金制成的六角型压力管，出口连接 TaC 包覆的碳纤维喷管，形成一个完整的燃料元件。在燃料元件的燃料外部区域（即铍金属基体区域）和慢化剂之间有环形的工质流动通道。MITEE 堆芯是目前质量最小的核热推进堆芯方案。图 8-9 为 MITEE 示意图。

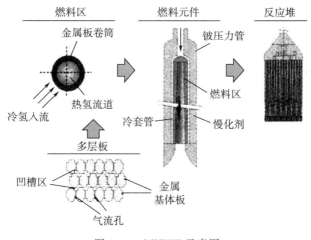

图 8-9　MITEE 示意图

8.5.2　方点阵蜂窝堆芯概念

方点阵蜂窝堆芯（Square-Lattice Honeycomb，SLHC）是由美国佛罗里达大学设计的堆芯方案。SLHC 堆采用三元碳化物（U，Nb，Zr）C 的固溶体作为燃料，[235]U 富集度达 93％。燃料制成厚约 1 mm 开有凹槽的薄片，这些薄片按一定结构叠加形成高 10 cm 的

方格蜂巢状燃料组件。组件中工质流通面积占 30％。5 个这样的燃料组件构成一圆柱形堆芯。SLHC 堆的推力可达 50～250 kN，比冲达 930～970 s。图 8-10 为 SLHC 堆的燃料薄片示意图。

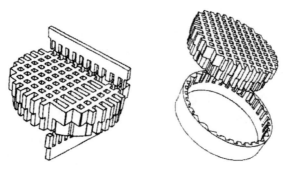

图 8-10　SLHC 堆的燃料薄片

8.5.3　液态和气态堆芯概念

以上介绍的堆芯方案都属于固态堆芯，此外还有液态堆芯和气态堆芯方案。液态堆芯的燃料处于熔化状态，并在转筒内旋转，转筒外层的燃料由于冷却而处于固态。工质从上至下穿过转筒，从而被加热。由于液态燃料的温度可达 3 000～5 000 K，部分工质被分解为单原子氢，使得比冲提高到 1 600～2 000 s。1 个有代表性的气态堆芯方案是开放式气态堆芯（图 8-11）。开放式气态堆芯呈球形，等离子态的燃料位于堆芯中央。工质首先冷却喷管和慢化剂，再进入堆芯被辐射加热。工质中加入了某特殊材料以加强吸收辐射能量的能力。在堆芯中央可通过再循环流动形成停滞区域，以减少裂变材料的流失。由于等离子态燃料的温度高达 10 000～20 000 K，开放式气态堆的比冲可超过 5 000 s。

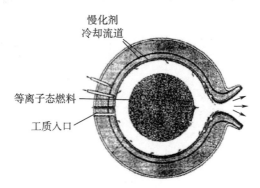

图 8-11　开放式气态堆芯

液态堆芯和气态堆芯的工质温度和比冲虽较高，但研制难度较大，目前仅处于可行性研究阶段。从核热推进堆芯方案的发展历史可看出，早期设计的均匀堆由于只能使用慢化能力较差的石墨作为慢化剂，使得堆芯的体积和质量较大。为得到大于 1 的推重比，只能提高堆芯功率，增大推力。而燃料的热氢腐蚀问题也限制了堆芯的寿命，工质的最高温度仅达 2 700 K 左右。而后设计的堆芯多采用非均匀堆结构，选用性能更好的慢化剂，减小了裂变材料装量，堆芯结构也更加紧凑。同时，更高熔点和更耐热氢腐蚀的燃料也得以应用，提高了堆芯功率密度和工质温度。早期设计的燃料元件多为中间带工质流通孔道的六角形，换热面积与体积的比值较小，不利于燃料冷却和工质充分加热，限制了堆芯功率密度和工质温度。而后设计的燃料元件，采用直径很小的球形或扭曲窄条等结构，提高了单位体积的换热面积，降低了燃料中心温度，减小了燃料与工质之间的温差，提高了堆芯功率密度和工质温度。

参 考 文 献

［1］ 解家春，赵守智. 核热推进堆芯方案的发展［J］. 原子能科学技术，2012，46.

［2］ 廖宏图. 核热推进技术综述［J］. 火箭推进，2011，37（4）：1-11.

［3］ 中国核科技信息与经济研究院. 俄罗斯空间核热推进技术发展情况［J］. 国外核技术简报，2009，174（18）.

［4］ 何伟峰，向红军，蔡国飙. 核火箭原理、发展及应用［J］. 火箭推进，2005，31（2）：37-43.

［5］ BOROWSKI S K，MCCURDY D R，PACKARD T W. Nuclear thermal propulsion（NTP）：a proven growth technology for human NEO/Mars exploration missions. IEEE，2012.

［6］ BOROWSKI S K. Nuclear thermal propulsion：past accomplishments，present efforts，and a look ahead. Journal of Aerospace Engineering，2013，4：334-342.

［7］ HASLETT R A. Space nuclear thermal propulsion program：final report. May 1995. Philips Laboratory，Space and Missiles Technology Directorate，US Air Force.

［8］ International Atomic Energy Agency（IAEA）. The role of nuclear power and nuclear propulsion in the peaceful exploration of space. Vienna，2005.

［9］ ZAKIROV V，PAVSHOOK V. Russian nuclear rocket engine design for Mars exploration. Tsinghua Science and Technology，2007，12（3）：256-260.

［10］ DENISTON B. An inside look at Russia's nuclear power propulsion system（Interview：Academician Anatoly Koroteyev）. 21st Century Science and Technology，2012-2013：57-59.

［11］ LAWRENCE T J. Nuclear-thermal-rocket propulsion systems. From Nuclear Space Power and Propulsion Systems Edited by Claudio Bruno. Published by American Institute of Aeronautics and Astronautics，2008.

［12］ NASA. NASA/DOD/DOE nuclear thermal propulsion workshop notebook. NASA Lewis Research Center（now：NASA Glenn RC），Cleveland OH，1990.

第 4 篇　空间核热源

第 9 章 空间核热源

9.1 简介

空间核热源是指在外层空间利用核反应释放出的热量加热航天器部件的装置。与电加热器相比，空间核热源在使用时不消耗电功率、不产生电磁干扰。目前为止，在轨应用的空间核热源都是基于同位素核源的，这种空间核热源又称为同位素加热器组件（Radioisotope Heater Unit，RHU）。目前 RHU 技术较为成熟。

阿波罗 11 号是美国第一个使用 RHU 的航天任务。尼尔·阿姆斯特朗和巴兹·奥尔德林放置在月球表面的 EASEP 使用了 2 台 15 W 的 RHU 用于保温，EASEP 的电源供给则由太阳能电池实现。

先驱者 10、11 号两次任务除使用 SNAP - 19 RTG 外，每颗探测器还使用了 12 个先驱者同位素加热器组件（Pioneer Radioisotope Heater Unit，PRHU）。PRHU 采用圆柱状外形，热功率为 1 W（1.8g Pu - 238）。PRHU 主要用于防止低温对探测器科学仪器和设备（包括 3 个推力器）造成损伤。PRHU 重约 60 g。旅行者 1、2 号探测器也使用了同位素加热器组件。除核燃料形式外，旅行者号 RHU 继承了 PRHU 的设计。

为了满足伽利略木星探测任务的需求，美国又研制了改进型的热功率为 1 W 同位素加热器组件，名称为轻量化同位素加热器组件（LWRHU）。伽利略任务（轨道器＋探测器）共使用 120 枚 LWRHU。卡西尼-惠更斯号任务共使用了 117 枚 LWRHU（卡西尼号 82 枚，惠更斯号 35 枚）。

火星探路者号任务中的旅居者号（Sojourner）微型火星车使用了 3 枚 LWRHU。勇气号和机遇号火星车各使用了 8 枚 LWRHU。

此外，苏联的月行器系列、俄罗斯的火星 96 任务也使用了 RHU。月行器 1 号和 2 号所使用的 RHU 热功率均为 900 W。火星 96 任务设计使用 2 枚 RHU 和 2 台 RTG。其中，RHU 使用 ^{238}Pu 作为核燃料，热功率为 8.5 W。

2013 年，我国发射的嫦娥三号任务共使用了 3 枚热功率为 120 W 和 2 枚 8 W 的 RHU，嫦娥四号任务也使用了 RHU。

目前，ESA 正在开展 RHU 的研制，计划在 2016 年 RHU 技术成熟度达到 6（TRL6），欧洲自主研制的首颗核动力航天器（使用 RHU）将由法国发射上天。ESA 设计的 RHU 技术要求为热功率 5 W，寿命不少于 20 年。

9.2　典型空间核热源技术

图 9-1 给出了美国轻量化同位素加热器组件（Light - Weight Radioisotope Heater Unit，LWRHU）的主要组成部分。LWRHU 标称热功率为 1 W。LWRHU 包含 4 个基本组成部分：燃料颗粒、铂-铑合金封装包覆层、热解石墨绝热层以及气动防护包壳（Aeroshell），如图 9-2 所示。LWRHU 长约 32 mm，直径约 26 mm，标称质量为 40 g。一枚 LWRHU 含 $^{238}PuO_2$ 约 2.6 g。

图 9-1　美国正在使用的 LWRHU 示意图

在 LWRHU 设计时，充分考虑了 3 种关键的环境：发射，发射失败和地球再入。此外，由于最初 LWRHU 是为木星探测任务伽利略号而设计的，其设计还充分考虑了进入木星大气环境的需求。技术指标见表 9-1。

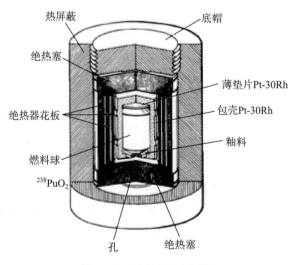

图 9-2　LWRHU 剖面图

表 9 - 1　LWRHU 技术指标列表

序号	参数	值
1	热功率	$1.1\pm0.03\mathrm{W(BOL)}$
2	测得功率精度	$\pm1\%$
3	有效寿命	不少于 7 年
4	中子发射	$<6\,000\ \mathrm{n/s-g^{238}Pu}$
5	$^{238}\mathrm{Pu}$ 含量	$<0.8\times10^{-6}$
6	构形	直圆柱体
7	元件互换性	是
8	重量	不超过 40 g
9	自由大气中表面温度	45 ℃
10	再入过程中包覆层温度裕量	不小于 200 ℃
11	气动防护包壳烧蚀退化	不超过 50%
12	再入过程中冲击阻力（密封完整）	49 m/s
13	木星进入动态过载	425 g

　　LWRHU 密封包覆构形是由圆柱状的燃料颗粒尺寸决定的。包覆厚度约为 1 mm，其爆炸视图见图 9 - 3。从图中可以看出，密封包覆主要由出口封盖、釉料口、包壳主体、焊接区保护和封盖等 5 部分组成。包壳所用材料均为 Pt - 30 Rh。

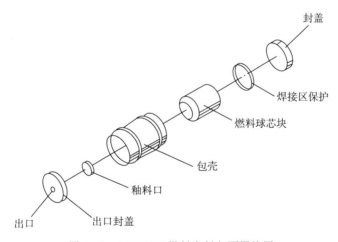

图 9 - 3　LWRHU 燃料密封包覆爆炸图

　　绝热器由 5 个元件（2 个端盖和 3 个套管）组成，见图 9 - 4。绝热器使用的材料是热解石墨。气动防护包壳所用材料为一种商标为 WEAVE - PIERCED 的石墨织物（FWPF）。气动防护包壳是一个厚壁的罐状结构，主要用于提供再入等环境下的机械保护。

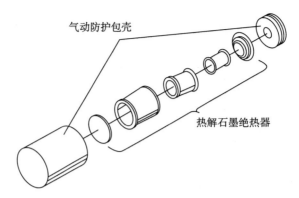

图 9 - 4　LWRHU 气动防护包壳和绝热器组件爆炸图

参 考 文 献

［1］ 吴伟仁，裴照宇，刘彤杰，等 . 嫦娥三号工程技术手册［M］. 北京：中国宇航出版社，2013.

［2］ BENNETT G L. Mission interplanetary：using radioisotope power to explore the solar system. Energy Conversion and Management，2008，49：382 - 392.

［3］ International Atomic Energy Agency（IAEA）. The role of nuclear power and nuclear propulsion in the peaceful exploration of space. Vienna，2005.

［4］ TATE R E. The light weight radioisotope heater unit（LWRHU）：a technical description of the reference design，Los Alamos National Laboratory report LA - 9078 - MS，1982.

［5］ CHAHAL M S. European space nuclear power programme：UK activities，2012.

第 5 篇　核动力航天器

第 10 章　同位素航天器

10.1　简介

同位素航天器是最早在轨应用的核动力航天器。使用同位素电池和同位素热源的航天器均称为同位素航天器。早期，同位素航天器在近地轨道和深空均得到了较为广泛的应用，应用领域几乎涵盖了遥感、通信、导航、载人、月球和深空探测等所有航天器应用。随着太阳电池技术逐渐成熟，其技术竞争力日益提高，同位素航天器逐步退出了近地轨道应用。从 20 世纪 80 年代至今，同位素航天器一直用于执行深空探测任务，飞行范围已达到月球、火星、木星、土星、天王星、海王星、冥王星以至太阳系边缘。

美国和苏联均较早地开展了同位素航天器的研制。相比较而言，美国在同位素航天器方面的研制经验更为丰富。截至 2018 年 12 月，美国共研制发射 32 颗核动力航天器，其中 31 颗为同位素航天器；苏联/俄罗斯共研制发射 40 颗核动力航天器，其中 6 颗为同位素航天器。

10.2　同位素航天器特点

同位素航天器使用 RTG 为航天器提供电能，或者使用 RHU 为温度敏感设备提供温度保证。与普通航天器相比，同位素航天器最大的特点就是使用了核源。在第 11 章，较为详细地阐述了核动力航天器与普通航天器的差别，此节仅给出同位素航天器的特点，更为全面的描述详见第 11 章。

（1）使用 RHU 的同位素航天器

仅使用 RHU 的同位素航天器，外形上与普通航天器基本没有差别。但是核源及其所附属的安全性问题，给航天器的设计、总装、测试、试验、运输、发射带来了一些变化。在航天器设计方面，要考虑核源的防护问题，一方面保证核源不会对地球及其环境造成危害，另一方面还要保证核源的核辐射不会对航天器上的其他设备造成负面影响。由于使用了 RHU，航天器的热控系统需要进行相应的适应性设计。航天器的总装、测试、试验、运输、发射均会因核安全问题而有所改变。一般来说，核源的安装会安排在发射场；在测试和试验阶段，一般使用模拟核源代替真实核源来参加各阶段测试和试验；航天器的运输和发射场工作均需遵守地面核源的相关管理规定，与普通航天器有较多的差别。

（2）使用 RTG 的同位素航天器

RTG 可代替太阳翼，为航天器提供所需的电能。对于这类同位素航天器，外形与普通航天器有较为明显的差别。使用 RTG 的航天器较为明显的标志是支出航天器本体的 RTG。由于 RTG 核电转换效率较低，有大量的废热需要排散至太空；同时，为了避免 RTG 核辐射对星内设备的影响，一般都会采用将 RTG 支出航天器本体的构形方式。

由于使用了 RTG，航天器的供配电系统将发生重大的变化。与太阳电池相比，RTG 可全天输出电功率，根据任务情况可以不配置或少配置储能设备；同时，RTG 的电压输出较为稳定，但呈现一个逐年下降的趋势，电源控制设备需要根据此特点进行优化设计。

在总装、测试、试验、运输、发射阶段，为了保证核安全，使用 RTG 的同位素航天器要采取与使用 RHU 的同位素航天器相似的措施。

10.3　初创时期典型同位素航天器

10.3.1　美国海军导航卫星子午仪

子午仪卫星是美国也是世界上的第一代导航卫星。其最初由海军支持，并由约翰霍普金斯大学应用物理实验室（APL）抓总研制。从 1958 年首颗原型星子午仪 1A 开始建造，至 1996 年其被 GPS 系统取代而停止导航服务，整个系统建设和运行持续时间达到 38 年。1959—1964 年，共发射了 14 颗试验星。1964 年 10 月开始，共发射 30 颗业务星（业务星又名奥斯卡 Oscar 和新星 Nova）。子午仪正式名称为海军导航卫星系统。子午仪主要完成了为海军弹道导弹核潜艇（SSBNs）提供精确导航系统的任务。SSBN 的火控系统需要知道潜艇所在准确位置，并需要利用导航系统来精确地瞄准目标。

子午仪部分试验星以及 1972 年发射的业务星子午仪-01-1X 使用了 RTG。

（1）子午仪-4A 和-4B

子午仪-4A 和-4B 是第一批采用改进鼓状构形（与早期的球形构形不同）的卫星，还使用了体装太阳能电池片。子午仪-4A 是第一颗使用核动力的人造地球卫星，也是第一颗可通过指令切换电源系统的卫星。子午仪-4B 的设计与子午仪-4A 一致。子午仪-4A 于 1961 年 6 月 29 日发射，子午仪-4B 于 1961 年 11 月 15 日发射。

子午仪-4A 和-4B 的主载荷均为转发器，用于卫星导航试验。电源由太阳能电池和同位素电池系统 RIPS 共同提供，见图 10-1。太阳能部分使用了 Ni-Cd 电池。子午仪-4A 上的放射性同位素电池（RIPS）电功率为 2.6 W，子午仪-4B 上 RIPS 电功率为 3.1 W。子午仪-4A 和-4B 上的 RIPS 都是用来为系统的核心——晶振提供电源的，安装位置在星体的底部中心。在发射一个月后，子午仪-4A 上的遥测转发器失效，由于电压调节器失效使得晶振的稳定度大幅下降。仅在晶振稳定度良好的情况才能得到有效的测量数据，卫星在轨运行时间较长。

1962 年 6 月 6 日，子午仪-4B 卫星上的 RIPS 功率降为 0，在后来的几天里功率输出断断续续的，最后完全失效。RIPS 失效原因为 DC/DC 转换器失效或是 RIPS 热电转换器失效。1962 年 7 月 9 日，美国在太平洋上的约翰逊岛上开展了高海拔核试验，子午仪 4B 卫星受到严重影响，太阳电池性能快速下降。1962 年 8 月 2 日，卫星停止发出转发信号。

 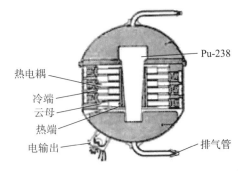

图 10 - 1　子午仪 - 4A 和 - 4B 以及 RIPS

（2）子午仪 - 5BN - 1/2/3

子午仪 - 5BN 系列导航卫星是第一批仅使用同位素电池作为一次电源供应的卫星。该系列包含 5BN - 1、5BN - 2 和 5BN - 3 共 3 颗卫星。5BN - 1、5BN - 2 分别于 1963 年 9 月和 12 月发射且成功，5BN - 3 则于 1964 年 4 月发射但没有入轨。子午仪 - 5BN 系列卫星均是与子午仪 - 5E 系列卫星一起发射的，图 10 - 2 为子午仪 - 5BN - 1 在轨示意图。

图 10 - 2　子午仪 - 5BN - 1 在轨示意图

在 5BN - 1 卫星质心附近安装了 4 个尾翅，保证卫星在再入大气层时，SNAP - 9A 可以完全烧毁。在发射入轨后，5BN - 1 取得重力梯度稳定，位置倒置，天线冲天，用户无法接收到数据。但是测量和导航评估数据还是得到了一些。1963 年 12 月，因为用户设备短路导致 SNAP - 9A 无法正常为转发器提供电源。1964 年 6 月 1 日，卫星遥测彻底消失。5BN - 1 向人们证明，使用 RTG 的卫星设计非常简单，RTG 不仅可以用于提供电能，还可以提供热控所需的能量。5BN - 2 是第一个可以开展业务运行的导航卫星。在 1964 年 12 月前，海军的水面舰艇和潜艇是其主要用户。1964 年 12 月，卫星的存储器开始工作不正常，业务运行终止。1965 年 7 月，存储器完全失效，所有载荷都无法工作。此后数十年卫星还一直向地面发射遥测信号。

5BN - 3 在再入大气后，SNAP - 9A 完全烧毁，也从另一个侧面证明了 SNAP - 9A 的安全设计是让人满意的。在子午仪 5BN - 3 卫星之后，APL 决定不再在其业务星上使用核电源。原因有二：第一，太阳能电源系统的价格更低；第二，使用核电源的卫星发射需要政府特殊的批准手续，风险较大。

（3）子午仪 - 01 - 1X（TRIAD）

1969 年立项子午仪改进项目（Transit Improvement Program，TIP）是为升级其业务能力，同时验证辐射加固技术。第一颗 TIP 卫星，是概念验证试验卫星 TRIAD（又名 Transit - 01 - 1X）。子午仪 - 01 - 1X 是一颗三体卫星，不同部分之间通过可展开的支撑杆连接。TRIAD 是第一颗使用无摄动力（Drag - free）技术的卫星。卫星于 1972 年 9 月发射。TRIAD 卫星的供电系统由 RTG 和太阳能电池两部分组成，其中 RTG 为主，太阳能为辅。RTG 安装在卫星顶部，由支撑杆连接。TRIAD 所使用 RTG 电功率为 30 W。在发射两个月后，中心计算机的某个元器件失效，但是并没有影响卫星的主要功能，图 10 - 3 为 TRIAD 在轨构形图。

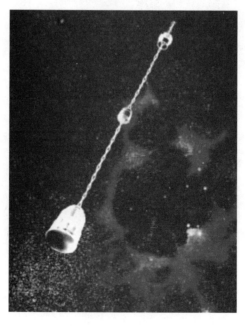

图 10 - 3　TRIAD 在轨构形图

10.3.2　NASA 阿波罗飞船上的 ALSEP（EASAP）装置

从阿波罗 12 号开始，阿波罗飞船就开始搭载 ALSEP（Apollo Lunar Surface Experimental Package）装置。ALSEP 是一组科学试验和支持分系统的集合，在月面由航天员展开，图 10 - 4 为航天员放置同位素热源，图 10 - 5 为 ALSEP 及其安装位置。ALSEP 测量月球物理和环境特性并将数据传输至地球站。这些数据被用来反演月球本体的组成和结构、磁场、大气和太阳风。

阿波罗 11 号飞船没有搭载 ALSEP，但是使用了早期阿波罗科学试验包（Early Apollo Scientific Experiments Package，EASAP）。EASAP 包含一个激光测距后向反射器（LRRR）和一个被动地震试验包（Passive Seismic Experiments Package，PSEP）。PSEP 上使用了 2 个同位素热源，名称为阿波罗月面同位素热源（Apollo Lunar Radioisotopic Heater，ALPH）。ALPH 用于热控（使用^{238}Pu），初期热功率为 15 W。

阿波罗 13～17 号上均搭载了 ALSEP，所以也均使用了 RTG。其中，阿波罗 13 号在返回地球时出现故障，坠入海洋，其中的 RTG 也深埋海底。

阿波罗飞船由服务舱 SM、指令舱 CM 和月球舱 LM 三部分组成。ALSEP 安装在 LM 的科学仪器段 SEQ。装着 RTG 燃料的桶安装在 SEQ 附近 LM 的外边。

GE 公司负责 ALSEP 所需的 SNAP - 27 RTG 的研制。SNAP - 27 的电功率要求为 50 W。阿波罗 12 号上使用的 RTG 初始电功率达到 74 W；5 年后，它的功率仍然达到了初始功率的 83.5%。所有的 ALSEP 都在 1977 年 9 月 30 日被统一关闭了。

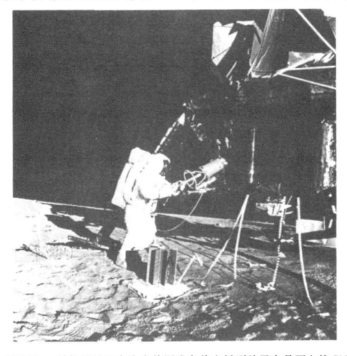

图 10 - 4　阿波罗 12 号航天员正在取出热源准备将它插到放置在月面上的 SNAP - 27 上

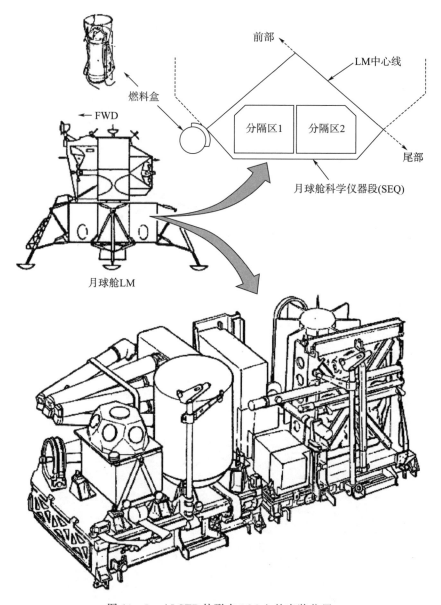

图 10 - 5　ALSEP 外形在 LM 上的安装位置

10.3.3　NASA 木星探测先驱者探测器

先驱者 10 号在 1972 年 3 月 2 日发射，先驱者 11 号在 1973 年 4 月 5 日发射。这两颗探测器的目的是，扩展小行星带以外的星际研究，飞越木星，将与木星相遇的数据发送回来，并在离开太阳系以前将科学数据发回地球。

先驱者 10 号是第一颗与木星相遇的探测器。先驱者 11 号则是第一颗与土星相遇的探测器。先驱者 10 号和 11 号为太阳系外探测奠定了基础。在 1983 年 6 月 3 日，先驱者 10 号成为第一颗飞离太阳系的探测器。

先驱者 10 号和 11 号采用同样的设计。整器质量约 213 kg，其中载荷质量约为 24 kg，如图 10 - 6 所示。由于距离太阳太远，这两颗探测器都没有使用太阳能发电。在每颗探测器上，使用 4 个 RTG 装置，分别安装在两个杆上，两根杆相隔 120°。RTG 初始功率为 160 W，5 年后不低于 120 W。

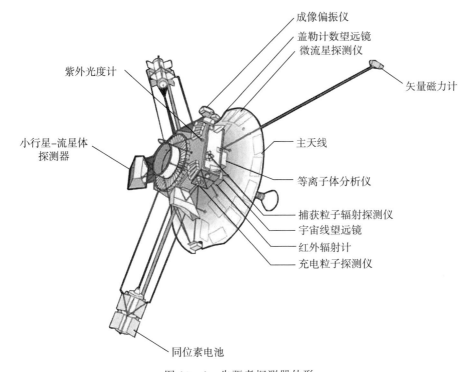

图 10 - 6　先驱者探测器外形

先驱者 10 和 11 号由位于加州的 NASA 艾姆斯研究中心负责管理，航天器由 TRW 空间技术公司研制，它们是世界上第一批探测木星及其以远的深空探测器。

表 10 - 1　先驱者 10 和 11 号探测器基本参数

序号	参数名称	先驱者 10 号	先驱者 11 号	备注
1	初期探测目标	木星	土星	设计目标均达到
2	完成的任务主要亮点	飞越木星(1974 - 01 - 01) 星际探测(1997 - 03 - 31)	飞越木星(1975 - 01 - 01) 飞越土星(1979 - 10 - 05) 星际探测(1995 - 09 - 30)	
3	发射时间	1972 年 3 月 2 日	1973 年 4 月 6 日	
4	发射地点	卡纳维拉尔角		
5	发射火箭	宇宙神-半人马座火箭		星箭分离初速 51 680 km/h

续表

序号	参数名称	先驱者 10 号	先驱者 11 号	备注
6	控制与推进	自旋稳定,转速 4.8 r/min;6 个 4N 肼工质推力器,1 个星敏感器(老人星)和 2 个太阳光敏感器;一直保持对地指向,确保与地面通信正常		
7	通信体制及速率	S 波段,遥控 16 bps;遥测 16,32,64,128,256,512,1 024,2 048 bps		没有测控和数传之分,只有上行和下行
8	存储容量及介质	6 144 字节	6 144 字节	
9	天线配置及口径	2.7 米口径抛物面高增益天线,在大天线馈源上边,还有一个中等增益天线。在尾部还有一个全向天线		
10	质量	质量 568 磅(约 258 kg),载荷质量 67 磅(约 30 kg)	质量 568 磅(约 258 kg),载荷质量 67 磅(约 30 kg)	1 磅=0.453 6 kg
11	尺寸	2.7 m 圆柱包络,本体是仪器舱,为一个 41 英寸(1 英寸=2.54 cm,约 104 cm)深的扁平的盒子,顶部和底部都是每边 28 英寸的一个六面体		
12	电源类型	全 RTG 供电,4 个 SNAP - 19 RTG,4.2V 原始电压,		设计上仪器完成任务后就应该被关闭,采取一切手段保证能源
13	功率	发射时功率为 160 W;卫星平台至少需要 80 W		
14	在轨寿命	共 30 年 10 个月 22 天 (1972 - 03 - 02～2003 - 01 - 23)失联	共 22 年 5 个月 25 天 (1973 -04 - 06～1995 - 09 - 30)失联	
15	研制单位	加州的 NASA 艾姆斯研究中心负责管理,航天器由 TRW 空间技术公司研制		

先驱者木星探测器的最根本的科学任务包括:

1) 调查磁层,包括磁场测量,等离子体和电场试验用来确定艏波和磁顶区域,粒子探测器进一步描述外层磁群的特征,以及内部捕获辐射带的强度;

2) 木星遥感。利用红外、可见光、紫外谱段来获取更多关于木星大气的特征。也许最有价值的信息就在随空间、谱段和分辨率不断变化的图片里;

3) 木星系卫星的遥感。希望观测到的是固体卫星,而不是由大气组成的;

4) 其他大气测量,在日食发生时观测太阳,用射频掩星法来测量大气。

此外,先驱者还肩负着工程任务。先驱者 10 号和 11 号应是第一批到达火星轨道以外、通过小行星带并利用木星引力离开太阳系的航天器。每颗航天器都在木星附近逗留约 1 星期,获取最大量的科学数据。另一个目的是,通过这两颗航天器,为其他的带外行星任务研发技术、积累经验(有很多带外行星任务计划在 1 970 s 发射),并评估深空的危险,主要是被小行星带中高速岩石碎片穿透的危险,以及木星辐射带造成的可能影响。

先驱者配置 11 台载荷,见图 10 - 7 及表 10 - 2。

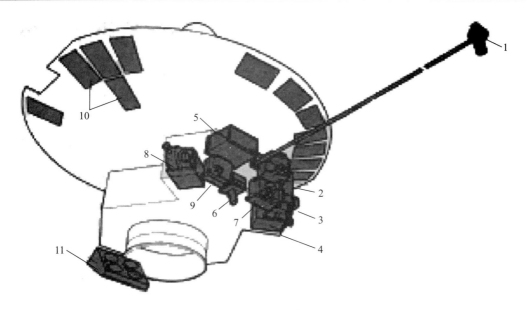

图 10 - 7　先驱者载荷配置图

1—矢量磁力计；2—宇宙线望远镜；3—红外辐射计；4—充电粒子探测器；5—捕获粒子辐射探测仪；

6—紫外光度计；7—盖勒计数望远镜；8—成像偏振仪；9—等离子体分析仪；

10—微流星探测仪；11—小行星/流星体探测器

表 10 - 2　先驱者载荷

载荷名称	质量/kg	平均功率/W
微流星探测仪	1.5	1
小行星/流星体探测器	2.4	1.7
等离子体分析仪	5.1	4.2
矢量磁力计	2.4	3～4.1
充电粒子探测器	3.3	2.4
宇宙线望远镜	3.1	2.4
盖勒计数望远镜	1.6	0.8
捕获粒子辐射探测仪	1.7	2.2
紫外光度计	0.6	1
红外辐射计	2.0	1.3
成像偏振仪	4.1	3.5

10.3.4　NASA 行星探测 Voyager 探测器

旅行者 2 号和 1 号是 NASA 于 1977 年先后发射的两颗外太阳系探测器，如图 10 - 8 所示，如今均已到达太阳系边际，基本参数见表 10 - 3。

图 10 - 8　旅行者号效果图

表 10 - 3　旅行者 2 号和 1 号探测器基本参数

序号	参数名称	旅行者 2 号	旅行者 1 号
1	初期探测目标	主目标是近距离探测木星、土星、土星环以及两颗行星的大卫星,后期拓展至越飞天王星、海王星以及恒星际空间,目前还在恒星际间飞行	
2	任务主要亮点	与所有类木行星相遇 1979.8.5　木星 1981.9.25　土星 1986.2.25　天王星 1989.10.2　海王星 目前已到达太阳系边际	1979.4.13 与木星相遇,1980.12.14 与土星相遇 　目前已经到达太阳系边际(太阳风作用的极限)
3	载荷	11 种	
4	发射时间	1977.8.20	1977.9.5
5	发射地点	Cape Canaveral,Florida	
6	发射火箭	Titan IIIE - Centaur	
7	控制与推进	三轴稳定,16 个推力器,星敏感器,太阳敏感器,陀螺	
8	通信体制及速率	S 波段上行/下行,X 波段高速下行。木星 115 000 bps,土星 44 000 bps;使用了 RS 编码和图像压缩技术	
9	存储容量及介质	数字磁带存储器 DTR,8 个 track,536 MB	
10	天线配置及口径	口径 3.7 m	
11	质量	发射状态下,系统总质量 2 082 kg(包括航天器和火箭适配器)。飞行状态下,系统质量 825 kg,其中肼工质 100 kg	
12	尺寸	主平台 0.47 m 高的十面体	平台顶部有 3.7 m 的天线
13	电源类型	3 个 MHW - RTG	

续表

序号	参数名称	旅行者 2 号	旅行者 1 号
14	功率	初期约 470 W。到达天王星时,总功率约 400 W。其中,通信部分用100 W,科学仪器用 108 W	
15	设计寿命	5 年(以主任务为目标)	
16	在轨寿命	目前仍在运行,超过 36 年	
17	研制单位	JPL 负责管理旅行者工程,建造两颗卫星,并负责完成跟踪、通信和在轨任务管理工作。Lewis 研究中心负责运载	

1972 年，水手号木星/土星（Mariner Jupiter/Saturn）1977（MJS77）项目启动，以期抓住这个历史性的时机开展探测任务。在发射后不久，项目名称就被改为旅行者号。MJS77 是潜在的 4 颗行星探测方案的缩减版，主要是因为经费的限制。项目确定的目标是开展木星和土星行星系统以及地球与土星间行星际物质的探索性调查。1976 年上半年，任务目标扩展至旅行者 2 号在 1986 年上半年与天王星可能的相遇。1985 年又批准了海王星的探测目标。

两颗探测器采用同样的设计。每颗探测器质量约 722 kg，旅行者 2 号于 1977 年 8 月发射，旅行号 1 号于 1977 年 9 月发射。每颗探测器使用 3 个 MHW - RTG，RTG 均安装在杆的底端。每颗 RTG 初期电功率为 157 W。载荷构形及配置见图 10 - 9 及表 10 - 4。

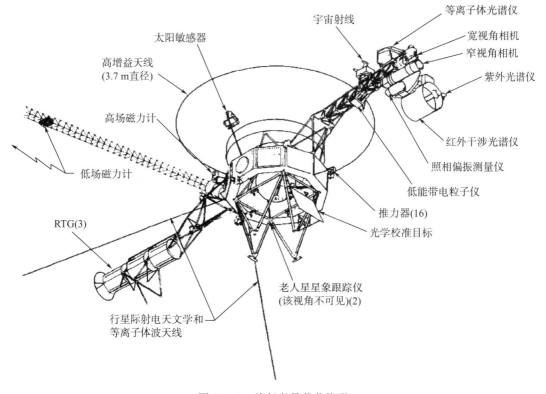

图 10 - 9　旅行者号载荷构形

表 10-4 旅行者载荷配置

序号	名称	功能
1	成像科学系统 ISS	利用两台相机(窄视场和宽视场)来为各种星体成像
2	无线电科学系统 RSS	利用旅行者的通信系统来确定行星及其卫星的物理特性(包括电离层、大气、质量、引力场和密度等),以及土星环中物质的数量和尺寸分布以及整个环的大概尺寸
3	红外干涉光谱仪 IRIS	调查行星全球和局部的能量平衡和大气成分,行星及其卫星的垂直温度廓线,以及土星环中的粒子成分、热特性和尺寸
4	紫外光谱仪 UVS	测量大气特性以及辐射特性
5	三轴磁力计 MAG	调查木星、土星的磁场,太阳风与这些行星磁层的相互作用,行星间的磁场,太阳风边缘恒星际磁场
6	等离子体光谱仪 PLS	调查等离子体离子的宏观特性,测量能量范围为 5 eV~1 keV 电子
7	低能带电粒子仪 LECP	测量能量流的差异,离子、电子的角分布,以及能量离子成分的差异
8	宇宙射线系统 CRS	确定恒星际间宇宙射线的起源、加速过程、生命历程和动态分布,宇宙射线源中的元素合成,宇宙射线在行星际介质中的行为特征,被捕获的行星能量离子环境
9	行星无线电天文调查 PRA	利用一个扫频无线电接收机,来研究来自木星和土星等的无线电发射信号
10	偏振仪 PPS	研究木星、土星、天王星和海王星的表面纹理和成分,以及它们的大气散射特性和大气密度
11	等离子体波系统 PWS	测量行星电子密度廓线,以及局部波-离子相互作用的信息,有助于研究磁气圈

科学任务分为两个阶段:

(1)主任务阶段

主任务是,开展木星和土星系统的比较科学探索,并尽量多地将木星和土星系统的卫星包含进来,为后续开展外行星探索的任务铺路;此外,开展行星际和恒星际介质的调查工作。1976 年又对任务进行了扩展,那就是在条件允许的情况下,旅行者 2 号在 1986 年与天王星相遇。

(2)恒星际飞行阶段(VIM)

在旅行者恒星际任务(Voyager Interstellar Mission,VIM)的初期,确定要完成两项科学目标:

1)调查行星际和恒星际介质,描述二者之间的相互作用;

2)继续旅行者成功的紫外天文学任务。

1990—1993 年,上述目标一直在执行。但是,1993 年 NASA 总部对目标进行了调整,删除了 2)。

10.4　"星球大战计划"时期同位素航天器——伽利略号

伽利略号于 1989 年 10 月 18 日通过 STS - 34 发射，如图 10 - 10 所示。伽利略号对木星系统开展广泛而深入的调查。其实伽利略号探测器项目早在 1977 年就立项了，但是由于发射和重量原因一直推迟至 1989 年才发射。1995 年 12 月，在飞越地球和金星后，到达木星，成为第一个环绕木星飞行的航天器。随后，伽利略号还飞越了部分小行星。2003 年 9 月 21 日，在飞行 14 年后，伽利略号根据指令进入木星大气层以终止工作。

图 10 - 10　伽利略号构形图（带推进上面级）

为了完成任务，伽利略号由两部分组成，一部分是行星轨道器，另一部分是大气探测器。轨道器对木星系统进行长时间的近距离观察，它会频繁地与木星的伽利略号卫星相遇。大气探测器第一次对木星大气进行原位测量，获得第一手的数据。轨道器携带大气探测器进入木星，并在到达木星 150 天左右将其释放至进入木星的轨道。随后，轨道器会执行大气探测器数据中继至地球的功能。在大气探测器任务完成后，轨道器进入木星伽利略号卫星轨道并与其亲密接触。

伽利略号轨道器由 JPL 设计建造，大气探测器由休斯公司按照艾姆斯研究中心的合同设计建造。轨道器是第一个双自旋姿态控制行星探测用航天器。由于离太阳太远，伽利略号由两个 RTG 供电。轨道器总质量为 2 378 kg，其中推进剂质量为 925 kg。

大气探测器由一个减速模块和一个下降模块组成，如图 10 - 11 所示。主降落伞用来分离下降模块和减速模块，并控制下降速率。大气探测器总质量为 339 kg，基本参数见表 10 - 5。

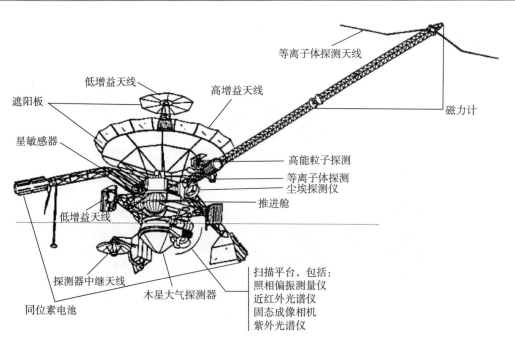

图 10-11 伽利略号轨道器和大气探测器组合体外形图 （两个 RTG 安装在两根杆上）

表 10-5 伽利略号探测器基本参数

序号	参数名称	参数值	备注
1	探测目标	木星系统(木星系统及其卫星),磁场、大气、等离子体	
2	任务主要亮点	先后飞越金星、2 颗小行星、2 次地球,最后进入木星轨道	
3	载荷	共 17 台,分为 3 大部分	
4	发射时间	1989.10.18	
5	发射地点	肯尼迪发射中心	
6	发射火箭	STS-34 航天飞机	
7	控制与推进	双自旋,10 N 和 400 N,星敏感器、太阳敏感器、陀螺	
8	通信体制及速率	上行指令速率 32 bps,载荷为 S 频段 2 115 MHz;还使用了一个 X 波段上行试验链路,天线接收后送 X-S 下变频器。下行链路有 2 个:S 频段 2 295 MHz,X 频段 8 415 MHz。高增益天线是伞状的,可以收拢,4.8 m 圆抛物面天线,与 TDRS 的设计类似,同时用于 S 和 X 波段。两个低增益天线 LGA 每个只能覆盖一半的区域,只使用 S 频段。在木星的距离上,X 频段 + HGA 的数据率可达 134 kbps,而 S 频段 + HGA 最高只能达到 28.8 bps。 探测器到轨道器的 RF 通信使用了两个 L 通道,1 387.0 MHz 和 1 387.1 MHz。一个是右旋圆极化,一个是左旋圆极化。每个通道的信号都是通过一个双馈源的天线发送,3 dB 波束宽度是 56°,峰值增益 9.8 dB。轨道器用于接收探测器信号的反射面天线口径 1.1 m,双路并行	
9	天线配置及口径	轨道器接收探测器的天线为抛物发射面,口径 1.1 m; HGA 4.8 m 圆抛物面天线,2 个 LGA	

续表

序号	参数名称	参数值	备注
10	质量	大气探测器重约 340 kg，携带 7 台载荷。轨道器携带 10 台载荷，重约 2 378 kg(含约 925 kg 火箭发动机燃料)	
11	电源类型	由 2 个 GPHS－RTG 供电；大气探测器电源由 Li－SO₂ 电池提供	其上还用了 RHU，每个 RHU 功率 1 W
12	功率	发射后遥测显示总功率 577 W	
13	设计寿命	在木星轨道运行不少于 2 年	
14	在轨寿命	1989—2003 年	
15	研制单位	伽利略号轨道器由 JPL 设计建造，探测器由休斯公司按照艾姆斯研究中心的合同设计建造	

从探测木星的伽利略号卫星开始，美国的核动力航天器转而使用一种新型的、大功率的同位素电池系统，即通用热源 RTG (General － Purpose Heat Source RTG，简称GPHS-RTG)。伽利略号轨道器上安装了两个 GPHS－RTG，分别通过两根杆支出主体之外。发射后，遥测显示总电功率达 577 W，比预期的 277 W×2 要好。伽利略号采用了同位素热源 RHU，每个 RHU 提供的热功率为 1 W。

伽利略号项目有 3 个远大的科学目标：1) 认识太阳系的起源和进化；2) 通过与其他行星天体比较来认识地球；3) 认识人类的起源和进化。为了服务这个目标，伽利略号任务对整个木星系统进行广泛的研究，包括木星的原位及遥感观测，木星环境以及它的卫星。为了开展各种类型的测量，伽利略号探测器需要具有多种能力，载荷见表 10 - 6 和表10 - 7。NASA 将探测器分为 3 个部分，每个部分都有一个具体的目标：

1) 分析木星大气的成分和物理特性。为了达到这个目的，大气探测器从航天器主体分离，并不断下降进入木星大气层。它的原位测量数据拓宽了我们对木星形成和演化的认识。

2) 探索木星周围大面积的磁场和离子气体（等离子体）区域。为了满足这个目的，伽利略号轨道器的主要部分被设计成自旋运动，这样可以使得仪器能够从各个方向扫过并测量磁场和粒子的特性。轨道器的自旋部分还装载有通信天线、主计算机以及伽利略号的大部分支持系统。

3) 调查木星系统主要的卫星特性。需要使用具有在可见光和其他谱段高分辨率成像的相机和敏感器来满足此目标，还需要一个稳定的平台便于成像。伽利略号的设计者在轨道器上使用了一个消旋段，这个段可以固定指向。依据平台，成像系统可以获得木星的卫星的照片，分辨率比旅行者号高 20～1 000 倍。

表 10 - 6　大气探测器载荷

序号	载荷名称	功能	质量/kg	功耗/W
1	中性粒子质谱仪 NMS	分析气体成分	13	29
2	氦丰度探测器 HAD	确定大气中氢/氦的比例	1.4	1.1
3	大气结构仪 ASI	温度、压强、密度和分子质量测量	4.1	6.3
4	测云计 NEP	定位云层,分析云粒子特性	4.8	14
5	闪电和无线电发射探测器 LRD 和能量粒子仪 EPI	LRD记录无线电爆发和光学耀斑。EPI测量围绕木星磁层的光子、电子、α粒子和重离子的通量	2.7	2.3
6	净流量辐射计 NFR	在每个高度上,向下和向上辐射的光、热的差值	3.0	7.0
7	无线电设备	除了将数据传给轨道器外,探测器的无线电设备还可以辅助测量木星风速和大气吸收	/	/

表 10 - 7　轨道器载荷

序号	类别	载荷名称	功能	重量/kg	功耗/W
1	场/粒子探测	尘埃探测系统 DDS	测量小的木星尘埃粒子的质量和速度,研究行星间尘埃分布	4.1	1.8
2		能量粒子探测器 EPD	确定木星磁层中带电能量粒子的角分布、时间变化、强度、成分,调查补充逃离至行星间空间的离子的过程	10	6
3		磁力计 MAG	测量木星磁层及其卫星的磁场。描述行星间磁场和小行星的磁场	7	4
4		等离子体分系统 PLS	测量构成木卫一等离子体圆环的低能等离子体(1.2 eV～50 keV)的密度、温度、速度和成分	13	11
5		等离子体波分系统 PWS	确定木星磁层中等离子体波的强度,以及木星、地球和太阳发射的无线电波	7	10
6		无线电科学	利用轨道器的无线电通信分系统和地基设备来开展天体机械学和相对论试验,以及大气研究	/	/
7	光学载荷	近红外成像光谱仪	确定卫星化学成分,同时分析木星系大气成分	18	12
8		偏振辐射计 PPR	测量辐射热能强度,确定木星云、混浊粒子的分布,分析木星的能量平衡	5	11
9		固态成像相机 SSI	伽利略主要成像设备,对于研究卫星地质特别有用	30	15
10		紫外光谱仪	定位云层,分析云粒子的特性。分析木星高层大气和环绕的离子化气体区域。寻找卫星大气	4.2	4.5

10.5　新世纪的同位素航天器

10.5.1　NASA 的火星科学实验室（MSL）/好奇号火星车

好奇号火星车搭载在火星科学实验室（MSL）上到达火星轨道，并随即降落在火星表面，见图 10 - 12。MSL 于 2011 年 11 月 26 日发射。在到达火星表面后的 23 个月里，好奇号对火星岩石中采取的样本进行分析，同时在火星表面巡游寻找感兴趣的地方。

好奇号火星车长约 3 m，由 JPL 负责设计建造。好奇号火星车的电源完全由 RTG 供给。好奇号火星车上使用了美国能源部的最新同位素电池，也就是 MMRTG。发射初期功率为 110 W。MMRTG 的废热也被重复利用来给车上的设备加热。车总质量为 899 kg，运动速度为 90 m/h。

图 10 - 12　好奇号火星车示意图

10.5.2　嫦娥三号（CE - 3）和嫦娥四号（CE - 4）

嫦娥三号任务是我国"嫦娥探月工程"绕、落、回三步走计划的第二步。其主要任务是实施月球软着陆就位探测和月球车巡视勘察，探测内容包括：月球形貌与地质构造调查、月表物质成分和可利用资源调查、日-地-月空间环境探测、月基天文观测。为了保障探测器度过 14 天的月夜，结合两相流体回路技术，选择同位素核放射源作为热源。

嫦娥三号任务使用核放射源主要包括 3 枚 I 类^{238}Pu，2 枚 II 类^{238}P。I 类^{238}Pu 核源有 3 个，用作着陆器和巡视器的月夜温度维持，热功率均为 120 W。II 类^{238}Pu 核源有 2 个，用于 2 台舱外探测仪器的月夜温度维持，热功率均为 8 W。

　　为了度过月夜，嫦娥四号任务也使用了放射性同位素核源。在嫦娥三号的基础上，嫦娥四号将其中一个热功率 120 W 的 ^{238}Pu 核源用于 3 W 电功率的同位素电池，成为我国第一颗使用 RTG 的航天器。

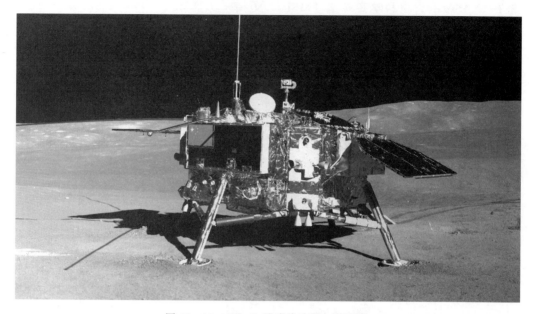

图 10-13　CE-4 月球着陆器与巡视器。

参 考 文 献

［1］ 吴伟仁，裴照宇，刘彤杰，等．嫦娥三号工程技术手册［M］．北京：中国宇航出版社，2013．

［2］ 王晓晨，潘晨，五轩．十问嫦娥——解密嫦娥三号探测器［J］．中国航天，2014．

［3］ 潘晨．嫦娥三号档案［J］．太空探索．2014，（1）．

［4］ NASA. Pioneer F&G：mission to Jupiter，1971．

［5］ Bendix Field Engineering Corporation. Pioneer to Jupiter：second exploration. 1974．

［6］ NASA. Pioneer outer planets orbiter. NASA－TM－108622，1974．

［7］ HEACOCK R L（Voyager Project Manager，JPL）. The voyager spacecraft. James Watt International Gold Medal Lecture，The Institution of Mechanical Engineers，1980，194（28）．

［8］ NASA. NASA Facts：Voyager，1977．

［9］ RUDD R，HALL J，SPRADLIN G（JPL）. The voyager interstellar mission. 47th International Astronautical Congress，1996．

［10］ MELTZER M. Mission to jupiter：a history of the Galileo Project. 2007. NASA SP－2007－4231. Washington，DC．

［11］ NEIL W O. Project galileo. AIAA Space Programs and Technologies Conference. September 25－28，1990. Huntsville，AL．（AIAA 90－3854）．

第 11 章　核裂变航天器

11.1　简介

使用核裂变反应堆的航天器均可称为核裂变航天器。截至目前，在轨使用的航天器核反应堆均用于为航天器提供电源。由于太阳电池技术不成熟，早期的核裂变航天器主要用于替代需要较高功率的雷达卫星。在太阳电池技术成熟以后，核裂变航天器可用于太阳能利用困难的航天任务（如月球基地、火星基地），或需要大功率的高功率密度的航天任务（如大功率雷达、天基激光清除空间碎片、星际转移拖船）。

相比较而言，苏联在核裂变航天器方面的研制经验更为丰富。截至 2018 年 12 月，美国共研制发射 32 颗核动力航天器，其中 1 颗为核裂变航天器；苏联/俄罗斯共研制发射 40 颗核动力航天器，其中 34 颗为核裂变航天器。

11.2　核裂变航天器特点

（1）工程总体层面

在工程总体层面，核系统是一切变化的根源。由于核安全比较敏感，所以各大系统的设计均应充分考虑核安全问题。

1）从安全的角度考虑，运载火箭的设计需要作出较大的改变。运载火箭需保证在发射段出现故障后尽量不要落在陆地上。

2）由于涉核，发射场的设计也需要进行适应性改变。发射场的安全性设计应保证在发生核泄漏事故后人员的安全。此外，核系统对航天器的总装环境也有特殊的要求，从而导致发射场提供的总装环境等也应有所不同。

3）测控系统需时刻监视核系统的安全性，并保证在航天器出现问题时，及时按照预案对航天器进行处置，保证其不会降落至地面，对人类造成危害。

4）应用系统需要考虑航天器上的核系统对载荷数据的影响。

5）航天员系统需针对核动力航天器的特殊情况，设计相应的防护和故障处置措施。

6）航天器系统是工程总体的重点，是与核直接相关的系统，无论是总体设计还是分系统、单机设计，都要充分考虑带核这个特点。

（2）航天器总体层面

在航天器系统总体层面，需系统性地考虑任务需求和分系统特点，完成轨道、空间环境、构形布局、工作模式、飞行程序，以及总装、综合测试、试验、运输、可靠性、安全性、可维修性等设计，这些部分都是与核紧密相关的，也是设计上与常规航天器差别最大的。核动力航天器在上述设计项目上都有诸多特殊的地方。但总而言之，这些特殊之处都源自核及其安全性问题，核动力航天器总体设计的重要原则之一就是围绕核及其安全设计来开展。

1）轨道方面。核动力航天器需运行在安全轨道。在设计寿命到期或出现严重故障后，航天器应被推入处置轨道。

2）辐射环境方面。核辐射防护设计是主要特点。而核推力器也会产生诸如等离子体等问题，需要开展特殊的防护设计。

3）构形布局方面。核动力航天器均会将核系统安装在远离航天器本体的位置。对于使用反应堆的航天器，其构形和布局更加具有自身独特的特点。一般来说，核反应堆航天器会使用伸展臂将反应堆和本体隔开，并使用大面积的散热板。在设备布局上，核动力航天器有其特殊的设计原则。

4）工作模式方面。核动力航天器会增加诸如反应堆启动、其他能源与核能切换等特殊的工作模式。此外，一般性的工作模式中也会加入与核安全等相关的考虑。

5）飞行程序和飞控方面。由于核动力航天器轨道和安全性设计的特殊要求，在飞行程序和在轨飞行控制方面，都有其独特的要求。

6）航天器总装方面。构形和布局对总装提出了新的要求，同时核系统的安装也会引发特殊的需求。

7）航天器综合测试、试验。由于涉核，所以测试和试验的流程、测试方法将与现有系统有很大的不同。

8）运输。对核系统的地面运输国家有严格的要求，整个航天器的运输也会因为核系统而产生很多特殊的、新的要求。

9）在可靠性设计方面。首先，核动力航天器需要增加涉核部分的可靠性设计，所以，冗余度和冗余方式将会有新的要求。其次，在电子设备的可靠性设计方面，还会增加抗核辐射环境设计。故障模式、影响及危害性分析（FMECA）和故障预案等都应考虑核安全。

10）在安全性设计方面，核安全是重点。核屏蔽、末期处置、故障处置等都是设计的重点。

此外，在可维修性方面，也应考虑核动力航天器的特殊要求。

（3）分系统层面

在分系统层面，从核系统、核安全系统、结构与机构、电源和供电、控制系统、推进、热控、综合电子、软件、元器件、工艺和地面设备等多个方面对核动力航天器分系统的特点进行了较为详细的分析。

1）核系统是核动力航天器独有的系统。核系统一般包括同位素和裂变反应堆等。同位素在地面就具有放射性。而反应堆一般要求在入轨后再激活其核反应。核动力航天器使用的核系统必须是可控的，不能发生快速的链式反应而导致反应堆烧毁。核系统在核燃料选择、堆芯设计、热控、屏蔽、控制以及质量、尺寸、外形等方面，都有着严格的要求，与地面所使用的核系统有着较大的差别。

2）核安全系统也是核动力航天器独有的系统。核安全涵盖的面较广，这里我们指除核系统自身以外的核屏蔽、核辐射监测、核安全处置设备等内容。核安全设计贯穿核动力航天器设计的整个过程，是一个时刻都需要关注的课题。

3）核动力航天器结构与机构的设计特点主要是由核安全以及构形布局的特殊要求所带来的。结构与机构的材料选择需考虑核辐射，或者核反应所产生高温、高压环境等。结构与机构也得考虑辐射隔离所需的安全距离，从而引申出对大型支撑杆的需求。

4）空间核电源是核能在空间的主要应用形式之一。空间核电源与传统的电源在发电原理、能量来源等方面有着本质的不同。对于核反应堆电源，其功率较高。电源控制和调节等环节的设计也会与现有系统有本质的不同。在供电方面，同位素电池由于功率较小，与一般航天器差别不大。但是，对于大功率的空间核反应堆电源，其电压和配电体制会发生根本性的变化。

5）控制系统的设计特点主要体现在轨道控制上。核安全对寿命末期处置、故障处置的很多要求都体现在对轨道的要求上。控制系统必须具有将航天器推入处置轨道的能力。

6）核推力器也是核能在空间的主要应用形式之一。核推力器属于全新的推力器，与现有的推力器有着本质的差别，所以需要形成自身的标准。对于大功率的推力器，如核热推力器或大功率电推力器，也都有其特殊之处。核热推力器会带来较大的核辐射危害，在近地轨道的使用将受到严格的限制。大功率核电推力器喷出的主要是离子化的工质，也会对卫星的空间环境有一定的影响。

7）核动力航天器热控有两个突出的特点。首先，热控也是核能在空间的主要应用形式之一，基于核能的热控装置与传统的热控装置有着本质的区别。基于核能的热控也可分为同位素和反应堆两种类型，均可用于为航天器加温。第二个特点是核动力航天器的散热装置，大功率核动力航天器需要排散大量的废热，所以其散热装置的设计有着革命性的变化。除了外形上十分明显的长杆、裙状散热板外，散热的材料、本体温度等都有着极其特殊的要求。

8）综合电子的特点主要体现在可靠性和安全性方面。电子设备需要增加抗核辐射设计，其冗余度也要增加。为了应对核事故，作为航天器飞行控制的中枢，综合电子系统的设计也有很多特殊的程序序列和要求。

9）核动力航天器的软件要求有更多的可靠性措施，软件健壮性要求更高。

10）由于高温、高压、核辐射等特殊环境，核动力航天器的元器件、材料和零部件的选用会有特殊的要求。

此外，在进行核动力航天器总装时以及涉核的产品装配、调试时，都需要用到一些特殊的工艺，以确保安全性和正确性。

由于核动力航天器综合测试和试验环境条件、方法与一般航天器不同，需要作出专门的设计。为了保证满足航天器总体要求，核系统也需完成规定的环境试验。大功率核动力航天器核辐射、大功率、高电压、大电流的特点，也使得地面设备具有更多的特点。

11.3　初创时期典型核裂变航天器

11.3.1　美国空军核反应堆卫星 SNAPSHOT

SNAPSHOT 是核辅助电源轨道测试空间系统简化研制计划（Space System Abbreviated Development Plan for Nuclear Auxiliary Power Orbital Test Program）的简称，见图 11-1。SNAPSHOT 是美国第一颗也是唯一一颗使用核反应堆的卫星。1960 年 5 月，AEC 和 AF 联合启动了 SNAPSHOT。最初计划发射 4 颗星，2 颗搭载 SNAP-10，2 颗搭载 SNAP-2。LMSD 被空军指定为主承包商，负责运载火箭、系统集成和发射。AI 作为 AEC 的主承包商，负责反应堆电源的研制。后来由于经费调整、需求不明确，任务被减为 1 颗卫星，使用 SNAP-10A 核反应堆系统。

SNAPSHOT 卫星的主要目的就是在轨验证 SNAP-10A。SNAP-10A 高 347.9 cm，安装接口直径为 127 cm。总质量为 436.4 kg，其中辐射屏蔽 100 kg，诊断仪器 22.7 kg。SNAP-10A 的设计寿命为 1 年，电功率为 500 W。除了 SNAP-10A，还带了另外 8 个实验设备。其中，有一个离子发动机，虽然仅运行了 1 h，但也实现了核电推进装置在轨运行零的突破。整个卫星的电源都来自反应堆，卫星于 1965 年 4 月发射。

在运行 43 天后，SNAP-10A 由于卫星电气系统的高压故障序列被错误执行而被停堆，卫星随即终止运行。飞行被认为是成功的，因为反应堆通过地面指令自动进入运行水平，运行的效果与地面测试时一致。SNAP-10A 项目证明，空间核反应堆可以安全地运输并发射至轨道。

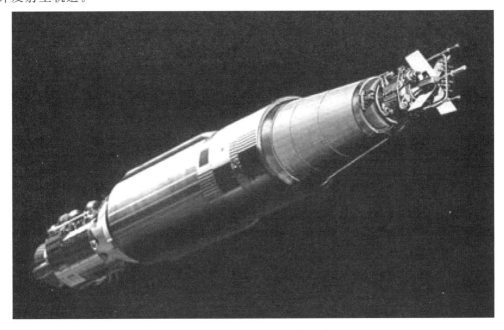

图 11-1　SNAPSHOT 在轨示意图

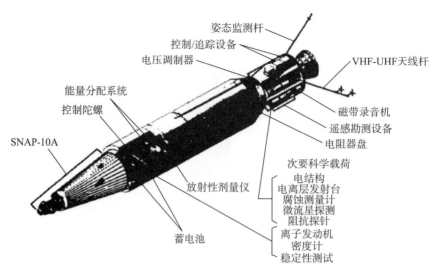

图 11 - 2　SNAPSHOT 组成

11. 3. 2　苏联海洋监视卫星 RORSAT

RORSAT 是苏联发射的一系列海洋监视卫星，见图 11 - 3。RORSAT 典型的轨道是 65°倾角、280 km 高度的圆轨道。卫星会定期进行轨道维持。当推进剂耗尽、姿态控制失效时，核反应堆系统会被抬升至 800～1 000 km 的储存轨道。RORSAT 卫星主要由三大部分组成：BUK 反应堆系统、载荷和推进部分、用于将反应堆推入储存轨道的助推段。在 BUK 反应堆被推入存储轨道后，卫星主体迅速再入大气。在轨展开后的 RORSAT 长约 10 m，质量在 3 800～4 300 kg 范围内，其中反应堆和助推段质量约为 1 250 kg。

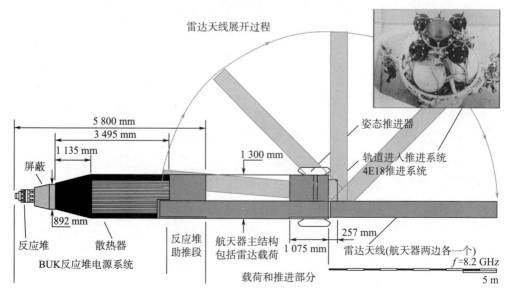

图 11 - 3　RORSAT 组成图

(a) BUK反应堆实物

(b) 收拢状态RORSAT卫星

图 11-4　BUK 反应堆实物和收拢状态 RORSAT 卫星

第一颗使用 BUK 反应堆卫星的是宇宙号-367（Cosmos-367），于 1970 年 10 月 3 日发射进入 241～267 km 的轨道。在工作不到 3 小时后，出现问题，反应堆被推入 890～950 km 的圆轨道。第二颗使用 BUK 的 RORSAT 是宇宙号-402，这颗星在进入储存轨道前的运行时间也不超过 3 h。第一颗搭载雷达载荷和 BUK 反应堆的 RORSAT 是宇宙号-469，1971 年 4 月 1 日发射。这颗星上的核反应堆电源系统在被送至储存轨道前运行了约 9.5 天。随后的 RORSAT 任务时间从 8 天（1981 年 4 月 21 日发射的宇宙号-1266）至 135 天（1982 年 5 月 14 日发射的宇宙号-1365）不等。

第一次发生无控制再入大气事件的 RORSAT 是宇宙号-954。这颗卫星 1977 年 9 月 18 日发射，在运行 43 天后（1977 年 10 月底）轨道维持失败，并于 1978 年 1 月 6 日姿态失去控制。1978 年 1 月 24 日卫星坠毁在加拿大。

在宇宙号-954事件后，BUK反应堆助推系统进行了设计改进，以避免反应堆再入大气。新的设计改为，一旦助推系统被激活，将关闭BUK反应堆，然后将卫星主体炸成碎片。反应堆系统被推入储存轨道，在那里37根燃料棒会被推出反应堆主体。这些措施是为了保证卫星可以完全分解，在储存轨道寿命末期燃料再入大气时可以完全烧毁。如果无法激活反应堆助推系统，在下降至115~120 km轨道时备份系统将被气动力加热所激活。

第一颗使用更改设计的助推系统的RORSAT是宇宙号-1176，1982年4月29日发射。宇宙号-1900也是用了这种设计，1987年12月12日发射进入平均高度为262.1 km的轨道。1988年4月10日，这颗卫星轨道开始稳步下降。1988年9月30日，姿态失控后的卫星激活了助推系统，并将核反应堆推入695.4~763.4 km的轨道，比典型的储存轨道低300 km。1988年3月14日，宇宙号-1932在运行66天后任务终止。反应堆系统推入储存轨道，堆芯燃料被推出反应堆主体。除了1980—1988年（宇宙号-1178~宇宙号-1932）发射的16颗反应堆卫星外，宇宙号-1402也是用了这种更改设计的助推系统。其于1982年8月30日发射，1982年12月28日任务终止。将反应堆助推进入储存轨道的努力失败了。在收到地面指令后，安全系统将卫星分解为3块。反应堆主体和卫星主体再入大气时完全烧毁，推出的燃料则在南大西洋再入大气。

RORSAT使用的BUK系统，采用快堆，功率转换方式为两级热电转换。功率小于3 kW，寿命小于1年，反应堆热功率小于100 kW。

11.4 "星球大战计划"时期典型核裂变航天器——苏联Plasma-A 试验卫星

1987年，苏联发射了两颗使用TOPAZ反应堆的等离子体（Plasma-A）试验卫星（宇宙号-1818和宇宙号-1867），见图1-6，卫星运行在800 km左右高的圆轨道上。第一颗卫星在轨运行了142天，第二颗卫星在轨运行了342天。卫星质量约3 800 kg。Plasma-A试验卫星是以RORSAT的名义发射的。

11.5 新世纪典型核裂变航天器

11.5.1 NASA的覆冰卫星轨道器航天器

按照NASA普罗米修斯计划2004年的安排，JIMO（Jupiter Icy Moons Orbiter）将是第一个使用核推进的任务，主要用于探测木卫二和其他木星的卫星，在轨效果和组成图如图11-5和图11-6所示。

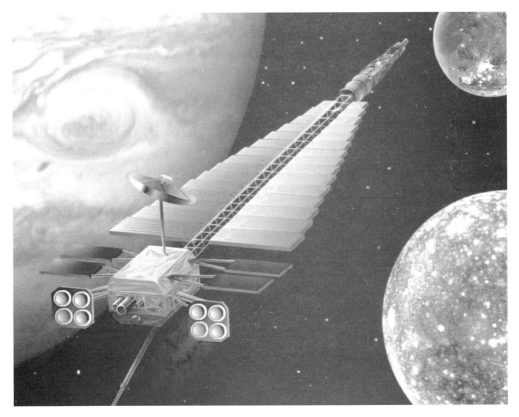

图 11 - 5　JIMO 在轨效果图

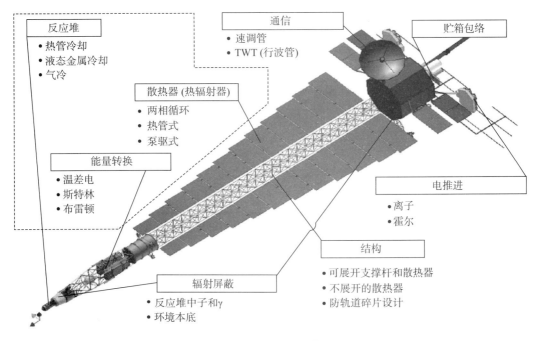

图 11 - 6　JIMO 组成图

　　按照最初的规划，JIMO 任务分为五个阶段。A 阶段前期（2002 年 11 月—2003 年 2 月）开展先期研究。A 阶段（2003 年 3 月—2005 年 9 月），任务和系统定义。B 阶段（2005 年 10 月—2005 年 9 月），初样设计。设计和建造（2008 年 10 月—2015 年 7 月）。E 阶段（2015 年 8 月—2025 年 9 月），在轨运行。2005 年 10 月，由于 NASA 资金受限、发展方向转变，JIMO 项目被停止。在项目停止前，刚完成 A 阶段任务。

　　按照规划，JIMO 将是第一个使用核反应堆加大功率电推进的卫星。推进方式为离子推进，使用裂变反应堆，功率转换使用布雷顿循环。反应堆位于 JIMO 的顶端，采取了严格的辐射屏蔽措施和有效的散热措施。诺思罗普·格鲁门（Northrop Grumman）公司被选为总承包商。科学仪器重量 1 500 kg，使用 8 个 30 kW 高效率的离子发动机，比冲 7 000 s。卫星展开状态尺寸长 58.4 m，宽 15.7 m；压紧状态下，长 19.7 m，宽 4.57 m（图 11 - 7）。设计寿命 20 年，预计使用 Delta 4H 火箭进行发射。JIMO 是当时 NASA 要建造的最大和最昂贵的星际探索航天器，其总质量 21 t，电源系统包括一个 550 kW 的核反应堆和 2 kW 的太阳阵。有效载荷达 1.5 t，需要 45 kW 的电功率。

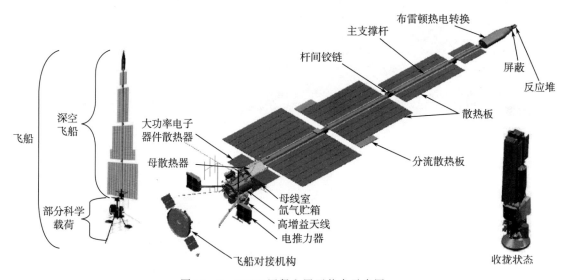

图 11 - 7　JIMO 压紧和展开状态示意图

11.5.2　NASA 载人火星设计参考框架 DRA5.0

　　作为老布什总统空间探索倡议（SEI）的重头戏，载人火星探索承载了众多研究者的心血。尽管美国没有正式开展载人火星探索任务，但是作为 SEI 研究成果的延续，NASA 内部将对载人火星探测感兴趣的研究者形成了一个载人火星探索设计任务小组，并出版了多个版本的载人火星探测设计参考任务（或框架）（Design Reference Mission or Architecture，DRM 或 DRA）。DRA 的目的是激励人类研究载人火星飞行，并为其他设计提供对比的样本。本节介绍 NASA 2007 年发布的 DRA5.0 的主要设计概念。

　　DRA5.0 的主要思路是，通过最少 3 次连续的星际飞行来完成载人火星飞行任务，6

名航天员将到达火星表面，航天员在火星表面停留时间约为 500 天，利用火星表面资源提供返回火星轨道所需的化学燃料。先期使用货运飞船将火星表面探索所需的物资运抵火星，在准备就绪后，航天员才乘坐载人飞船到达火星表面。由于用于地球-火星星际飞行的飞船重量非常大，所以，需经多次发射所有的部件才能到达近地轨道。飞船在近地轨道组装后，在合适的窗口，开始星际飞行。近地轨道发射使用的火箭为阿瑞斯-V（又称战神火箭，Ares V）。货运飞船星际往返时间比载人飞船要长。载人飞船到达火星时间约为175～225 天，飞船结构如图 11-8 所示。

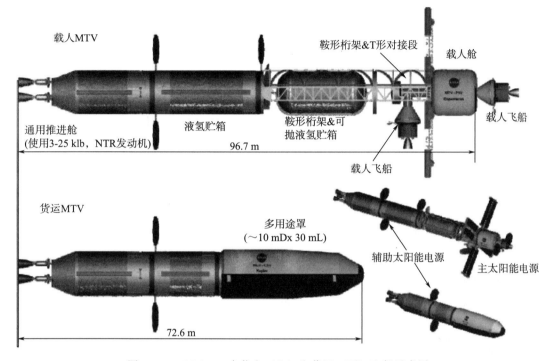

图 11-8　DRA5.0 中载人（上）和货运（下）飞船示意图

先期将一个火星下降/上升器（Descend/Ascend Vehicle，简称 DAV）送至火星表面。将火星表面居住舱（Surface Habitat，SHAB）送至近火星轨道。航天员乘坐火星星际转移器（Mars Transfer Vehicle，MTV）到达近火轨道后，与 SHAB 对接，然后进入SHAB，并乘坐 SHAB 进入到火星表面。任务完成后，乘坐先期已经到达火星表面的DAV 返回近火轨道，然后乘坐 MTV 进入近地轨道。

为了实现星际间的长距离航行，货运和载人飞船的推进系统首选核热推进，将化学推进作为备选。飞船使用 3 个 111 kN 的核热推力器，还将配置太阳能电池作为辅助电源。使用核热推进的货运飞船总质量为 246.2 t，总长 72.6 m。使用核热推进的载人飞船总质量为 356.4 t，总长 96.7 m。载人飞船还将使用 50 kW 电功率的太阳能电池来为飞船供电。

11.5.3　基于 VASIMR 发动机的载人登火星概念

由 NASA 资助的艾德·阿斯特拉（Ad Astra）火箭公司基于 VASIMR 技术和大功率核反应堆电源技术，提出了不同于设计参考框架 DRA 的短期载人往返火星的概念。该公司提出了两种方案：

第一种是 12 MW 方案，1 年内往返地球和火星。飞船起始质量为 210 t，其中火星着陆器质量为 61 t。飞往火星约 100 天，返程 174 天，在火星表面停留 1 个月。与 DRA 不同的是，航天员和飞船从 L1 拉格朗日点出发，而不是近地轨道。飞船在不载人的情况下从近地轨道出发，以低推力、大比冲的方式到达 L1 点。而航天员则乘坐化学推进飞船到达 L1 点。二者汇合后，再从 L1 点出发向火星航行，这样可以减少航天员的星际航行时间。飞船从火星返回近地轨道所需的推进剂和燃料由货运飞船先期运抵近火轨道，不含在飞船起始重量中。

第二种是 200 MW 方案，5 个月内往返地球和火星，如图 11-9 所示。飞船起始质量 600 t，其中火星着陆器质量为 61 t。5 个月内往返火星，包括在火星表面停留的 1 个月。使用 4 个 50 MW 的 VASIMR 发动机。与 12 MW 电功率方案相同的是，航天员和飞船均从 L1 点出发。飞船从火星返回近地轨道所需的推进剂和燃料由货运飞船先期运抵近火轨道，不含在飞船起始重量中。

图 11-9　200 MW 载人火星飞船示意图

11.5.4　俄罗斯载人火星飞船方案研究

多尼（Dorney）等对俄罗斯 2010 年左右开展的载人火星探测概念研究进行了较为系统的总结。

俄罗斯的载人火星飞船使用 2 个 7.5 MW 热功率的核裂变反应堆，反应堆电源输出总电功率约为 2.25 MW，采用布雷顿循环；使用了 10～20 个（含备份）电离子推力器，单个推力器推力约为 7～9 N，总推力约为 140～170 N；推进系统效率为 60%，比冲为 1 600 s。推力器使用氙气或气态铋作为推进剂。飞船搭载 6 名航天员，任务时间约为 2 年，火星表面停留时间约为 15 天。若使用氙作为燃料，飞船总质量约 683 t；若使用铋作为燃料，飞行器总质量则约为 510 t。

飞船示意图如图 1-8 所示。从图中可以看出，核反应堆放置在飞船的最顶端，载荷（主要是火星上升/下降器以及星际转移居住舱）则放置在飞船最底端。飞船采用了世界上独创的液滴辐射散热器（Liquid Droplet Radiator，LDR）。计划使用能源号火箭分多次将飞船运输至近地轨道，并在近地轨道完成组装后再飞往火星。

参 考 文 献

［1］ 马世俊，杜辉，周继时，朱安文. 核动力航天器发展历程（上）［J］. 中国航天，2014，（4）：31－35.

［2］ 马世俊，杜辉，周继时，朱安文. 核动力航天器发展历程（下）［J］. 中国航天，2014，（5）：32－35.

［3］ United Nations. Principles Relevant to the Use of Nuclear Power Sources in Outer Space. A/RES/47/68，85th Plenary Meeting，1992.

［4］ United Nations Committee on the Peaceful Uses of Outer Space Scientific and Technical Subcommittee and International Atomic Energy Agency. Safety Framework for Nuclear Power Source Applications in Outer Space. VIENNA，2009.

［5］ VOSS S S. SNAP reactor overview. August 1984.（Air Force Weapons Laboratory）.（AD－A146 831/AFWL－TN－84－14）.

［6］ Gunter's Space Page. http：//www. skyrocket. de/.

［7］ MOHAMED S. El－Genk. Deployment history and design considerations for space reactor power systems. Acta Astronautica 64（2009）833－849.

［8］ International Atomic Energy Agency（IAEA）. The role of nuclear power and nuclear propulsion in the peaceful exploration of space. Vienna，2005.

［9］ JPL. Prometheus project：final report. October 1，2005.（982－R120461）.

［10］ Ad Astra Rocket Company. Facts about the VASIMR Engine and its development. July 2011.

［11］ DRAKE B G，HOFFMAN S J，BEATY D W. Human exploration of Mars，Design Reference Architecture 5. 0. IEEE Aerospace Conference，2010.

［12］ ILIN A V，CASSADY L D，GLOVER T W，CHANG DIAZ F R. VASIMR human mission to Mars. Space，Propulsion and Energy Sciences International Forum，2011.

［13］ DORNEY D，SCHUMACHER D，SCIMEMI S. A study for mars manned exploration. May 07，2012. NASA Marshall Space Flight Center. M12－1597，M12－1763.

第6篇　空间核安全

第 12 章　外太空使用核动力的安全性

12.1　简介

空间核安全容易挑动人们敏感的神经。虽然人类在应用空间核动力装置上取得了巨大成功，但是少数几次空间核动力事故，尤其是 1978 年苏联的宇宙号－954 掉落在加拿大，引起了世界各国对空间核动力应用安全的高度关注。

高安全性是大家不断追求的目标。空间核安全是空间核动力技术发展必须要面对的课题。美国和苏联针对空间核安全都做了大量的工作，形成了各自严谨的工作规范，积累了很多有益的经验。联合国和国际原子能机构也针对空间核安全制定了相关的框架性文件。考虑到核安全的敏感性以及核安全本身的重要性，必须重视空间核安全技术的研究。

与地面核设施相比，空间核动力装置的运行环境不同，对体积和质量有较多限制，诸多系统无法与地面核设施一样采用冗余性和多样性设计。同时，空间核动力源需要由运载火箭将其送入工作轨道，其发生事故的原因和后果与地面核设施也大不相同。因此，为安全应用空间核动力装置，必须对其独特的核安全要求加以研究，制定合适的安全原则和策略，指导空间核动力装置的开发和应用。

12.2　空间核安全内涵

广义上说，与空间核动力及其应用相关的设计、分析、地面测试、地面试验、地面运输、发射、在轨运行等活动所涉及的安全性议题，均属于空间核安全的范畴。空间核动力活动在地面阶段的工作不仅需遵守地面核设施的相关规定，还得受到空间核动力自身的相关限制。

目前，联合国及 IAEA 主要讨论的是空间核动力源在发射、在轨运行和寿终阶段的安全性问题，范畴较小，但是却是当前人们最为关注的部分。限于本书篇幅，采用狭义的空间核安全范畴予以论述。

12.3　联合国关于空间核动力源应用的安全规定

12.3.1　关于在外层空间使用核动力源的原则

自 1978 年发生了苏联的反应堆驱动卫星宇宙号－954 再入以后，联合国（UN）就在各种论坛场合讨论外层空间利用核能源（NPS）的问题。UN 对此问题的讨论主要在和平

利用外层空间委员会（COPUOS）进行，COPUOS 由两个分委员会组成：法律分委会
（LCS）与科学技术分委会（STSC），COPUOS 及其分委会还会下设工作组和专家组。

1992 年，联合国大会通过"关于在外层空间使用核动力源的原则"（以下简称使用原则）。由于部分代表，特别是美国技术专家在某些技术方面持保留意见；美国政府负责批准空间核动力源发射的部门在向其防务秘书、NASA 管理层与能源秘书发出的官方备忘录中特别指出，"UN 的空间核动力源安全利用相关原则并不具备清晰有力的技术标准来作为该领域决策基础的技术验证""而美国在这些方面有其自己的方法，并认为此方法技术上更清楚更有效，并且有长期空间核动力源安全与成功应用的演示验证，故美国决定将继续沿用此方法""美国将继续沿用其严格的设计与运行安全措施，以在正常运行与假想事故序列下保护公众与环境""将仍遵循总统令 PD/NSC - 25 由独立的多部门核安全评审委员会（INSRP）进行整个安全评审，确保 NPS 在发射前得到全面的安全评价，并作为确定这些发射安全的标准"。因此，该使用原则更具"无约束力"特色与"推荐"性质。

UN 的使用原则总共包括 11 条：

1）国际法的适用性；

2）用语；

3）安全利用的准则和标准；

4）安全评价；

5）重返时的通知；

6）协商；

7）对各国提供的协助；

8）责任；

9）义务与赔偿；

10）争端解决；

11）审查与修改。

12.3.1.1　原则 3 的相关规定

其中，UN 使用原则中的原则 3"安全利用的准则和标准"在其导言中指出，"为了尽量减少空间放射性物质的数量和所涉的危险，核动力源在外层空间的使用应限于使用非核动力源无法合理执行的航天任务"。而美国技术专家则建议进行修改，指出"为了提高核能源 NPS 的安全性，决策采用 NPS 应基于技术上的价值，并进行必要的安全与环境方面考虑"，最终未被采纳。

原则 3 分为 3 个主要部分：

（1）关于放射性防护和核安全的一般目标

1）发射载有核动力源空间物体的国家应力求保护个人、人口和生物圈免受辐射危害。这种设计和使用还应极可靠地确保放射性材料不会显著地污染外层空间。

2）在载有核动力源的空间物体正常操作期间，应遵守国际辐射防护委员会建议的对公众的适当辐射防护目标。在正常运行期间，不得产生显著的辐照。

3）为限制事故造成的辐照，核动力源系统的设计和构造应考虑到国际上有关的和普遍接受的辐照防护准则。除发生具有潜在严重放射性后果的事故概率极低的情况外，核动力源系统的设计应极有把握地将辐照限制在有限的地理区域，对于个人的年平均辐照量则应限于不超过每年 1 mSv 的主剂量限度。允许采用若干年内每年 5 mSv 的辐照剂量限度，但在整个生命期间的平均年有效剂量当量不得超过每年 1 mSv 的主剂量限度。应通过系统设计使发生上述具有潜在严重放射后果事故的概率非常小。本段提及的准则今后若有修改，各国应尽快适用。

4）应根据深入防范的总概念设计去建造和操作对安全十分重要的系统。根据这一概念，可预见的与安全有关的故障都必须可用另一种可能是自动运行的操作或程序加以纠正或抵消。应确保对安全十分重要的系统的可靠性，除此以外，还包括使这些系统的部件具有冗余配备、实际分离、功能隔离和适当的独立。除此以外，还应采取其他措施切实提高安全水平。

（2）核反应堆

1）核反应堆可用于：a）行星际航天任务；b）界定的足够高的轨道；c）低地球轨道，条件是航天任务执行完毕后核反应堆须存放在足够高的轨道上。

2）足够高的轨道是指在轨寿命足够长，足以使裂变产物衰变到大约为锕系元素活性的轨道。足够高轨道必须能够使对现有和未来外空航天任务构成的危险和与其他空间物体相撞的危险降至最低限度。在确定足够高的轨道高度时还应考虑到毁损反应堆的部件在再入地球大气层之前也须经过规定的衰变时间。

3）核反应堆只能用高浓缩 ^{235}U 燃料。核反应堆的设计应考虑到裂变和活化产物的放射性衰变。

4）核反应堆在达到工作轨道或行星际飞行轨道前不得使其进入临界状态。

5）核反应堆的设计和建造应确保在达到工作轨道前发生一切可能事件时均不能进入临界状态，此种事件包括火箭爆炸、再入、撞击地面或水面、沉入水下或水进入堆芯。

6）为显著减少载有核反应堆的卫星在其寿命低于足够高轨道的轨道上操作期间（包括在转入足够高轨道的操作期间）发生故障的可能性，应有一个极可靠的操作系统，以确保有效地和有控制地处理反应堆。

（3）放射性同位素发电机

1）行星际航天任务和其他脱离地球引力场的航天任务可使用放射性同位素发电机。如航天任务执行完毕后将发电机存入在高轨道上，也可用于地球轨道。在任何情况下都须做出最终的处理。

2）放射性同位素发电机应用封闭系统加以保护，该系统的设计和构造应保证在可预见的轨道条件下在再入高层大气时承受热力和空气动力，轨道运行条件包括高椭圆轨道或双曲线轨道。一旦发生撞击，封闭系统和同位素的物理形态应确保没有放射性物质散入环境，以便可以通过一次回收作业完全清除撞击区的放射性。

原则 3 规定的空间核动力源安全使用准则和标准，具体到了各型空间核电源的设计安全要求、处置手段及其事故处置与辐射防护标准。这对我国制定空间核动力源的安全目标、防护原则具有借鉴价值。

在空间核反应堆和放射性同位素电池的使用上，将它们用于高轨道和行星际轨道任务是最安全的任务设计。高轨道确保反应堆滞空时间足够长，从而使裂变产物放射性水平能有效控制。深空探测充分利用核能大功率长时间供能并能远离太阳的优点，且不会对地球环境造成污染。这些设计目标合理可行，值得推荐。值得关注的是，该原则并不限制空间核动力源在低轨道的使用。在低轨道使用空间核反应堆电源具有重大的军事意义，但使用时必须高度关注安全问题。

对于核反应堆，在达到工作轨道或行星际飞行轨道前不得使其进入临界状态、在一切可预见的事故中保持次临界及其在事故下有效可控停堆都是值得推荐的安全设计目标。

对于只能使用高浓缩^{235}U的要求，主要出于两个目的，一是考虑减小未使用反应堆再入时的放射性；二是减少运行时长寿命次锕系核素的生成，从而减小运行过反应堆再入时的放射性。对于在空间核反应堆，要求使用^{235}U作为燃料是合理的，但高浓缩要求需按使用情况区别对待。对于原则中没有规定的星球表面用核反应堆电源，高浓缩要求就值得商榷。对于星球表面用核反应堆电池，只有运送到星球表面后才能启动运行，最终处置方式是留在星球表面，不会发生使用过的反应堆再入地球，因此没有必要要求燃料中^{235}U的浓缩程度。

对于放射性同位素电池，在任何事故条件下保持对放射性燃料的包容并确保没有放射性物质散入环境的理念值得提倡。该理念从根本上消除了使用放射性同位素电池对地球环境造成危害的可能性，是最安全的做法。

12.3.1.2 原则4的有关要求

该使用原则的原则4同样分为3个部分：

1）应在发射之前在适用情况下与设计、建造或制造核动力源者，或将操作该空间物体者、或将从其领土或设施发射该空间物体者合作，确保进行彻底和全面的安全评价。这一评价还应涉及航天任务的所有有关阶段，并应顾及所涉及的一切系统，包括发射手段、空间平台、核动力源及设备、以及地面与空间之间的控制和通信手段。

2）这一评价应遵守原则3所载关于安全使用的指导方针和标准。

3）根据关于各国探索和利用包括月球和其他天体在内外层空间活动的原则条约的规定，应在每一次发射之前公布这一安全评价的结果，同时在可行的范围内说明打算进行发射的大约时间，并应通知联合国秘书长，各国如何能够在发射前尽早获得这种安全评价结果。

原则4要求必须对空间核动力源的使用进行安全评价，并对安全评价的参与者、评价的任务阶段和硬件范围以及应遵守的指导方针和标准做出规定。该原则还要求评价结果的公布范围和时间。

该原则对安全评价的要求合理，可为空间核动力源的安全评价提供良好基础，对制定我国的安全评价方法和程序有重要参考价值。

12.3.1.3　小结

联合国关于在外层空间使用核动力源的原则对空间核动力源的安全目标、辐射防护限值、安全设计要求、安全评价等做出了规定，对于制定适用于我国的空间核安全相关标准和准则具有重要参考意义。

需要注意的是，该使用原则强调，适用于非推进目的的空间核动力源，对于用于推进目的的空间核动力源未做出规定。近年来，有关国家的专家提出了修改该使用原则的建议，我国应积极关注，避免使用原则的修改对我国空间核动力的发展构成限制。

12.3.2　外层空间核动力源应用安全框架

2007 年，联合国和平利用外层空间委员会和国际原子能机构共同组建了专家组，开始起草外层空间使用核动力源的安全框架草案。这一合作吸收了外空委科学技术分委会在空间核动力源利用方面的专业知识，并与原子能机构在拟定地面应用核安全的安全标准方面的既定程序相结合。在 2009 年，外空委科技小组委员会和国际原子能机构联合发布了《外层空间核动力源应用安全框架》（以下简称《安全框架》），代表了两个组织的技术共识。该安全框架作为国家指南使用，但所提供的自愿指导，不具有国际法的法律约束力。

在《安全框架》发布后，科学技术分委会下的核动力源工作组还拟定了 2010—2015 年的工作计划，请有外空核动力源使用经验的国家和国际组织介绍经验，请准备使用或考虑使用核动力源的国家和国际组织介绍准备情况、工作进展以及面对的挑战，通过这些发言旨在促进《安全框架》的执行。

12.3.2.1　主要内容

《安全框架》共分为 6 个部分：导言、安全目标、政府指南、管理指南、技术指南、术语表。

在导言部分，简述了《安全框架》的背景、目的和范围。在背景部分，明确了空间核动力源包括放射性同位素动力系统和用以提供动力和推进力的核反应堆系统，同时强调了安全是核动力源设计和应用的固有部分，应当侧重于应用的全过程，而不是仅限于空间核动力源这一部分。

在安全目标部分，指出框架是以示范安全框架的形式提供高级指导，是为国家和国际政府间安全框架提供基础，同时允许灵活调整。

在范围部分，强调《安全框架》着重论述空间核动力源应用的有关发射、运行和寿终阶段的安全问题，为安全程序设计和技术方面提供高级指导。同时《安全框架》还对涉及空间核动力源设计、制造、测试和运输的地面活动的现有国家和国际安全指南和标准予以补充。需要关注的是，《安全框架》的范围不包括对于使用空间核动力源应用的飞行任务所涉及相关人员在空间的保护问题，也不包括对其他天体的环境保护。

在安全目标这一部分，明确指出了根本安全目标是保护地球生物圈中的人与环境，使其免受空间核动力源的应用在有关发射、运行和寿终阶段可能带来的危害。该安全目标与范围部分保持一致，仅强调保护地球生物圈。

在政府指南部分，提出了政府的职责包括：制定安全政策、要求和程序；确保这些政策、要求和程序得到遵守；确保在与其他备选办法进行权衡时，使用空间核动力源有可接受的理由；制定正式的飞行发射授权程序；防备和应对紧急情况。

在管理指南部分，提出管理职责包括承担主要的安全责任，确保为了安全提供充足的资源，以及在组织内从上而下促进和维持一种牢固的"安全文化"。

在技术指南部分提出：应当为空间核动力源应用而建立和保持核安全方面的技术能力；设计和开发过程应当提供可合理达到的最高安全水平；应当进行风险评估，描述辐射对人与环境造成的危害特征；应当做出各种切实努力，减轻潜在事故的后果。

在术语表部分，对寿终阶段、飞行规则、发射、发射阶段、运载火箭、发射系统、飞行任务、飞行任务核准、飞行任务设计、飞行发射授权、空间核动力源和空间核动力源应用做出了界定。

12.3.2.2　主要评价

《安全框架》主要从空间核动力源与地面核设施的不同出发，提出空间核动力源在发射、运行和寿终飞行阶段独特的核安全考虑。作为高级指导，该安全框架明确了空间核动力源应用的安全目标，提出了政府职责和相关组织的职责，对技术能力、设计和开发方面提出了具体要求，明确提出要进行风险评估和减轻事故后果。该安全框架对于制定我国的空间核动力源应用安全框架具有重要指导意义。

《安全框架》属于纲领性文件，只是在大的原则方面做出了规定，对于实施细节则没有述及。我国应根据该安全框架制定适合我国国情的空间核动力源应用安全框架，并进一步制定相关的法规和标准，明确实施细节，从而确保空间核动力源的安全应用。

12.4　空间核事故

12.4.1　美国

在美国进行的 32 次载有空间核动力装置的太空任务中，共有 3 次发射或部署失败，空间核动力装置重返地球，但基本没有造成明显的放射性危害。

1964 年 4 月发射的子午仪 5BN - 3 号卫星由于导航系统失灵未能入轨。卫星上的放射性同位素电池 SNAP - 9A 在设计时采用了在发射失败的情况下使其在高空烧毁并完全扩散的策略。而在实际情况中，SNAP - 9A 达到了设计目标。尽管这次放射性物质的扩散没有对生物圈造成威胁，但美国随后对于放射性同位素电池的安全策略还是发生了变化，要求系统设计在发射或展开阶段失败时，保证放射性同位素电池能够保持完整再入。

1968 年 5 月雨云 B - 1 号气象卫星在范德堡空军基地出现了一次发射事故。运载火箭的稳定性遭到一名现场安全官的蓄意破坏。运载火箭和卫星在距离发射场中心 30 km 高处被完全摧毁。通过航迹数据分析，卫星残骸在加利福尼亚海岸的圣巴巴拉海峡被找到。卫星上搭载的 SNAP - 19B2 同位素电池在事故中保持完好，并在 5 个月后被修复。电源外壳被设计为可以在再入和被海水淹没时都保持完整。通过对回收核装置的检查，显示该次事故没有造成有害影响，而这些燃料也再次被用于之后的任务。

阿波罗 13 号是美国应用空间核动力太空任务经历的最近一次失败。在向月球变轨飞行时，太空船服务舱发生了爆炸。为了使航天员得以生还，登月舱需要返回地球大气层内，而这是在计划之外的载有同位素电池 SNAP - 27 的登月舱在再入时被丢弃。同位素电池返回地球后落入太平洋，而后来的气象监测并没有发现燃料泄漏。推测同位素电池外壳在再入过程是保持完整的，并且目前在南太平洋汤加海沟超过 2 000 m 范围保持完好，至今没有发现对环境有害。

通过对美国应用放射性同位素电池执行空间任务的三次事故分析表明，在发射和部署阶段出现事故的概率最大，且对地球生物圈造成潜在风险的可能性也最大。而在放射性同位素电池重返地球再入时，保持其完整性比在高空烧毁对生物圈的影响更小，是更加安全的策略。美国的实际经验表明，通过合适的设计，放射性同位素电池能够经受再入时的各种恶劣环境，保持对放射性材料的包容而不发生泄漏。

12.4.2　苏联/俄罗斯

苏联/俄罗斯在 40 次应用空间核动力的任务中报告过 6 次失败。1968 年和 1973 年各有一颗载有 BUK 型空间核反应堆电源的卫星发射失败，其中 1973 年发射失败事故中，反应堆掉入太平洋，但仍保持在次临界状态。关于这两次事故没有见到更多的报道。

1978 年 1 月，一颗在低轨道运行的卫星（宇宙号 - 954）无法按计划被推送到高轨道进行废弃处置。结果该卫星携带反应堆重返地球，再入大气层时发生燃烧，带有放射性的残骸散落在加拿大北部冰原地区。事故后，在国际原子能机构（IAEA）的协调下，俄罗斯及加拿大共同对事故进行了处理和分析评价。加拿大原子能控制委员会领导了空中和地面的搜索活动，包括很多带有高度放射性的大碎片在内的残骸碎片在 600 km 范围内被找到，而在 10 万平方公里范围内都能找到小的燃料颗粒。事故后的清理行动将所有具有一定尺寸的放射性碎片都已回收。加拿大原子能控制委员会的结论意见是："单位面积上 Sr - 90 和 Cs - 137 的总沉积量是 1973 年进行武器试验时沉积物的 1/14。""碎片及尚未发现的颗粒对环境的影响可能不重要。"加拿大辐射防护局的结论意见是："区域研究表明没有对空气、饮用水、沙子和食品供应造成可以探测的污染。""在 1983 年甚至以后发现的放射性碎片引起的剂量，从公共健康的观点来看也不重要。"尽管经过清理行动后，事故没有造成明显的环境影响，但反应堆装置在这次事故中的响应是不符合现行安全标准的。

因为宇宙号 - 954 事故造成的后果，俄罗斯重新设计了空间核反应堆电源装置，以确保在事故再入情况下放射性物质能够在高空烧毁并完全扩散。航天器被设计为可在运行结束后分离成几块，其中一块是反应堆和一个小的助推段。分离后反应堆可以由助推段提升到更高的轨道。如果发生再入事故，堆芯则可以被弹出以助于被烧毁。这种分离助推的方法一直成功应用到 1982 年，直到宇宙号 - 1402 卫星的助推段未能与航天器成功分离，发生失控坠落。但在反应堆再入时，堆芯被弹出。事故后的报道显示，堆芯在再入时已按设计完全烧毁并坠入南大西洋。

　　1988 年 5 月，苏联通报了与搭载着核反应堆电源的宇宙号–1900 卫星失去联系。1988 年 9 月轨道转移系统被自动触发，将反应堆推向高轨道。但由于卫星与运载火箭分离时的姿态不正确，反应堆最终停留的轨道比正常处置轨道稍低，轨道高度约为 700 km。该事故没有对地球环境造成影响。

　　俄罗斯的最后一次空间核动力事故发生在 1996 年。搭载着钚同位素电池的火星 96 号飞船成功进入 160 km 地球圆轨道，但第二次点火失败，导致发生再入。俄罗斯报告说同位素电池在再入后保持完好，如今仍沉在太平洋海底。

　　通过俄罗斯的几次空间核动力的事故可以看出：

　　1）对于空间反应堆来说，保证反应堆在意外再入时的次临界状态非常重要。

　　2）在低轨道应用核动力源的航天器必须有可靠的废弃处置措施。

　　3）对于运行过的反应堆再入大气层，将其烧毁并完全扩散是减轻放射性危害的一种选择。而对于放射性同位素电池，完整再入并保持对放射性材料的包容是最佳处置方式。

12.5　美国的空间核安全实践

12.5.1　安全程序方面

　　在 2010 年以来的外层空间核动力源应用安全框架讲习班上，美国的专家介绍了美国在空间核动力源应用方面落实安全框架的情况。从中对美国的核安全法规体系可窥一斑。

　　美国联邦法律与《安全框架》所载的政府、管理和技术三大类别指南保持一致。美国已根据需要编写并实施自己的安全框架。

　　美国政府指南已编入联邦法律、总统指令、各机构要求和多机构计划。《国家环境政策法案》和《总统发射核安全批准程序》分别是认可和授权美国空间核动力源应用的既定程序。《国家环境政策法案》要求 NASA 在一个飞行任务的设计和开发阶段早期即编写一份环境影响报告。该环境影响报告必须评估飞行任务基线设计的潜在环境影响，并评估实现飞行任务目标的合理设计选择。《总统发射核安全批准程序》要求对实际发射系统（如动力源、航天器、运载火箭飞行任务设计）进行一次详细的安全分析。NASA 将更多的安全政策和要求正式编入《美国联邦规则法典》和《NASA 程序性要求》，以进一步界定在启动、开展和参与空间核动力源应用开发工作时对政府官员、方案和项目所要求的预期和程序。美国还编写了一份综合性《国家反应框架》以防备和应对灾害和紧急情况，其中特别包括了涉及空间核动力源应用的事故。

　　美国管理指南已被正式编入机构要求和空间核动力源的开发计划。NASA 总部对一项空间核动力源应用的安全负有首要责任。NASA 总部负责飞行任务的司长为每项飞行任务指定一名方案主任，以确保该机构根据已核准的程序执行飞行任务。飞行任务应用方案主任依职负责满足《国家环境政策法案》《总统发射核安全批准程序》和《国家反应框架》的要求，并与开发和实施涉及空间核动力源应用的各个组织保持直接联系。

NASA 总部正式确定负有核安全相关实质性责任的各参与人的安排。核安全管理责任被并入飞行任务整体管理结构之中，并开展涉及所有相关参与人的定期报告和责任审查工作（这些参与人包括 NASA 总部、能源部、NASA 中心及其各自的支持合同商）。

美国技术指南与管理指南类似，也被正式载入机构要求和空间核动力源的开发计划。通过在界定、测试和分析涉及空间核动力源的发射和飞行任务事故/反常现象时，开发、维护并应用多机构专门知识来满足该指南规定的要求。NASA 和能源部的空间核动力源应用安全要求涵盖一项飞行任务的所有阶段，适用于空间核动力源的开发阶段及其拟定的飞行任务应用。NASA 和能源部根据一项机构间正式协议进行合作，开展综合风险评估工作，以支持设计和开发程序以及发射授权程序。此外，这些风险评估工作有助于编写详细的多机构辐射应急计划，这些计划力求减轻涉及空间放射性同位素动力系统应用的事故的潜在后果。

12.5.2 具体实践活动

12.5.2.1 放射性同位素电池

RTG 所有能量来自放射性核素衰变。自 1961 年第一个 RTG 升空投入使用以来，人们主要是关注辐射安全。由于 RTG 所包容的放射性仅为地面核电站的十万分之一左右，因此，美国在 1960—1962 年间设计的 SNAP - 3 所采用的方法就是确保一旦发射失败时，包容同位素的单元应在高海拔处完全烧毁并扩散，由此可将地面人员受到的辐照剂量限制在 1 毫雷姆/年。此后的 SNAP - 9 也采用了该设计方法。1964 年子午仪 5BN - 3 导航卫星发射失败，未到达预定轨道。由于该卫星上所载的 SNAP - 9 放射性同位素电池在大西洋上空低海拔处烧毁并扩散，故在其影响区域上空大气中探测到显著的放射性水平。从此以后，美国所有 RTG 设计都采用难熔金属材料和石墨进行封装的方法，以确保不论在什么海拔上发生何种事故，放射性同位素都可以完整再入，并保持对放射性材料的完整屏蔽。通过大量广泛的演示与测试，以及美国此后的 2 次发射失败事故，都充分表明了 RTG 的完全包容能力及其安全性。

12.5.2.2 SNAP - 10A 核反应堆空间电源

历史上第一座发射进入太空的核反应堆是 1965 年的 SNAP - 10A。采用裂变反应堆的一个好处就是在反应堆运行前是不存在有害放射性的。因此，SNAP - 10A 只有在达到 750 km 海拔的圆形轨道高度时才投入运行；飞行器在轨时限为 3 700 年，远超过反应堆在几年寿期内产生的放射性核素（衰变期约为 300 年）。因此地面上的制造、运输、飞行器集成及最终配置等都不会受其放射性威胁。而一系列全面测试、冲撞-挤压试验，以及火灾和水淹试验都充分证明：除非到达预定轨道后发出程序控制指令，否则反应堆均不会投入运行。SNAP - 10A 的设计中包括了 2 个大型的发射安全反射层元件与 2 个大型反应性控制元件，这些元件均可进行停堆。在地面遥控信号指令下，或者反应堆由于发生冷却剂丧失、冷却剂泵掉电、超功率等事故，或者再入加热时，这些铍制成的反射体均会弹出，从而使反应堆停堆。

12.5.2.3　SP‑100 空间核反应堆电源

在开发 SP‑100 空间核反应堆电源过程中，美国能源部制定了专门的空间核安全标准。该标准分为两部分，第一部分为通用性标准，第二部分为 SP‑100 空间核反应堆电源核安全规范。在第一部分，提出了标准的目的是规定执行美国安全政策必须遵守的安全准则，目标是帮助任务和反应堆设计者确保设计从辐射安全角度看是可接受的。在该标准中提出了辐射防护的安全准则是，在综合考虑经济、技术和社会因素后，将个体风险和公众风险限制在合理可行尽量低的水平。在第二部分 SP‑100 的核安全规范中，提出了如下安全设计要求：

1）反应堆应设计成当其没入水中或其他可接触的流体时应保持在次临界状态。

2）反应堆应有明显起作用的负功率系数。

3）反应堆应该设计成没有可信的发射场事故、射程安全破坏行动、上升中止或从太空再入与地面撞击能够导致临界或超临界的结构。

4）在到达稳定轨道或飞行路线之前，反应堆不应启动运行（除非是在发射时所做的产生可忽略放射性的零功率试验）。当反应堆运行于低轨道时，必须有再次推进的能力。

5）应有两个独立的系统用于减小反应性到次临界状态，且无共因故障。

6）反应堆应设计成确保有独立的停堆热量导出系统或在热传输系统中集成有独立的热传输途径用于衰变热的导出。

7）未辐照燃料应该没有值得关注的环境危害。

在安全规定方面，对可靠性和质量保证、安全测试和分析、设计/制造的测试和检查、功能要求、正常运行环境、事故环境和设计裕量等提出了要求。其中，在功能要求部分，对反应堆控制系统、保护系统、堆芯解体能力、轨道高度助推系统、航天器姿态控制系统、反应堆控制欲安全相关系统、通信系统、独立电源、仪表系统和堆芯冷却系统给出了明确的要求。

在具体设计中，SP‑100 全面满足了美国的安全准则，反应堆的设计能够防止在运行或事故状态下（如：假想的火灾、堆芯压紧、撞击、超压以及水淹等）的意外临界。防止临界分别通过两种方式实现：1）将安全棒与反射体控制单元物理上自锁于其停闭位置，直至最终到达轨道。需要两组独立信号方能解锁松开安全棒及反射体单元；安全棒与反射体单元均能停闭反应堆。2）具有较大的停堆反应性裕量，同时辅以具有中子吸收特性的铼衬。反应堆还装有缓冲器以抵御微流星体或轨道碎片的撞击，万一碎片穿透缓冲器并导致反应堆冷却剂丧失，反应堆将自动安全停堆，并将衰变热辐射出去。同样，当控制系统失电时，弹簧驱动的反射体元件与安全棒将移至停堆位置。

SP‑100 的主要安全特性总结如下：

1）反应堆为"冷"发射（即发射时无放射性裂变产物，并且不投入运行）；

2）反应堆设计能够防止发射与升空期间事故启动；

3）反应堆只有在达到预定运行轨道后方才启动；

　　4）反应堆设计采用故障安全（Fail - Safe）理念；

　　5）反应堆设计考虑反应堆启动后将留存于太空，在任务结束时将其送至更高的永久留存轨道；

　　6）即便反应堆设计将其留存于更高的留存轨道，但为了进一步留有裕量，反应堆设计中还考虑在假想的事故再入与撞击下能够完整无损。

　　SP - 100 计划进行如下几类安全试验来验证其安全性：1）爆炸试验；2）撞击试验；3）附加的临界试验（评价各种水淹与土壤覆盖事件）；4）全尺寸电加热条件下的冷却剂丧失事故试验；5）拱形加热的风道试验（模拟再入）。

　　对参考任务的任务风险分析表明：SP - 100 的辐射风险可达极低。SP - 100 计算的公众剂量的期望值为 0.05 人·雷姆，远低于本底辐照量；发生大的个人剂量值的概率很小，个人遭受超过 100 mrem（毫雷姆）剂量的概率为 1×10^{-12}。

12.5.2.4　空间探测创新计划（核推进）

　　1990 年夏，美国 NASA、DOE 与 DOD 为支持空间探测创新计划（Space Exploration Initiative，SEI），联合发起一次研讨会来探讨核推进系统开发相关问题。与会者充分认识到核推进计划安全的关键重要性，建议成立一个联合工作组推荐并形成 SEI 核推进的安全政策，该工作组名为核安全政策工作组（Nuclear Safety Policy Working Group，NSPWG）。1993 年该工作组受委托推荐了一系列安全政策、飞行系统安全要求、飞行系统安全导则、地面活动导则等。

　　作为空间堆安全管理的参考，下面简介 NSPWG 对 SEI 相关核推进反应堆研发设计、运行、地面试验等相关活动所推荐的一系列要求、导则与程序。

　　（1）安全政策

　　NSPWG 推荐的安全政策将安全置于重要与首要地位，并为有效地发展和进行核推进安全计划制定了一个广泛的框架和全局性的指导性原则。

　　其政策声明为：

　　确保安全是空间探测创新计划核推进项目极其重要的目标之一；项目所有活动都必须围绕达到该目标进行。其基本的安全目标应当是：将风险降至合理可行尽量低（ALARA）的水平。围绕这一目标，须建立严格的设计与操作运行要求，以确保个人与环境得到保护。这些要求是建立在可行的法规、标准与研究基础上。

　　要建立一整套广泛的安全程序，包括对安全性能进行持续的监测与评估，并提供独立的安全监督。须建立并保持清晰的职责、责任与沟通渠道。并且，在项目管理中还应积极提倡所有项目参与者及整个项目的各方面都应保持安全意识。

　　（2）飞行安全要求与导则

　　NSPWG 还推荐了顶层的飞行安全要求与导则。SEI 计划的安全管理采用这些要求与导则，发展安全功能要求（Safety Functional Requirements）。这些要求与导则对概念设计与项目规划有很重要的用途。

①安全要求

在可理可行的条件下，将风险降至最低，制定影响风险的定性/定量安全要求也与此密切相关。为此将在应用可行的前提下发展特殊的严格要求。对其他空间核计划则相应地有一套不同的严格要求。就 SEI 核推进飞行安全要求来说：

（a）反应堆启动

1）除产生放射性几可忽略的地面低功率试验外，在空间展开之前反应堆应不能投运；

2）在系统到达其预定轨道之前，反应堆应维持停闭状态。

（b）意外临界

在所有正常或可信的事故工况下都应排除发生意外临界的可能性。

（c）放射性释放与辐射剂量

该要求仅适用于来自空间运行的反应堆系统的放射性释放与辐射剂量；而地面上潜在放射性释放则包含于反应堆启动、意外临界、乏燃料处置与进入等安全要求之中。在这一方面，美国职业安全及健康管理署 1989 年法规 29CFR1910.96 与美国核管会 1991 年对放射性工作从业人员要求的法规 10CFR20 相对应。法规规定航天员从飞行器搭载的放射源所得到的个人全身剂量限值为 5 rem/y（雷姆/年）。

Ⅰ. 正常运行与预计事件

1）对于受到飞行器搭载放射源的放射剂量，采用 29 CFR1910.96 规定的限值；

2）飞行器上的放射性释放不得危及其飞行器使用；

3）在长期内，来自飞行器的放射性释放不得显著影响当地空间环境；

4）来自飞行器的放射性释放不得显著影响地面环境。

Ⅱ. 事故

1）其放射性释放对机组成员产生瞬时或长期健康影响的概率极低；

2）对那些机组乘员能够免受其放射性释放辐照的事故，其放射性释放当不影响飞行器的使用；

3）长期内对当地空间环境造成显著影响的事故放射性效应概率应极低；

4）来自空间中事故的放射性释放对地面的影响后果应当不显著。

这里，用于放射性释放对地面影响的"不显著"是指远低于地面相关导则的规定值；"极低概率事件"是指预期在 SEI 计划执行中不会发生的时间；"显著"是指大于大多数适用导则或规范的规定值。

（d）用过核系统的处置

lSEI 任务规划中必须明确包括对用过核系统的安全处置；

在所有正常和可能的事故工况下，必须为反应堆提供足够和可靠的冷却、控制与保护，防止出现无法进行安全处置的反应堆解体或降级。

（e）进入

进入是指反应堆系统进入大气层或与地球或其他天体表面发生碰撞。

1）飞行任务中不应有反应堆进入地面；

2）在合理可行的条件下，应将意外进入的可能性及其影响降至最低；

3）若意外通过大气层进入，反应堆应保证其完整，或者意外进入大气层时，全部放射性应在高轨道处完全扩散掉；

4）当发生撞击时，放射性应局限在局部区域，以限制放射性后果；

5）在整个进入与撞击过程中，反应堆应维持于次临界状态。

（f）安全措施

1）应采取积极措施对核系统及其专用核材料（SNM）提供控制与保护，防止盗窃、扩散、损失或被破坏；

2）核系统设计应尽一切可能包括那些能提高安全性的特性，并允许采用经过验证的安全保护方法；

3）应提供积极措施与特性，以便能及时识别（反应堆）状态与位置，并且，如有必要，修复核系统或其 SNM。

②安全导则

NSPWG 考虑风险/可靠性、运行安全、飞行轨道与任务失败，以及宇宙碎片和流星体等安全因素，提出了如下安全导则：

（a）风险/可靠性

在任何核计划中，在系统特性与功能方面确保高可靠性的相关设计与研发活动必须得到特别重视，特别是安全功能的可靠性对降低风险至关重要。核推进系统的高可靠性与低风险目标必须通过分析得以实现，而这些分析又是由设施、部件与子系统试验支持的。这些分析既包括定量的也包括定性的，即确定论的也是概率论的。需对一系列数据进行广泛的评价与综合，从而得到可接受的结果。这些工作要有机地结合到设计与研发工程活动中。对那些有助于实现低风险与高可靠性目标的计划与行为活动，应在管理层面上引起重视。

（b）运行安全

运行安全主要针对那些对安全重要的空间核动力源的运行，它涵盖空间飞行任务中从发射前检查到用过核系统处置的所有阶段。

SEI 中的所有任务，不管是有人驾驶的、货运的或遥控的，都有包括大量不同操作的长期操作程序，都应尽早在规划、运行操作与设计策略方面进行考虑，以保证能安全实现。早期的目标包括：

1）在设计中包含足够的安全裕量和运行安全特性；

2）确定支持安全操作所需所有设备的研发；

3）确定这些设备的设计使役周期和环境条件，确保设备在任务各阶段内的可靠性。

运行操作程序应包括正常、任务失败，以及可能的事故等各种情况。推荐进行准确的计算机模拟，采用的人机界面设备应集成核系统的模拟器。这些任务必须给予充分的优先级和显示度，以达到可接受的任务安全级别，这一点十分重要。

运行操作的安全活动包括如下 8 方面内容：

1）整体安全考虑：有必要在设计中使运行包络状态与故障运行状态之间有较大裕度。

2）临界与控制的标定：作为验收试验的一部分，可能需要在制造厂或发射场使反应堆达到临界并标定控制设备与仪表。应在概念设计与初步设计阶段就考虑这一操作的方法。与临界试验安全相关的运行前安全也是运行安全活动的一部分，应考虑保证意外临界概率极低所需的控制系统设计及其辅助特性。

3）核运行中机组乘员的作用：尽管在有人驾驶任务中反应堆的启动、再启动与控制都将是自动的，但是如果确认机组乘员判断是正确的话，仍能进行干预。为此，需要确定机组乘员在应急干预行为中的作用与规程，明确并开发相关的仪表与信息。

4）仪表要求与运行操作策略：在货运或遥控的飞行任务中，需要进行自动控制；在有人驾驶的飞行任务中也可能需要自动控制。因此，要达到高的系统可靠性要求，需要有诊断与故障修正系统。相关策略必须包括减少意外或虚假停堆的特性。虚假停堆将给机组乘员带来不利影响。所以，应在设计周期中就应尽可能实际地进行评价，以使相关设备能够提供安全提示。

5）运行周期的研究：必须确定核推进系统的运行使役周期，以在设计中确保足够的裕量。需要尽早确定服役周期及其与预定飞行任务与失效策略之间的相互关系，就能考虑安全评价及其影响，以保证在设计服役周期中具有足够裕量，这一工作将有助于确定停堆热量排出所需的系统特性。

6）太空移动（Extra Vehicular Activities，EVA）：系统开发与任务设计应在整个任务阶段尽量避免预计或意外的 EVA，因为 EVA 可能带来重大的危害与复杂性。如果飞行中一定要有 EVA 的话，则必须制定反应堆屏蔽和 EVA（屏蔽）保护区的限制与要求。对于那些运行中释放有毒或放射性材料的核推进系统，在系统研发与任务设计中应考虑在搭载规程与设备上提供 EVA 后的辐射探测、放射性包容、去污（如果需要的话）措施，系统开发与飞行任务设计的人员应对这些以及其他可能的 EVA 核推进问题提出要求。

7）接近运行：接近运行包括涉及交会对接与轨道站维持等的轨道飞行与星际飞行活动。反应堆启动之后，反应堆的辐照将成为这些活动一个主要关注点。核推进系统的开发与任务设计者应考虑所有接近运行时对反应堆屏蔽、屏蔽保护区，以及距离限制和要求，应建立关于此的相关导则、限制和要求。

8）测试与监督：在飞行期间有必要对各种核推进子系统及其与其他子系统的界面进行测试与监督。进行这样测试的必要性是与预定的飞行任务以及子系统运行状态变化有关的。例如，每一次反应堆运行与推进之后，将有很长一段时间停堆和惰转时间，在重新启动前，就有必要确认仪表和控制器仍能工作，并且，如果有些出现故障的话，要确认其冗余水平和相关操作策略。要保证测试与监督活动的完成，必须确认这些硬件和测试验证规程。

（c）飞行轨道与任务终止

除考虑化学推进任务轨道的规划外，采用核推进的 SEI 任务设计者还需在轨道设计、分析与选择时考虑核安全问题。应采用系统风险分析的方法开发特殊的任务终止原则，还包括针对推荐的安全要求提供相应措施。

相关的安全问题包括在如下要求与导则部分中：

1）反应堆启动要求；

2）意外临界；

3）放射性释放与辐照剂量要求；

4）用过核系统处置要求；

5）进入要求；

6）风险/可靠性导则；

7）运行安全导则。

一旦在核系统运行后发生任务终止，应有足够的（核的或非核的）备用推进能力将机组成员安全送返，并将核反应堆置于预定或备用处置轨道中。

（d）空间碎片与流星体

在形成安全与可靠性要求时，有必要考虑流星体与空间碎片等空间环境。核推进系统的设计者应考虑将围绕地球的轨道环境中产生碎片的可能性降至最低的必要性。此外还需开发预警和抵御碎片、流星体的传感器与保护材料；同时加强对环境的测量与建模分析。

③地面试验安全推荐

NSPWG 还进一步推荐了一般形式的安全验证试验，这对保障核系统是有必要的，并为地面设施与设备安全提供了相关导则。

（a）地面试验对飞行安全验证的必要性

与空间核推进系统相关的危险控制需要安全试验数据与信息来验证分析，并以此支持符合安全要求的演示验证。为此需要对安全验证试验要求给出导则，以便能确认试验装置的需求范围。安全程序的地面试验要素主要在于获得确保达到飞行系统安全目标所需的数据，这些数据是获得飞行许可所必需的。有些数据对其他主要任务也是必需要的，比如推进反应堆的地面试验等。

飞行安全任务逻辑上可分为 4 组：

1）发射与展开安全；

2）运行安全；

3）处置安全；

4）意外进入安全，等。

表 12-1 是 NSPWG 推荐的用以支持安全评价与验证的试验列表。

表 12 - 1　支持安全评价与验证的备选试验列表

A. 发射与展开阶段安全

　　1）关于事故导致形状尺寸变化，以及慢化剂或反射材料引入的关键试验；

　　2）固体助推剂火焰环境下的堆芯行为；

　　3）针对发射垫爆炸与火灾环境的安全设施的辐照

B. 运行阶段安全

　　1）保证稳定控制的堆芯固有反应性机制的测量；

　　2）控制、停堆与停堆冷却设施的可靠性；

　　3）飞行系统操作员界面与运行规程适用性的演示验证；

　　4）仪表标定、可靠性与寿命数据；

　　5）裂变产物释放或裂变产物保持的测量；

　　6）设计基准事故条件下燃料的瞬态测试；

　　7）屏蔽性能（包括屏蔽材料寿命裕量）的演示验证

C. 处置阶段安全

　　1）获得用于实现处置的设施的性能与可靠性数据（这些设施包括：分离出可处置物项或处置设备附件的系统）；

　　2）反应堆用于处置堆芯的系统的可靠性

D. 意外进入

　　1）维持次临界、可接受的放射性保留，以及确保完成适当应急动作功能的堆芯元件的动态冲击试验，包括那些在地面或水面冲击下确保次临界的设施；

　　2）用于保证意外进入时能成功实现预计响应模式所需设施的试验；

　　3）对残骸进行定位与恢复的设施的试验

（b）地面装置与设备安全

空间核推进反应堆的试验按照与有关政策声明相一致的要求与导则进行，对特定试验细节的解释将作为设计研发与独立安全评审过程的一部分。对于多种形式地面模式堆在正常、异常与事故工况下的放射性材料控制要求，已经有相关要求。这些要求一般可适用于核热推进（NTP）与核电推进（NEP）反应堆。超设计基准事故的问题也需引起特别关注，这对所选定的包容与限制方案有重大影响；核热推进燃料所固有的滞留裂变产物能力也对技术研发活动与安全设施的选择有影响。安全设计活动必须评估降低风险设计方法的价值与实现这些方法的现实可行性。

用以支持反应堆推进系统的地面试验安全性的安全试验，主要集中于 3 个方面的安全功能：1）安全停堆的可靠性；2）停堆余热安全排出的可靠性；3）运行与假想事故工况下放射性材料的控制与限制。安全功能可靠性的演示验证无法基于大量的抽样统计，需要进行可靠性建模、系统评估，并演示验证相对于一些系统降级与失效机理的裕量。

在假想严重事故下放射性包容或限制问题需要尽早关注，且必须紧密配合相关大纲的计划和策略。严重事故中放射性包容所提供的较大安全裕度可用来简化并加快安全评估和审评；但是包容物的结构可能很昂贵。尽管大纲要求必须评价严重事故下的事件，但核推进反应堆的运行时间和燃料使用期均较短，所以可能并不需要事故缓解来达到安全目标。这样，如果假想严重事故的物理过程能够通过对放射性足够限制的试验与分析来演示验证，那么也可不需要包容结构。不然的话，安全监管当局将着重关注堆芯损毁的假想事故下放射性限制的问题。研发者应对假想严重事故中可能的缓解方法予以细致的考虑，所采取的方法只能根据系统设计细节的了解来确定。

　　NSPWG 推荐的空间核推进系统地面试验参照遵守的相关法规与导则包括：DOE Order 5480.6（1986）、DOE Order 5480.4（1984）；10CFR20；10CFR50 附录 A（1991）；10CFR50.34（a）（3）（i）；10CFR100；IEEE279、IEEE308、IEEE603、ANS15.1、ASME BPV 法规等。

　　关于运输安全与发射装置安全方面，易裂变材料（燃料、燃料棒或整个反应堆组件）的运输容器需满足相关法规。必须在发射场建立一整套安全规程，提供有关设施，以确保与核系统相关的活动不会带来安全危害。

12.6　俄罗斯的空间核安全实践

12.6.1　安全概念与规定

　　安全概念：在利用空间核能时，安全保障概念是以对居民和周围自然环境辐射最小为基本原则。

　　空间核能应用安全原则由以下一些文件确定：联合国和平利用宇宙委员会制订的原则；国际辐射防护委员会的建议原则，在这些建议中随着核动力的发展和对电离辐射生物效应进一步的了解，明确风险和许可的辐射水平。

　　国家级文件：放射性安全标准，基本的卫生条例，以及反应堆-放射性同位素核能源临时条例，在研制空间核能源设计和应用过程中形成的所有标准和条例要求。

　　空间核能源应遵循以下安全规定：在考虑到火箭载体和航天器可靠性、考虑核能源安全系统和安全相关的核能源结构部件的可靠性时，应保证核能源事故返回时对居民的风险最小。在核能源事故情况下，居民辐照水平一年不应超过 1 mSv。在核能源事故情况中，伴随发生大规模或者全球放射污染，放射性尘埃沉降密度应是：在最大的沉降下辐照剂量水平不超过 1 mSv/y。

12.6.2　安全要求及做法

　　核动力航天器进入工作轨道阶段和置于火箭载体上，在事故工况下确保核动力装置的核安全和放射性安全是核动力装置的共同问题。对核动力装置安全有影响的可能有以下一些情况：爆炸—冲击波的压力、碎片的射击（碎片飞散的质量和速度）；火灾-化学燃料组分燃烧的火焰，火焰温度随时间的变化；在大气层的飞行-空气动力的加热、加压、过载；表面的冲击-冲击的速度、过载、形变。

　　放射性同位素核动力装置：在上述的条件下，采用的燃料（同位素化合物）以特殊合金为基体做成的容器结构和涂层、以及以空气动力热屏蔽和热绝缘材料结构为基础制成的放射性同位素热源，要保持其整体性，保证放射性同位素在任何情况下不扩散。

　　对于反应堆核动力装置而言，当发射和火箭载体在飞行轨道上尚未抛掉主整流罩时，在堆芯可能发生变形和外部结构部件部分损坏的条件下，在反应堆周围灌满水和含氢的液体以及潮湿的砂子的情况下，反应堆仍要以"冷状态"、非活化和保持次临界状态来保证其安全。

在主整流罩抛掉后和航天器加热前，当火箭载体在轨道上飞行发生事故时，可以将冷态、未活化、处于次临界的反应堆保持完整；也可以将反应堆分散，保障临界安全。

在事故情况中保持反应堆的完整性，要求反应堆结构部件损坏不多。为了把反应堆分散，则要采用能够把反应堆结构件解体和破坏到要求程度的能动和非能动系统，这些系统在事故刚发生和发展阶段中都应有效。

为了保证低轨道的反应堆核动力装置航天器的安全，研制和实现了航天器从工作轨道发送到长久逗留的轨道上去的系统；解体反应堆的系统：空气动力破碎系统和爆炸破碎系统。作为双重安全系统，在发送系统故障的情况下，它们启动工作，并可确保污染地区的辐射沉降和剂量是许可的。

12.6.3 具体实践活动

俄罗斯在 1967—1988 年间总共发射了超过 30 个载有反应堆的卫星。这些卫星基本都是海洋雷达侦察卫星。由于侦察的需要，这些卫星运行于低轨道（轨道高度 180 km，在轨时限只有几个月），所以都设计有固体火箭发动机，可以使其升至更高的圆形轨道（轨道高度约 800 km），以满足 300 年的放射性衰变要求。但是，由于早期的火箭需要地面遥控信号点火，所以 1979 年的宇宙号-954 遥控信号失效，反应堆在停堆且放射性衰变结束前很快再入大气层。反应堆虽然在再入时抛弃了铍反射体，但再入加热过程开始得晚了一点，烧毁也延迟了，核燃料并未在高轨道上完全烧毁。随后不足 1 mm 的燃料颗粒落在了加拿大北部的冻土层上。随后改进设计是在再入阶段早期自动弹出反射体，将燃料元件自堆芯通过气压射出至高速大气中以确保其在高海拔处完全燃烧并扩散。该改进通过了一系列的监测与验证。此后还采用了当卫星偏离轨道或动力系统的辐射器过热（因大气加热或冷却剂丧失）时，火箭自动点火将核反应堆送至高轨道处置的方案与装置，也被证明是成功的。

参 考 文 献

［1］ United Nations. Principles relevant to the use of nuclear power sources in outer space. A/RES/47/68, 85th Plenary Meeting，1992.

［2］ United Nations Committee on the Peaceful Uses of Outer Space Scientific and Technical Subcommittee and International Atomic Energy Agency. Safety Framework for Nuclear Power Source Applications in Outer Space. VIENNA，2009.

［3］ International Atomic Energy Agency（IAEA）. The role of nuclear power and nuclear propulsion in the peaceful exploration of space. Vienna，2005.

［4］ JAMES H L，BUDEN D. Aerospace nuclear safety: an introduction and historical overview. International topical meeting on the safety of advanced reactors，Pittsburgh，PA（United States），1994.

［5］ United States of America. Safety in the design and development of United States nuclear power source applications in outer space. A/AC. 105/C. 1/L. 313，United Nations Committee on Peaceful Uses of Outer Space Scientific and Technical Subcommittee 48th session，Vienna，2011.

［6］ United States of America. United states preparedness and response activities for space exploration missions involving nuclear power sources. A/AC. 105/C. 1/L. 314，United Nations Committee on Peaceful Uses of Outer Space Scientific and Technical Subcommittee 49th session，Vienna，2012.